高分子の化学

北野博巳　功刀　滋　編著
宮本真敏　前田　寧　伊藤研策　福田光完　共著

三共出版

まえがき

　20世紀初頭には「粘っこく汚らしい化学」と呼ばれていた弾性ゴムや合成重合体の研究に興味を抱いたドイツのStaudingerは，これらの物質が構成単位となる無数の分子の共有結合によりできたものであるという「高分子説」を1920年に提案した．以後，この90年近くの間に，様々な高分子材料の開発と利用が急速に進み，今やわれわれの生活は合成高分子の存在無しには考えられない．

　本書は，主として工学系学部で化学や材料化学を学ぶ学生諸君や，企業で高分子材料の研究や開発を始めようという人たちを対象に，高分子化学の基礎を著したものである．前著「わかりやすい高分子化学」を出版してから13年が経過し，旧聞に属する内容を改め，新たな書名で出版することとなった．本書では，高分子の合成と反応，溶液物性，固体物性，機能性高分子，さらに生命と高分子の順にわかりやすく記述した．その際特に，有機電子論に基づく高分子生成の原理，ともすれば敬遠されがちな高分子溶液に関する理論式の導出法，「固まり」と捉えられることの多い固体高分子の分子論的視点からの解説などに意を注いだ．

　書中随所でふれられているように，科学者達はこれまで，機械的強度に優れ化学的安定性の高い高分子材料の開発を目指してきた．しかしながら，こうして得られた重宝な高分子物質の廃棄が自然環境の悪化を招き，大量の高分子を使い捨てにする社会の風潮が限りある資源の浪費につながっている．いわゆる先進国での快適な消費生活が，開発途上国の貴重な資源を浪費し環境の悪化をもたらす，身勝手でおろかな振る舞いであるとのそしりは免れない．今，われわれのとるべき道は，高分子の特性を良く理解して，環境に負荷をかけない材料を開発することおよび節度ある利用である．本書を通して高分子の化学を基礎から学ぶことにより，新しい機能を持つ材料の開発や資源循環型社会への転換を推進する人材となっていただければ，著者一同望外の喜びである．

　最後に，本書の出版にあたり，多くの論文，著書を参考にさせていただいた．それらの著者に深く感謝する．また，本書の出版を計画してから随分と時間が経過したが，その間辛抱強く遅筆の著者達の脱稿をお待ちいただいた三共出版の岡部　勝氏および飯野久子氏に心よりお礼を申し上げる．

2007年12月

　　　　　　　　　　　　　　　　　　　　　　　　　　　北野博巳

　　　　　　　　　　　　　　　　　　　　　　　　　　　功刀　滋

目　　次

第 1 章　高分子が高分子であること—序論に替えて—

1-1　高分子とは ……………………………………………… 1
1-2　高分子の分子量 ………………………………………… 2
　1-2-1　高分子量の概念 …………………………………… 2
　1-2-2　分子量の分布 ……………………………………… 3
　1-2-3　分子量の測定方法 ………………………………… 5
1-3　高分子の分類 …………………………………………… 6
1-4　高分子をつくる結合 …………………………………… 7
　1-4-1　結合回りの回転 …………………………………… 7
　1-4-2　立体規則性 ………………………………………… 9
　1-4-3　光学異性体 ………………………………………… 10
　1-4-4　共　重　合 ………………………………………… 11
1-5　高分子の形 ……………………………………………… 12
1-6　高分子化学の歩み ……………………………………… 14
　1-6-1　天　然　素　材 …………………………………… 14
　1-6-2　合成高分子 ………………………………………… 15
参　考　文　献 ……………………………………………… 17
章　末　問　題 ……………………………………………… 18

第 2 章　高分子をつくる

2-1　重合反応とその分類−連鎖重合と逐次重合 ………… 20
2-2　連鎖重合によるポリマーの生成 ……………………… 22
　2-2-1　連鎖重合の素反応 ………………………………… 22
　2-2-2　重合の熱力学的要因 ……………………………… 22
　2-2-3　モノマー構造に基づく連鎖重合の分類 ………… 23
　2-2-4　天井温度と平衡モノマー濃度 …………………… 24
　2-2-5　生長末端の性質に基づく連鎖重合の分類 ……… 24
2-3　ビニル重合 ……………………………………………… 25
　2-3-1　ビニル重合における置換基効果 ………………… 25
2-4　ラジカル重合 …………………………………………… 32
　2-4-1　開　始　反　応 …………………………………… 32

- 2-4-2 生長反応 …………………………………………………… 35
- 2-4-3 停止反応と連鎖移動反応 ………………………………… 36
- 2-4-4 ラジカル重合における速度論 ……………………………… 39
- 2-4-5 重合手法 ………………………………………………… 41
- 2-5 イオン重合 …………………………………………………… 42
  - 2-5-1 イオン重合の特徴 ……………………………………… 42
  - 2-5-2 アニオン重合 …………………………………………… 43
  - 2-5-3 カチオン重合 …………………………………………… 47
- 2-6 配位重合 ……………………………………………………… 49
  - 2-6-1 Ziegler-Natta 触媒 …………………………………… 50
  - 2-6-2 低密度ポリエチレンと高密度ポリエチレン ………… 51
  - 2-6-3 Kaminsky-タイプ触媒 ………………………………… 52
  - 2-6-4 アルキン類の配位重合 ………………………………… 52
- 2-7 開環重合 ……………………………………………………… 52
  - 2-7-1 環歪み …………………………………………………… 52
  - 2-7-2 開環重合の熱力学的要因 ……………………………… 54
  - 2-7-3 エーテル類の開環重合 ………………………………… 55
  - 2-7-4 ラクトン類の開環重合 ………………………………… 57
  - 2-7-5 ラクタム類の開環重合 ………………………………… 58
  - 2-7-6 メタセシス開環重合 …………………………………… 59
- 2-8 共重合 ………………………………………………………… 60
  - 2-8-1 共重合組成式 …………………………………………… 60
  - 2-8-2 モノマー反応性比 ……………………………………… 61
  - 2-8-3 共重合組成曲線 ………………………………………… 63
  - 2-8-4 Q, e - 則 ……………………………………………… 63
- 2-9 逐次重合 ……………………………………………………… 64
  - 2-9-1 重縮合 …………………………………………………… 65
  - 2-9-2 重付加 …………………………………………………… 70
  - 2-9-3 付加縮合 ………………………………………………… 71
- 参考文献 …………………………………………………………… 74
- 章末問題 …………………………………………………………… 74

第3章　高分子の化学反応

- 3-1　化学反応による新しい高分子の合成 ……………………… 77
  - 3-1-1　セルロースの化学反応 ……………………………… 77
  - 3-1-2　ポリスチレンの化学反応 …………………………… 79
  - 3-1-3　ポリビニルアルコールの合成と反応 ……………… 81
  - 3-1-4　ブロック共重合体とグラフト共重合体 …………… 82
- 3-2　高分子の架橋反応 ……………………………………………… 86
  - 3-2-1　ゴムの架橋反応 ………………………………………… 86
  - 3-2-2　エポキシ樹脂の架橋反応 …………………………… 88
  - 3-2-3　水架橋反応 …………………………………………… 88
- 3-3　高分子の分解反応 …………………………………………… 89
  - 3-3-1　熱分解 …………………………………………………… 89
  - 3-3-2　熱酸化分解反応 ……………………………………… 90
  - 3-3-3　生分解反応 …………………………………………… 91
- 3-4　高分子の光化学反応 ………………………………………… 92
  - 3-4-1　光分解反応 …………………………………………… 93
  - 3-4-2　光架橋反応 …………………………………………… 95
- 3-5　電子線照射による反応 ……………………………………… 96
- 3-6　高分子の電気化学反応 ……………………………………… 97
- 参考文献 …………………………………………………………… 98
- 章末問題 …………………………………………………………… 98

第4章　高分子の溶液

- 4-1　高分子鎖の大きさ …………………………………………… 100
  - 4-1-1　平均的な大きさの定義 ……………………………… 101
  - 4-1-2　高分子鎖モデルと実在鎖 …………………………… 102
- 4-2　高分子溶液の性質 …………………………………………… 109
  - 4-2-1　溶液の熱力学 ………………………………………… 109
  - 4-2-2　相変化と相平衡 ……………………………………… 114
- 4-3　平均分子量とその測定法 …………………………………… 118
  - 4-3-1　平均分子量と分子量分布 …………………………… 118
  - 4-3-2　測定方法 ……………………………………………… 119
- 参考文献 …………………………………………………………… 124
- 章末問題 …………………………………………………………… 124

第5章　高分子の固体

- 5-1　高分子鎖の凝集構造 ……………………………………… 126
- 5-2　結晶性高分子と無定型高分子 …………………………… 128
  - 5-2-1　結晶性高分子とは ……………………………… 128
  - 5-2-2　無定型高分子とは ……………………………… 128
- 5-3　高分子のガラス転移 ……………………………………… 130
  - 5-3-1　ゴム状態とガラス状態 ………………………… 130
  - 5-3-2　ガラス転移温度の解釈 ………………………… 130
  - 5-3-3　ガラス状態の本質 ……………………………… 131
  - 5-3-4　ガラス転移温度を変化させるには …………… 133
- 5-4　高分子の結晶 ……………………………………………… 134
  - 5-4-1　高分子の結晶構造の確認 ……………………… 134
  - 5-4-2　高分子結晶のすがた …………………………… 135
  - 5-4-3　結晶化度の測定法 ……………………………… 140
  - 5-4-4　結晶性高分子の高次構造 ……………………… 143
  - 5-4-5　伸び切り鎖の高次構造 ………………………… 147
  - 5-4-6　高分子結晶の融解−融点 ……………………… 148
- 5-5　高分子の非晶 ……………………………………………… 149
  - 5-5-1　非晶鎖の結晶化 ………………………………… 149
  - 5-5-2　等温結晶化の機構と生成速度 ………………… 151
  - 5-5-3　延伸による結晶化と分子配向 ………………… 152
- 5-6　高分子固体の変形 ………………………………………… 153
  - 5-6-1　応力−ひずみ曲線 ……………………………… 153
  - 5-6-2　粘弾性とは ……………………………………… 154
  - 5-6-3　動的粘弾性 ……………………………………… 157
  - 5-6-4　ゴム弾性 ………………………………………… 158
- 5-7　自　由　体　積 …………………………………………… 159
  - 5-7-1　自由体積の定義 ………………………………… 159
  - 5-7-2　自由体積理論 …………………………………… 162
  - 5-7-3　高分子表面のガラス転移温度と自由体積 …… 164
- 参　考　文　献 …………………………………………………… 167
- 章　末　問　題 …………………………………………………… 168

第6章　機能性高分子

- 6-1　強い高分子 …………………………………………………… 170
  - 6-1-1　高強度繊維 ……………………………………………… 170
  - 6-1-2　液晶高分子 ……………………………………………… 171
  - 6-1-3　エンジニアリングプラスチック ………………………… 172
  - 6-1-4　カーボンファイバー ……………………………………… 175
  - 6-1-5　粘弾性力を利用する材料 ………………………………… 175
- 6-2　働く高分子 …………………………………………………… 176
  - 6-2-1　衣料材料 ………………………………………………… 176
  - 6-2-2　感光性高分子 …………………………………………… 178
  - 6-2-3　導電性高分子 …………………………………………… 179
  - 6-2-4　電池・燃料電池 ………………………………………… 180
  - 6-2-5　光学材料 ………………………………………………… 182
  - 6-2-6　イオン交換樹脂 ………………………………………… 183
  - 6-2-7　高分子膜 ………………………………………………… 183
  - 6-2-8　高分子凝集剤 …………………………………………… 186
  - 6-2-9　ゲルろ過と光学分割カラム ……………………………… 186
  - 6-2-10　高吸水性材料 …………………………………………… 187
  - 6-2-11　高分子触媒 ……………………………………………… 188
  - 6-2-12　高分子微粒子 …………………………………………… 188
- 6-3　かしこい高分子 ……………………………………………… 189
  - 6-3-1　力（圧力）に応答する高分子（圧電性高分子） ……… 190
  - 6-3-2　熱（温度変化）に応答する高分子 ……………………… 191
  - 6-3-3　光に応答する高分子 ……………………………………… 194
  - 6-3-4　電場に応答する高分子 …………………………………… 197
- 参考文献 …………………………………………………………… 198
- 章末問題 …………………………………………………………… 199

第7章　生命と高分子

- 7-1　生体高分子 …………………………………………………… 200
  - 7-1-1　タンパク質 ……………………………………………… 200
  - 7-1-2　多糖類 …………………………………………………… 209
  - 7-1-3　核酸 ……………………………………………………… 212
- 7-2　生体材料高分子 ……………………………………………… 218

  7-2-1　生体分子の機能の利用 …………………………… 218
  7-2-2　生体高分子をつくる …………………………………… 221
 7-3　人 工 臓 器 ………………………………………………… 223
  7-3-1　抗血栓性材料 …………………………………………… 223
  7-3-2　人 工 腎 臓 ……………………………………………… 226
  7-3-3　人 工 心 臓 ……………………………………………… 227
  7-3-4　人 工 肝 臓 ……………………………………………… 227
  7-3-5　人 工 膵 臓 ……………………………………………… 228
 7-4　薬物送達システム ……………………………………… 229
 7-5　生分解性高分子 ………………………………………… 229
 参 考 文 献 ……………………………………………………… 232
 章 末 問 題 ……………………………………………………… 232

章末問題解答 ……………………………………………………… 233
索　　　引 ………………………………………………………… 251

「polymer」の語が使われている。

高分子の構造単位（モノマー）がいくつも繰り返しつながっている高分子であるのだろうか？　この語は「繰り返している」とは繰り返しているということであり，その繰返しは，後述するように，F.A.Kekulé（ドイツ 1829-1896）の定義した結合，つまり化学結合，共有結合である。燃料や溶媒は小さい原子が数個から十数個からなる原子団が結びつけられる。原子数にして1万あまりあれば高分子に分類される。原始膜脂質エステル分子は十程度であり，縦から見ると高分子と呼び出すものもある。高分子を構成する単量体が数個数個のもの，あまり大きくないものでつながっているを各特性によりオリゴマー（oligomer）と呼んで，高分子（ポリマー）と区別することも多い。

1-2　高分子の分子量

1-2-1　高分子量の概念

高分子が「長い」分子の化合物ことは，先駆者の先駆者の「長い」ことは
19世紀の終わり頃から唱えられていたが，化学研究者の大半が納得するに至ったのは 1930 年代になってからである。

高分子量であることの理論的には，分子量測定の裏付けがいる。高等学校の化学で学んでいるように「分子量に比例して減少する」「分子量の大小」の一般的性質（colligative properties）の「凝固点降下」「沸点上昇」，「蒸気圧」，の3つがある。このうち二者はいずれも温度測定を規程としている。現在の種々のサーミスターによる精密温度測定装置（精度±0.01℃程度）が作られない時代では，温度は通常（水銀やアルコール）液体の膨張により3メカニズム変化を用いて測定しなければならない。水銀の体積膨張率は 0.2/1000 (K^{-1}) 程度，アルコールでも 1/1000 (K^{-1}) 程度であるので，現在市販されている精密温度計で目盛りは 0.1℃（0.05℃）程度にしかできない。モル凝固点降下は溶媒によって異なるが 2〜20 程度であり，モル沸点上昇度は 0.5〜4 程度でしかない。分子量が大きいということは，濃度変化可測定な検度を桁度にする（モル）濃度の溶液を作れるのに〈の（モル）物質がいることを意味する。例えば分子量が 1 万である分子としたとき 1 mol の物質量の分子量である。仮に 1 kg の溶媒に 1 kg 溶かすことができたとしても，0.1（モル）でしかなく，水だとそのモル濃度は 0.2 で 0.5 しか凝固点は下がらない。したがって 19 世紀に〈測られた測定者，後日高分子であると判明した化合物でも分子量が 2000〜3000 程度と評価されてしまった。この間題のブレイクスルー

第1章 高分子から高分子であること
― 序論に替えて ―

今や高分子化合物・高分子物質は身の回りに溢れている。従来の金属やセラミックスで作られていたものも、高分子に置き換えられるようになってきた。一方、いわゆる生体を構成する物質の多くも「高分子物質 (high molecular substances (compounds))」である。この「高分子物質・高分子化合物」という言葉[1] は日常的に使われているが、それらの占める物質の範囲がどうパイントで規定されているかということは明らかではない。また、いわゆる低分子物質と比べて人類が手にしたのがどのくらい新しいことかということも。この章では、高分子物質の化学を学ぶ前に、高分子の基本的な特徴と、その利用、工学・科学上の歩みを振り返ることにする。

1-1 高分子とは

英語の high molecular substances (compounds) はドイツ語の Hoch-molekulare Substanzen (Stoffe) の訳である。「大きな」あるいは「高い」分子量の物質を意味するが、大きな分子という意味では Makromolekül と言う書き方もあり、これは英語で macromolecule、日本語では「巨大分子」と呼ばれる。一方、高分子とはほぼ同義語であるというニュアンスが強い「ポリマー」、これは polymer[2] であり、ドイツ語では多くの場合 Polymer を採用するが、その語源としての「多くの (poly-)」という点にあり、これは反復単位で構成された化合物の作り方、基本的にはよく似た分子からなるもの（単量体＝モノマー (monomer)）が多く集まって（繰り返されて）いくことを強調している[3]。

化学の多くの分野がそうだが、高分子の化学も基礎の発端はドイツを中心とするヨーロッパで行われ、その後米国への展開した。日本でのこの領域はドイツからのインポートから始まり、次第に欧米の国々からのものとなった。しかし、用語の起源はドイツ語であることから今もなお残されている。今日、高分子研究者の解釈者の学会である専門組織の「macromolecule」と「高分子」は少し進めて展開されている。

---

1) 高分子という課題は橋田一郎等 (1904-1986) が「高分子の化学」（工業化学雑誌別冊付録 1940.3）を発表したことにより等術用語として定着した。

2) polymerの課題は1833年にJ.J. Berzelius（スウェーデン 1779-1848）によってエチレン (C_2H_4)、ブテン (C_4H_8)、ヘキセン (C_6H_{12}) のように、同じ組成式であることも分子量が整数比にあるように関係している化合物を示すものであり、等術的には現代とは異なる意味のものではなかった。

3) プラスチックという語もある。これは plastic：塑性＝形が自由になる、という形容詞が名目になる。米語で「形をかけ作れる」、英語では plastics（変形可能）、物を名称を取る。日本語では具体的には熱硬化性の合成樹脂 (＝高分子) を指し、「樹」を付けることは矢っていない。

は，高分子量化合物そのものをターゲットとした分子量測定法が見いだされるまで待つ必要があった。

高分子が「高分子量の化合物」であることの証明は，H.Staudinger（ドイツ）によって行われた。Staudinger は 1920 年に高分子説を発表し，以降セルロースや天然ゴムなど多くの物質を対象として，特に化学的反応の前後で分子量から計算される構成単位の総数が変わらないことによって「高分子」であることを実証した。1926 年の Düsseldorf でのドイツ化学会で行った講演「Die Chemie der hochmolekularen organischen Stoffe im Sinne der Keku1éschen Strukturlehre（Kekulé の構造論の意味における高分子量有機物質の化学）」に対してはあまり共感が得られなかったので[4]，その後精力的な研究を継続し，1932 年には "Die hochmolekularen organischen Verbindungen：Kautschuk und Cellulose（高分子量有機化合物：ゴムとセルロース）"（Springer）を出版し，1936 年のドイツ化学会での講演「Über die makromolekularen Chemie（巨大分子の化学について）」においては確乎たる位置づけを得るに至った[5]。これには，1920 年代に K.H.Meyer（ドイツ 1883-1952），H.Mark（オーストリア 1895-1992）らが X 線を使ってセルロース，絹，キチン，ゴムなどの結晶構造を決定し巨大分子による結晶格子モデルを立てた成果も大きく貢献している。

研究の過程で Staudinger が行き着いた分子量測定法は粘度による測定であった。その対照に分子末端を化学的に数える方法（末端定量法），および浸透圧による測定法を使用している。

H. Staudinger
1881-1965
The Plastics Historical Soc.
（www.plastiquarian.com）

4）高分子説の受け入れ拒否には，J.D.van der Waals（オランダ 1837-1923：1910 年ノーベル物理学賞）による副原子価力や K. W. von Nägeli（スイス 1817-1891）のミセル仮説などが当時の主流であったことが背景としてある。反論者には H.O.Wieland（ドイツ 1877-1957：1927 年ノーベル化学賞）や H.E.Fischer（ドイツ 1852-1919：1902 年ノーベル化学賞）など多くの著名な化学者が含まれていた。

5）この間に，hochmolelularen が makromolekularen に変わっているのでわかるように，Staudinger は高分子を表す言葉として makromolekül という用語に至った。1947 年に彼が創刊した *Die Makromolekulare Chemie* は世界最初の高分子の学術誌であり，今日まで続いている。（現在は Macromolecular Chemistry and Physics という英名になっている。）

1-2-2　分子量の分布

生体高分子を別にして，高分子化合物の分子量に関するもう 1 つの大きな特徴は，一般に分子量が揃っていないという点にある。一般化学では物質について純物質と混合物の区別をし，純物質とは一定の性質を持つもの（どのサンプルも同一の性質をもち，構成元素の組成や沸点・融点は一定）であるとする。高分子物質は分子量に関する限り多くが混合物である。

高分子の分子量が一定でないということは，分子量にある分布（分子量分布：molecular distribution）が存在することになる。特に合成高分子は，同一の組成は持つが分子量は異なる分子の混合物であり，その分子量は通常平均分子量で表される。したがって分子量の分布は，分子量の評価のみならず実用上きわめて重要な性質である。

分子量の平均を算出する方法にはいくつかのものがある。実際には分子量の測り方によって，得られる平均分子量の意味合いが異なる。

分子1個あたりの平均の重さ（分子量）として算出されるものは，日常生活でいう「平均」であり，数平均分子量（$\overline{M_N}$）と言われる。分子1個1個の重さに数をかけて重さの総和をとり，それを全分子数で割ることによって求められる。

$$\overline{M_N} = \frac{\sum_{i=1}^{\infty} N_i M_i}{\sum_{i=1}^{\infty} N_i} = \frac{\text{Total Weight}}{\text{Number of Polymers}} = \frac{\text{Weight}}{\text{Polymer}}$$

高分子の分子量が分布していると言っても，1個1個の分子は決まった値の重さを持つ。したがってある重さを持つ分子が全体の分子数の中でどのくらいの割合（分率）で存在するかということを決めることができる。これを（数）モル分率（X_i）というが，これを使うと，上式は

$$\overline{M_N} = \sum_{i=1}^{\infty} X_i M_i$$

と書ける。X_iではなく，ある分子量の分子の重さが，全体の分子の重さの中でどの割合寄与しているかという分率（w_i）も考えられ，次式で表される。

$$w_i = \frac{N_i M_i}{\sum_{i=1}^{\infty} N_i M_i}$$

$\overline{M_N}$の式のX_iをw_iに置き換えると

$$\overline{M_w} = \sum_{i=1}^{\infty} w_i M_i$$

となるが，これは重量平均分子量（$\overline{M_w}$）と呼ばれる。これをN_iとM_iで書くと

$$\overline{M_w} = \frac{\sum_{i=1}^{\infty} N_i M_i^2}{\sum_{i=1}^{\infty} N_i M_i}$$

となる。重量平均分子量と数平均分子量の比（$\overline{M_w}/\overline{M_N}$）は分散比と呼ばれ，これが1に近いほど分子量分布が狭いことを示している。

一般的な記述として

$$\overline{M_k} = \frac{\sum_{i=1}^{\infty} N_i M_i^{k+1}}{\sum_{i=1}^{\infty} N_i M_i^k}$$

を考えてみよう。$k=0$なら数平均分子量，$k=1$なら重量平均分子量である。$k=2$や$k=3$のものは，超遠心法によって得られる分子量に現れ，それぞれ，Z平均分子量（$\overline{M_z}$），$Z+1$平均分子量（$\overline{M_{z+1}}$）と呼ばれる。

Staudingerが用いた粘度測定による分子量（粘度平均分子量，$\overline{M_v}$）は，上記の一般式と異なり，溶液中での高分子の形や高分子と溶媒との相互作用が反映されるパラメータa（0～2の値を取る）を含む。$a=1$なら$\overline{M_w}$と等しくなるのは言うまでもない。後に学ぶように，セルロースではaの値が1に近く，Staudingerには幸いした。

$$\overline{M_v} = \left(\frac{\sum_{i=1}^{\infty} N_i M_i^{1+a}}{\sum_{i=1}^{\infty} N_i M_i} \right)^{\frac{1}{a}}$$

これらの平均分子量相互は

$$\overline{M_N} \le \overline{M_v} \le \overline{M_W} \le \overline{M_Z} \le \overline{M_{Z+1}} \le \overline{M_4} \le \ldots$$

の関係にあり（$\overline{M_v}$については$a \le 1$の場合），もっともらしい分子量分布をしている高分子については図1-1のような様子になる。高次の平均分子量ほど大きな分子量を持つ分子の寄与を強く受けることが理解できよう。この例の場合，$\overline{M_W}/\overline{M_N}$は1.4程度である。

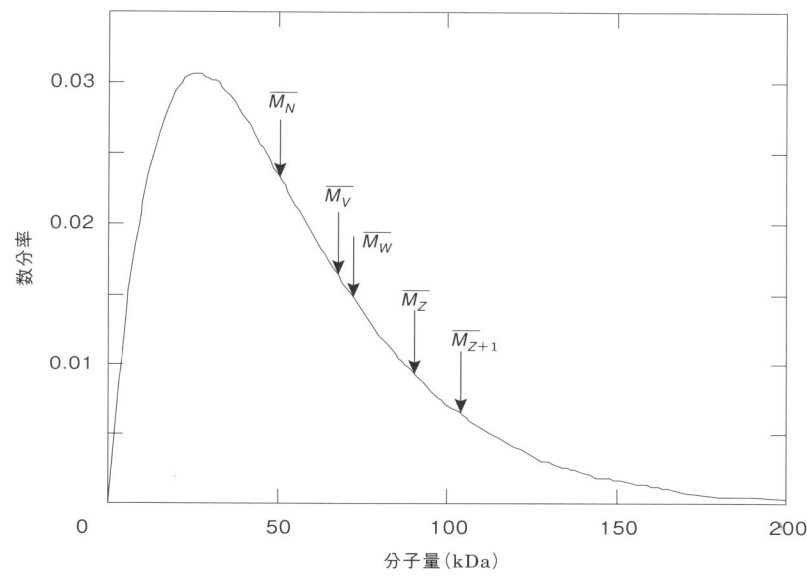

図1-1　各種平均分子量の関係

1-2-3　分子量の測定方法

現在使われている分子量の測定法としては以下のものがある。（詳細は第4章で説明する。）

(1) クロマトグラフィー法（GPC法）

粒子を充填したカラムに高分子の希薄な溶液を流し，分子の大きさによって流出するまでの時間が異なることを利用したものである。分子の溶液中での大きさは分子量以外の要因（溶媒との相互作用の強さなど）によっても影響され，また粒子と高分子とのいろいろな相互作用によっても流出時間は影響を受けるので，絶対的な分子量の測定はできず，標準サンプルとの対比から分子量を求めるが，分子量分布が容易に得られる利点がある。

(2) 粘度法

上述のように，高分子の溶液の粘度（viscosity：η）が分子量に依存することを利用したもので粘度平均分子量（$\overline{M_v}$）を得ることができる。Staudingerの式（$[\eta] = kM$）を一般化して

$$[\eta] = kM^a$$

とする。この式を Mark-Houwink-Sakurada の式と呼ぶが，ここで［ ］は濃度 0 に補外した値であり，k および a は高分子-溶媒に固有の定数で，a は 0 〜 2 の値を取る。例えば柔軟性の高い鎖状高分子は $0.5 < a < 0.8$ で，ポリスチレンのトルエン溶液では $a = 0.73$ である。剛直な棒状であれば 2，セミコイル状であれば 1，球状粒子であれば 0 と計算される。

(3) 末端基定量法

高分子の末端に何らかの官能基が存在する場合には，化学的分析や NMR などを使って，末端基の定量をすることができることがあり，存在する高分子の個数を数えられる。分子の個数と全質量，モノマーの分子量とから高分子 1 個あたりの質量が求まり，これは数平均分子量（$\overline{M_N}$）となる。

(4) 束一的性質を利用した方法（蒸気圧法・浸透圧法・沸点上昇法）

前述の通りであるが，これらの方法では数平均分子量（$\overline{M_N}$）が求まる。浸透圧法は 1887 年に J.H.van't Hoff（オランダ 1852-1911：1901 年ノーベル化学賞）によって開発された。

(5) 光散乱法

1940 年代に P.J.W.Debye（オランダ：1936 年ノーベル化学賞）によって開発された方法であり，溶液中の分子に光が衝突すると光が散乱し，散乱光の強度がその分子の質量に比例することを利用する。重量平均分子量が求められる。

P. J. W. Debye
1884-1966

(6) 沈降速度法（超遠心法）

1924 年に T.Svedberg（スウェーデン 1884-1971：1926 年ノーベル化学賞）らが開発した方法であり，大きな重力場の中ではわずかな比重の違いでも重い粒子が沈むことを利用している。超高速で回転する遠心分離機を用い，容器内の分子の分布を光により検出する。$\overline{M_W}$，$\overline{M_Z}$，$\overline{M_{Z+1}}$ などを求めることができる。

1-3　高分子の分類

今日ある多種多様な高分子は，いくつかの原理によって分類することができる。

大きくは，自然界にある（生物を改変して作らせたものも含む）高分子（天然高分子）と化学的に合成した高分子（合成高分子）および前者を化学的に処理した高分子（半合成高分子）とに分けられる（表 1-1）。天然高分子に関しては第 7 章で，合成高分子は第 2 章で，半合成高分子の生成に関連す

る高分子反応については，第3章で詳しく学ぶ。

他の分類方法として，高分子生成反応からの合成高分子の分類としては表1-2のような分類が，合成高分子の熱的な性質からの分類としては表1-3のような分類が可能であるが，これらの詳細についてはそれぞれの章で解説される。

表1-1 高分子の一般的な分類

大分類	小分類		内容と例
天然高分子	有機天然高分子	生体高分子	生命機能に関与するようなもの：酵素，核酸，多糖類など
		それ以外	体外存在のものや古くから人間が利用してきたもの：天然繊維，デンプン，紙，天然ゴム，天然樹脂など
	無機天然高分子		石綿，雲母，石墨，ダイヤモンドなど
合成高分子	有機合成高分子		ポリエチレン，ポリアミド，ポリエステル，合成ゴムなど
	無機合成高分子		人造雲母，塩化ホスホニトリルなど
	ハイブリッド高分子		シラン・シリカ系など
半合成高分子	有機半合成高分子		セルロースアセテート，ニトロセルロースなど
	無機半合成高分子		ガラス

表1-2 高分子生成反応からの合成高分子の分類

分類名	例
付加重合体	ポリエチレン，ポリスチレン，ポリメタクリル酸メチルなどのビニル系重合体，ポリブタジエン，ポリイソプレンなどのジエン系重合体など
環化重合体	ジメチルジアリルアンモニウムブロミドなどの重合体など
開環重合体	エチレンオキシド，ラクトン，ラクタムなどの開環によるポリエーテル，ポリエステル，ポリアミドなど
重付加高分子	ポリウレタン，ポリ尿素，Diels-Alder重合によるものなど
重縮合高分子	ポリアミド，ポリカーボネート，ポリエステルなど
付加縮合高分子	フェノール樹脂，メラミン樹脂，ウレア樹脂など

表1-3 高分子の熱的な性質からの分類

分類名	内容と例
熱可塑性高分子	1次元高分子で，熱により変形する。加工しやすい。ポリアミド，ポリエステル，ポリエチレンなど
熱硬化性高分子	3次元高分子で，熱によって軟化しない。熱によって3次元化成形加工する。フェノール樹脂，尿素樹脂，加硫したゴムなど

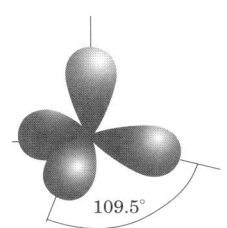

sp^3 混成軌道

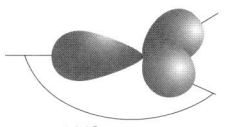

sp^2 混成軌道

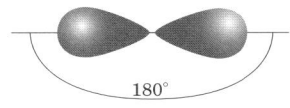

sp 混成軌道

1-4 高分子をつくる結合

1-4-1 結合回りの回転

多くの高分子は炭素原子を中心にできあがっているが，共有結合で結びついている炭素原子はその結合の多重性によってsp^3，sp^2，spの三種類の混成軌道（結合）を取りうる。sp^{3}の場合には，正四面体の中心から4つの頂

点に向かって結合が延び，それぞれの結合は単結合なので，結合回りに回転することが可能である。

最も簡単な例として，ポリエチレンを対象に考えてみよう。この高分子は図1-2(a)のように描き表されることが多い。最小の繰り返し単位はメチレン基（$-CH_2-$）であるので，ポリメチレンと呼んでも良いが，後章で学ぶようにエテン（エチレン）をモノマーとして生成されるのでポリエチレンと言われる。

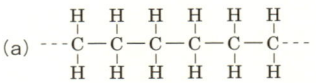

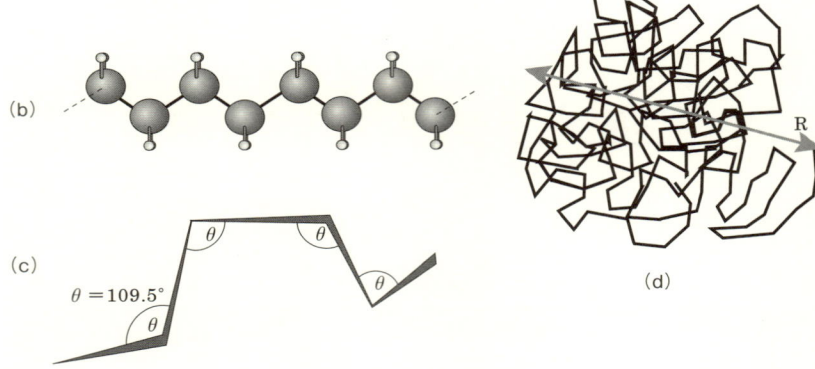

図1-2　ポリエチレン

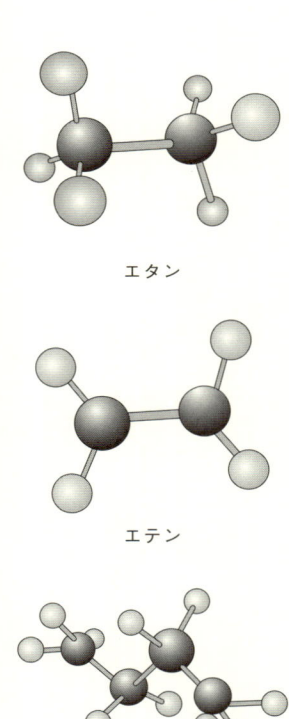

エタン

エテン

ブタン

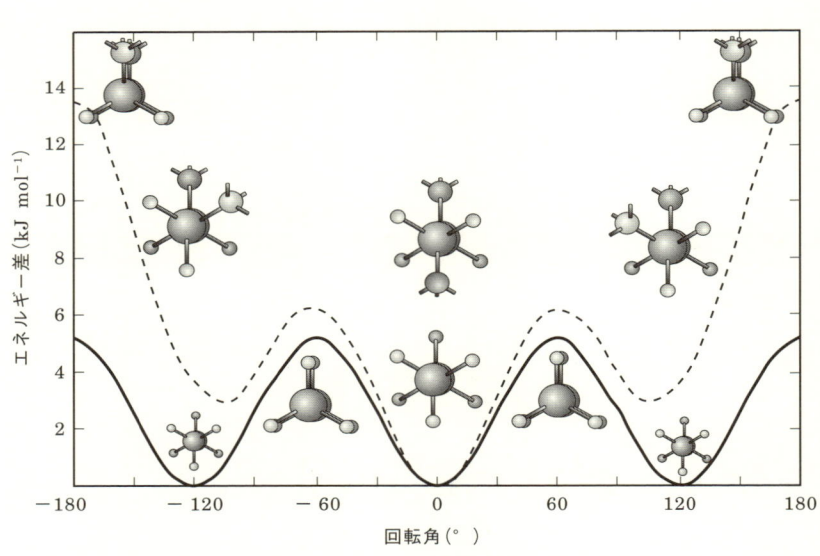

図1-3　エタン，ブタンの回転角とエネルギー差

エテンでは，sp^2軌道をとっているが，残りのπ軌道によりCとCの間が二重結合であり，この結合回りには回転できない。しかし，生成したポリ

エチレン高分子ではC–C間はエタンのように単結合になっているので，回転できる。エタン自身のC–C間結合の回転は双方のC原子に付いている水素原子の影響を受け，C–C結合の片端から眺めたときに3つづつの水素原子が重なっていない状態の方が安定に存在できる。（図1-3，実線）

ポリエチレンではそれぞれの3つの水素の内1つが隣の炭素となっており，その先にずっと高分子鎖（主鎖）が続いていくので，注目するC–C結合回りの回転は主鎖がなるべく近くに来ない方が安定となる。（図1-3点線：ブタンの場合で示す。）

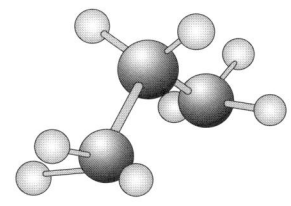

プロパン

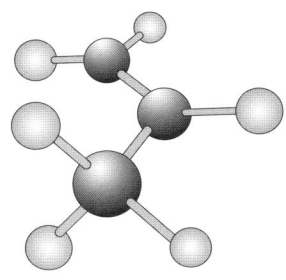

プロペン

1-4-2 立体規則性

ポリエチレンの1つの結合が仮にすべて図1-3に示す0°をとったとすると，その結合と隣の結合とが（C原子を挟んで）作る角度は109.5°となる（sp^3）ので，主鎖を平面上に置いて描くと図1-2(b)のようになる。実際には図1-3で見られたように，エネルギーの谷は急峻ではないので，熱エネルギー（常温で$2.5\ kJ\ mol^{-1}$程度）と比べても±30°程度は容易に動ける。したがって高分子鎖は3次元的にコイル状態をとることになり（図1-2(c)），全体としては図1-2(d)のようなイメージとなる。

ポリエチレンの場合，鎖中央部の任意の炭素の回りには2つの主鎖C–C結合と2つの水素原子がある。前後の主鎖の長さが異なるとしても，本質的にはすべての炭素は同様の環境にある。しかし，エテンでなくプロペン（プロピレン）をモノマーとして生成されるポリプロピレン（図1-4(a)）では，いささか事情が異なる。図1-4(c)(d)に見られるように，隣合うプロペン単位のメチル基がどのような方向に出ているかは，主鎖の回転によっては解消できない構造的な違い（立体規則性，タクティシティー：tacticity）となる。(c)のように同じ側に揃って出ているものをイソタクティック（isotactic）と呼び，(d)のように交互になっているものをシンジオタクティック（syndiotactic）と呼ぶ。(a)のような描き方でこの区別を強調する場合は，後者を(b)のようにする場合もある。後章で習うように，実際に合成されたものでは必ずしもこのような構造が制御されていないことも多いが，全くランダムである場合はアタクティック（atactic）と称される。最初の立体規則性高分子はK.Ziegler（ドイツ 1898-1973）の開発した有機金属触媒によってG.Natta（イタリア 1903-1979：いずれも1967年ノーベル化学賞）が合成したポリプロピレンであった。

K. Ziegler
1898–1973
The Plastics Historical Soc.
（www.plastiquarian.com）

G. Natta
1903–1979
The Plastics Historical Soc.
（www.plastiquarian.com）

1-4-3 光学異性体

さらに，エステルやアミドのように主鎖の結合に方向性のある場合には，注目する炭素の結合の前後にある高分子鎖が「同じ」とは言えず，光学異性が生じることもある。乳酸から生成されるポリ乳酸（図1-5）の場合で考えてみると，＊印の付いた炭素の回りにはすべて異なる原子団が結合しているので，この炭素は不斉であり，L／Dの区別が生じる。図1-5（b, c）の場合は▶と---（前者が紙面手前方向，後者が紙面奥方向の結合）で区別を付け，（b）はL体であり，（c）はD体である。生物を構成する分子には光学異性体が多いので，タンパク質や多糖類など天然・生体高分子ではこのような区別が特に重要となる。

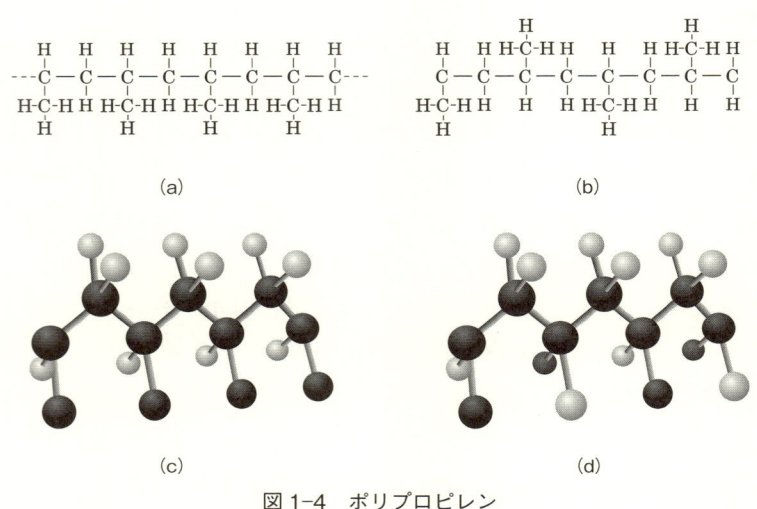

図1-4　ポリプロピレン
側鎖の黒球はメチル基をあらわす

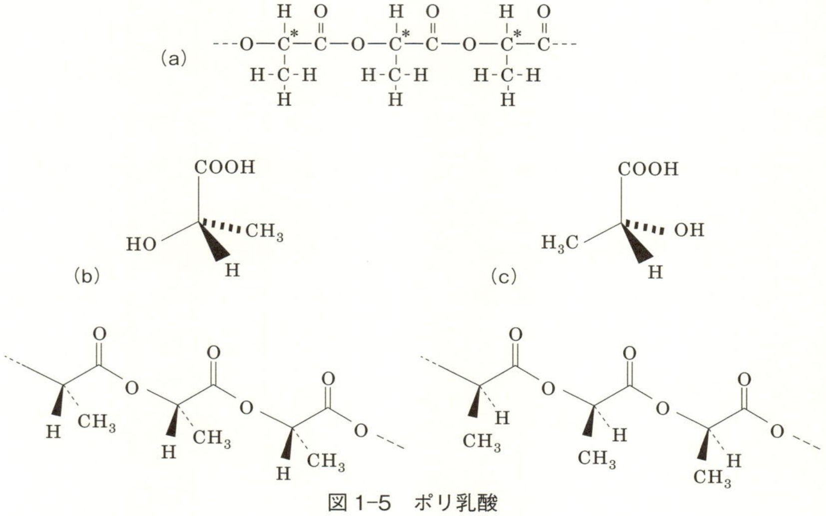

図1-5　ポリ乳酸

1-4-4 共重合

前述のポリエチレンやポリプロピレンなどのように，高分子がいつも1種類のモノマーから構成されているわけではない。複数のモノマーから生成される場合を共重合（copolymerization）という。今，AとBという2種類のモノマーから高分子が生成されるとすると，できた高分子中でのA，Bの並び方には，いくつかのパターンが考えられる。

全くランダムにAとBが並んでいる場合はランダム共重合体（randam copolymer）と呼ぶ。またAとBが必ず交互に並んでいる場合は交互共重合体（alternative copolymer）と言われる。これは$-(AB)_n-$と表すこともできる。次章で習うモノマー反応性比（r_1＝「Aの次にAが来る確率とBが来る確率の比」とr_2＝「Bの次にBが来る確率とAが来る確率の比」）で，r_1，r_2がいずれも0であればこのような共重合体ができる。Aが連続で並び次にBが連続で並んでいるような場合はブロック共重合体（block copolymer）と呼ばれる。ABAトリブロックなどという場合は$(A)_n-(B)_m-(A)_n$のように3つのブロックから成り立っていることを示している。短いブロックが何度も繰り返されるような場合には周期的（periodical）共重合体と呼ぶこともある。

-AABBABBAABAAABBBAABA-
ランダム共重合
-ABABABABABABABABABAB-
交互共重合
AAAAAAAAAA-BBBBBBBBBB
ブロック共重合（ABジブロック）
AAAAAAA-BBBBBB-AAAAAA
ブロック共重合（ABAトリブロック）

1-5 高分子の形

3次元的な構造から高分子を見ると，ひもや鎖のような1次元の高分子（鎖状高分子（chain polymer），線状高分子（linear polymer），例：絹，セルロース，ナイロン，ポリ塩化ビニルなど）だけでなく，板状やはしご状の高分子である2次元高分子（例：ラダーポリマー（図1-6(a)），雲母，石墨など），架橋された高分子や網状の高分子に見られる3次元的な高分子（例：フェノール樹脂，尿素樹脂，メラミン樹脂（図1-6(b)），高分子ゲル（図1-6(c)）など）に分類される。基本的には1次元的な高分子でも，鎖の途中から枝分かれすること（分岐）が可能であると，櫛形や星形あるいは樹状の形態を取る。（図1-7）樹状のものが層状になって3次元的に拡大していくと，珊瑚状の高分子となるが，このようにくり返して分枝していく形態のものをデンドリマー（図1-7(e)，dendrimer：樹状のもの）という。

高分子はその大きな分子量から基本的には気化できないので，高分子の存在形態は液相であるか固相である。液相の場合，高分子が液体状態である（溶融している）場合もあるが，多くは高分子が溶媒に溶けている。高分子溶液の話は第4章で詳しく学ぶが，溶液中での高分子の形は，高分子と溶媒分子

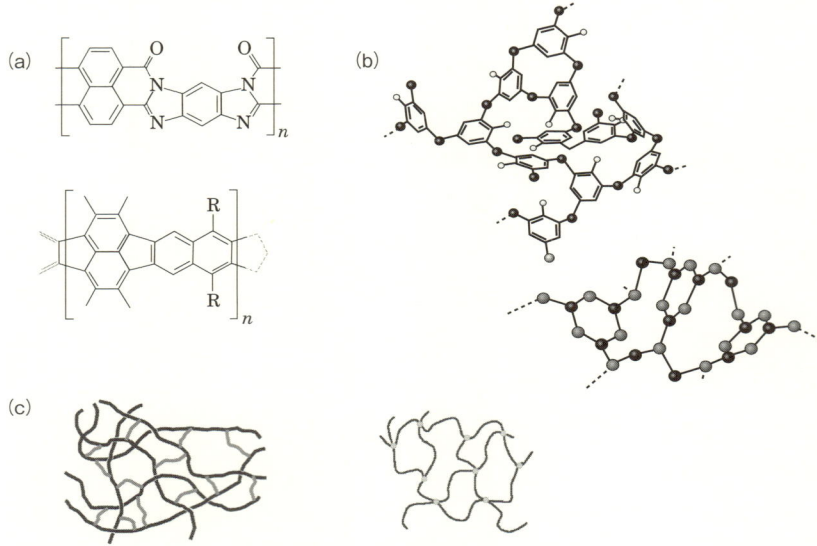

図1-6 2次元・3次元の高分子の例
(a) ラダーポリマー　(b) メラミン樹脂（上）とフェノール樹脂（下）　(c) 高分子ゲルの模式図

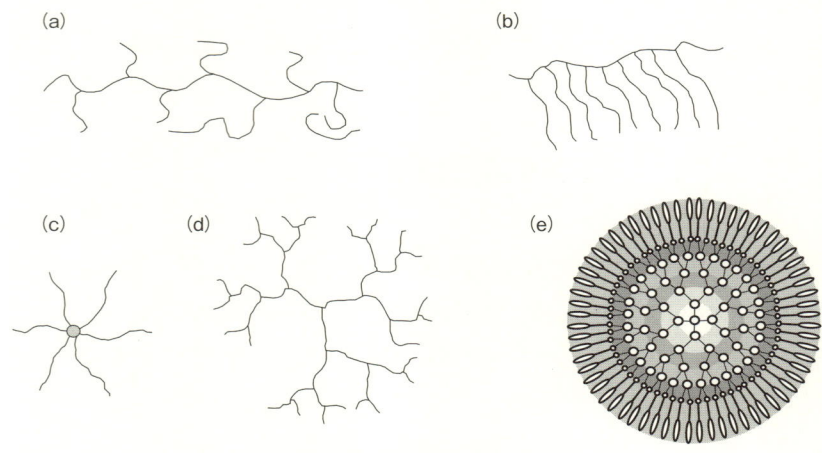

図1-7 高分子の枝分かれ
(b),(c),(d) はそれぞれ，櫛形，星形，樹状と言われる。
(e) は3次元（球）状となり，階層性を持っている。

との間の相互作用に大きく左右される。全体として確乎とした形態を取っているわけではなく「無定型」と呼ばれる状態にあることが多いが，その拡がり・大きさは溶媒との親和性によって違ってくる。この「大きさ」を考える量として，一般的には2種類のものが使われる。1つは，1本の高分子鎖の一端から他端までの距離であり，これを両末端間距離と呼ぶ。図1-2(d)の R がそれを指す。もう1つは，糸鞠状の高分子鎖を多数の質点からなる回転体として捉え，その慣性モーメント (I) の重量平均を取ったもの (S^2) である。多数の質点 (m_i) からなる系の I は，全体の重心からそれぞれの質

点 i までの距離を r_i として

$$I = \Sigma m_i r_i^2$$

で表されるので

$$S^2 = I/\Sigma m_i$$

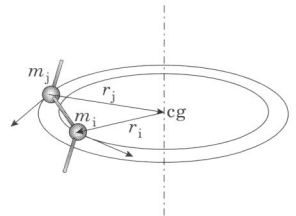

となる。無数のコンホメーション全体についての平均等については第4章で解説される。

　高分子内や高分子間の相互作用が強いと、高分子はある一定の形態をとることがある。生体高分子ではしばしば見られ、合成高分子でも多数の例がある。特にらせん状の形態は、分子内で一定の距離をおいて引き合うもの（水素結合など）や反発する相互作用があると形成されることがある。図1-8の場合（a），（b）が合成高分子の例であり、大きな置換基を付けてらせん構造（helical structure）を誘起している。立体規則性の揃ったポリプロピレンなどもらせん構造をとる。（c）はアミノ酸のポリマーであるポリペプチドのらせん構造（α-helix）であるが、分子内で主鎖間に水素結合がかかることにより形成される構造である。（d）はアミロース（デンプン）のとるらせん構造で、この場合は構成分子であるグルコースとそれらを結ぶエーテル結合（グリコシド結合）の立体配置からこのような構造が形成される。ら

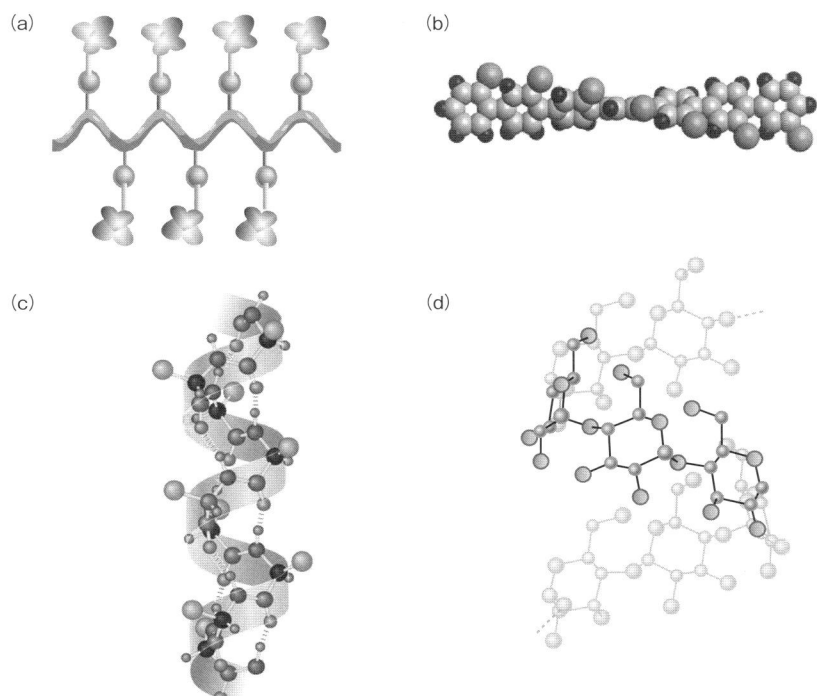

図1-8　高分子のらせん構造の例

せん構造では当然右巻きか左巻きかの区別が生じる。生体高分子の場合には構成分子の光学異性によってその巻き方が決まるが，合成高分子の場合，相互作用させる基に光学異性があれば一方向に誘起でき，全くない場合には両者が等量できることになる。

1-6　高分子化学の歩み

ヒトからウィルスまで生物の体は多量の高分子化合物からできている。そのような意味ではなく，生き物の外に存在する高分子をわれわれ人類が利用してきた歴史は極めて古い。しかし，19世紀まで，それらはすべて自然界に存在するもの（天然高分子：natural polymer）であった。極端に言えば，猿なりが枯れ枝を持って果実を落とせば，充分に「高分子材料の利用」であるが，木材や草物，獣皮などではなく，また食物でもなく，今日にも繋がるような意味での高分子化合物の利用の魁（さきがけ）は，繊維性高分子や糊・膠（にかわ）・漆（うるし）[6]などであると言える。表1-4には先史から20世紀中頃までの高分子の利用と高分子化学の発展の概略をまとめた。

1-6-1　天然素材

綿の利用開始はかなり古く，紀元前5000年のメキシコの遺跡から綿の断片が発見され，またインドでは5000年以上前から綿が栽培されていたらしい。麻やウールの生産は綿より古く，1万年前ぐらいの石器時代から始まったとされる。一方絹の生産は，紀元前2500年頃古代中国の黄帝の后・西陵氏が絹と織物の製法を築いたとされる伝説があるが，一説には紀元前6000年頃ともされる[7]。日本には弥生時代（紀元前5世紀中頃〜3世紀中頃）の前期には伝わったと見られる。

紙は105年に後漢の蔡倫が麻屑，古布，魚網から作ったと伝えられてきたが，前漢（紀元前206年〜後8年）初期の残紙が遺跡から見つかっている。韓半島を経由して日本へ渡来したのは610年とされている。

一方，ゴム（天然ゴム）[8]は中南米で原住民がボールや容器などに使用していたものを，Columbusが西欧社会にもたらした。しかし，消しゴムやバンド，防水布などとしての限定的な利用が行われていただけである。19世紀になって加硫（vulcanization）技術が見いだされ，ようやく今日に繋がる利用と工業の拡大が展開された。

6) 糊・膠・漆
　人類最初の接着剤は天然のアスファルトであり，石器時代の遺跡にも発見される。漆や膠も古くから接着に用いられてきた。デンプンから作る糊は米作地域で使われ比較的新しいが，肉食が希薄であった日本では平安頃から盛んに用いられてきた。

7) 何千年もの間中国は絹の生産法を門外不出としていた。その結果，非常に古い時代から絹は中国からインド，ペルシャさらには欧州への輸出品の中心となり，これがシルクロード（絹の道）となる。ローマでは絹の高騰により，使用禁止令が出たこともある。
　絹の製法はようやく6世紀に東ローマ帝国に入ったが，地中海地方で生産が始まったのは12世紀，フランス（リヨン）では15世紀にまで遅れた。

8)「ゴム」はオランダ語のgomから来ており，ラテン語のgummi（植物の分泌物）が元。グミやガムと同じ語源。消しゴムに使われたことから，英語ではrubber（擦るもの）となる。生ゴムに30〜40%も加硫した物はエボナイトと呼ばれ，絶縁体など様々な用途に使われる。

表 1-4 高分子の利用と高分子化学の発展

年　代	事　項
石器時代	麻やウールの生産と利用，漆の利用
BC5000 年以前	綿の栽培
BC2500 年頃	黄帝の后・西陵氏が絹と絹織物の製法を築く（伝説）
BC5C 〜 4C	日本に絹の製法が伝来
105 年	後漢の蔡倫が紙の製法を確立
6C	絹の製法が東ローマに伝播
610 年	日本に朝鮮・高句麗から僧侶曇徴により製紙法が伝来
1495 年	C.Columbus　ゴムをジャマイカより欧州に持ち帰る
1835 年	M.V.Regnault（フランス）偶然にポリ塩化ビニルを発見
1839 年	C.Goodyear（アメリカ）ゴムの加硫技術を見いだす
1839 年	E.Simon（ドイツ）偶然にポリスチレンを発見
1857 年	M.E.Schweizer（スイス）銅アンモニア溶液にセルロースが可溶なことを発見（Schweizer 液）
1870 年	J.W.Hyatt（アメリカ）がセルロイドを上市
1887 年	H.Bernigaud（Chardonnet 伯爵：フランス）硝酸セルロースから繊維を紡糸　Chardonnet 絹
1890 年	L.-H.Despeissis（フランス）Schweizer 溶液からセルロース繊維を紡糸
1891 年	M.Fremery（ドイツ），J.Urban（オーストリア）銅アンモニア法により人絹糸を製造
1892 年	C.F.Cross，E.J.Bevan，C.Beadle（イギリス）アルカリセルロースの二硫化炭素への溶解反応発見　溶液を "Viscose" と命名
1894 年	C.F.Cross，E.J.Bevan（イギリス）酢酸セルロースの製造特許
1909 年	L.Baekeland（アメリカ）フェノール樹脂を開発。Bakelite
1920 年	H.Staudinger（ドイツ）高分子説の論文を発表
1924 年	W.O.Herrmann，H.Hahnel（ドイツ Consortium 社）ポリ酢酸ビニルからポリビニルアルコールを合成
1926 年	W.Semon（アメリカ B.F.Goodrich 社）ポリ塩化ビニルに種々の可塑剤を混ぜることで加工可能な材料とする技術を開発
1930 年	W.Carothers（アメリカ DuPont 社）らネオプレン（クロロプレンのポリマー）を開発
1930 年代	ドイツ，ブタジエンとスチレンやアクリロニトリルとの共重合により，Buna ゴムを開発
1932 年	H.Staudinger: "Die hochmolekularen organischen Verbindungen: Kautschuk und Cellulose" を出版
1935 年	W.Carothers らナイロン 66（ポリアミド）を開発
1938 年	P.Schlack（ドイツ I.G.Farben 社）ナイロン 6 を開発
1938 年	Dow Chemical 社（アメリカ）スチレンのモノマー，ポリマーの生産を開始
1938 年	R.J.Plunkett（DuPont 社）ポリテトラフルオロエチレン（Teflon）を開発
1941 年	J.R.Whinfield，T.Dackson（イギリス）ポリエチレンテレフタレート（PET，Terylene）を開発
1940 年代	P.J.W.Debye 光散乱による分子量測定法を開発
1953 年	K.Ziegler（ドイツ）エチレンの重合触媒を発見
1954 年	G.Natta（イタリア）同種触媒で立体規則性ポリプロピレンなどを重合

1-6-2　合成高分子

天然のものを物理的に加工した高分子ではなく，化学的・人工的な要素が加わった高分子の生成は 1870 年に J.W.Hyatt（アメリカ 1837-1920）が象牙に代わるビリヤード球の素材としてセルロースの硝酸エステルをアルコー

L. H. Baekeland
1863-1944
The Plastics Historical Soc.
(www.plastiquarian.com)

ルとショウノウで処理し，セルロイドを考案したことに始まるとされる。この硝酸セルロースは1887年にde Chardonnet伯爵（H.Bernigaudフランス 1839-1924）が紡糸し，「シャルドネ絹」として世に出したほか，櫛などの家庭用品や写真フィルムとして広く用いられた[9]。

これより先，ポリ塩化ビニルは塩化ビニルの入った容器を日光に晒しておいた結果偶然に得られていたが（1835年，H.V.Regnault, フランス 1810-1978），その実用材料としての供与は1926年まで待たねばならなかった。したがって，純然たる合成高分子は1909年にL.Baekeland（アメリカ）が開発したベークライト（Bakelite）をもって第1号とする。ベークライトはフェノール樹脂（図1-6（b）下）の商標であり，熱硬化性の3次元高分子に分類されるものである。

ゴムについては1909年にF.Hofmann，K.Coutelle（ドイツ Bayer社）が天然ゴムの主成分であるイソプレンを封管中で加熱して合成ゴムを得[10]，また1929年にはW.Bock（ドイツ）がイソプレンとスチレンの共重合体を得ていたが，1930年にDuPont社（アメリカ）のW.Carothers（アメリカ）のチームがクロロプレンのポリマーであるネオプレン（Neoprene）を開発したのが実用合成ゴムの最初である。

他の鎖状高分子では1924年にポリビニルアルコールが作られたが[11]，

9) 硝酸セルロースは綿火薬であり，発火性・引火性がある。セルロイド球でのビリヤードでは球同士の衝突でたまに火花が飛び，シャルドネ絹を着たモデルが博覧会の会場で炎上死という悲劇もあった。また映画館などではフィルムの火事がしばしば起こった。より安全な人造絹として，ビスコース法，銅アンモニア法による再生セルロースが見いだされ，また酢酸セルロース（アセテート）が開発されていった。

10) さらに古く1879年にはG.Bouchadat（フランス）がイソプレンに濃塩酸を加えて加熱し，ゴム状物質を得ていた。

11) ポリビニルアルコールは水溶性でそのままでは繊維として利用できなかったが，これをホルムアルデヒド（ホルマリン）によって処理し，不溶性の繊維とすることができる。これは1939年に櫻田一郎らによって開発された日本における最初の合成繊維（合成1号）であり，ビニロンとして知られる。

表1-5　高分子の科学に関係するノーベル賞受賞者

年	賞	受賞者（国）	受賞理由
1953	化学賞	H. Staudinger（ドイツ）	高分子化学分野での発見
1963	化学賞	K. Ziegler（ドイツ） G. Natta（イタリア）	高重合体の化学とテクノロジーにおける発見
1974	化学賞	P. J. Flory（アメリカ）	理論・実験両面での高分子の物理化学における基礎的成果
1984	化学賞	R. B. Merrifield（アメリカ）	固相反応によるペプチド合成法の開発
1991	物理学賞	P.-G. de Gennes（ベルギー）	単純な系の秩序現象を研究するために開発された手法が，より複雑な物質，特に液晶や高分子の研究にも一般化され得ることの発見
1993	化学賞	K. B. Mullis（アメリカ） M. Smith（カナダ）	DNAに基づく化学における手法開発への貢献
2000	化学賞	A. J. Hegger（アメリカ） A. G. MacDiarmid（アメリカ） H. Shirakawa（日本）	電導性高分子の発見と展開
2002	化学賞	J. B. Fenn（アメリカ） K. Tanaka（日本） K. Wüthrich（スイス）	生体高分子の同定および構造解析のための手法の開発

W. Carothers
(1896-1937)
Hagley Museum and Library

1935年にナイロン（ポリアミド）が開発され合成繊維としては始めて商品化された。＜ to be made entirely from ingredients : coal, water and air ; strong as steel and fine as a spider web ＞（石炭と水と空気から作られ，鋼鉄よりも強く，クモの糸より細い）というDuPont社の宣伝文は有名であるが，これもCarothersチームの成果である[12]。続いてポリスチレン，テフロン，ポリエステル，ポリアクリロニトリル（アクリル）など，今日もなじみのあるものが次々と見いだされていった。

　一方で，高分子の性質・特性についての科学的研究も格段の進歩を遂げていく。この分野における貢献では，P.J.W.DebyeとP.J.Flory（アメリカ1910-1985：1974年ノーベル化学賞）が非常に大きく，その一部は後章で学ぶことになる。表1-5には，高分子にかかわるノーベル賞受賞者をまとめておく。（これ以外に核酸・タンパク質をベースとした分子生物学，生化学における受賞も多くあるが，この表には含めていない。）

[12] Carothersらは，当初ポリエステルを狙い多様なジエステルとジオールの組合せを研究したが，繊維化できるものは見つからなかったので，ジアミンに替えポリアミドを開発した。後年ポリエステル繊維ができるのはCarothersらが試みていなかった芳香族ジエステルを用いたからである。

参考文献

高分子化学・工学の歴史について

1) 井本稔，ナイロンの発見　東京化学同人（1971）
2) 井上尚之，ナイロン発明の衝撃　関西学院大学出版会（2006）
3) 遠藤徹，プラスチックの文化史　水声社（1999）
4) Y. Furukawa, Inventing Polymer Science, Staudinger, Carothers, and the Emergence of Macromolecular Chemistry, University of Pennsylvania Press（1998）
5) Polymer Chemistry–The Formative Years
   American Chemical Society が "National Historic Chemical Landmarks" の一項として http://acswebcontent.acs.org/landmarks/landmarks/polymer/pol_2.html に掲げている。
6) History of Polymer and Plastics for Students
   American Chemistry Council が http://www.americanchemistry.com/s_plastics/hands_on_plastics/intro_to_plastics/students.html に掲げている。
7) Molecular Giants
   Chemical Heritage Foundation が http://www.chemheritage.org/EducationalServices/Polymers+People/MOLECULAR_GIANTS.html に掲げている。
8) People & Polymers

The Plastics Historical Society が http://www.plastiquarian.com/ind3.htm に掲げている。

9) 高分子学会編, 日本の高分子科学技術史 (補訂版), 高分子学会 (2005)
なお「日本の高分子科学技術史」年表 (改訂版) が同学会の HP http://www.spsj.or.jp/ 中の「年表 (1492 ～ 1975 年) へ」欄で見ることができる。

10) 高分子化学の概史
九州大学の HP http://www.scc.kyushu-u.ac.jp/Educ/Kobunsi/Histry.pdf で見ることができる。

章末問題

問1 分子量が 100 kDa から 900 kDa まで 100 kDa 間隔の高分子を均等に 1 モルずつ混ぜたとする。この混合物の $\overline{M_N}, \overline{M_W}, \overline{M_Z}$ を計算せよ。また，$\overline{M_W}/\overline{M_N}$ はいくらになるか？

問2 Staudinger がセルロース誘導体を使って「高分子性」を証明した実験は，概略以下のようなものであった。

① セルロース誘導体を用いて，浸透圧法および末端基定量法によって測定した分子量 (重合度：DP) と粘度 $[\eta]$ (今日で言う極限粘度数：第 4 章参照) との比例関係を決定する。

② セルローストリアセテート (CTA) と，それをケン (鹸) 化 (加水分解) してアセチル基を除いたもの (セルロース) の粘度を測定し，算出される DP を比較する。

③ セルロースとそれをニトロ化したもの (ニトロセルロース) の粘度を測定し，算出される DP を比較する。

表 1, 2 はそれぞれ上記②, ③の実験結果である。

表1　CTA の鹸化前後の $[\eta]$ と DP

鹸化前の CTA		鹸化後のセルロース	
$[\eta] \times 10^2$	DP	$[\eta] \times 10^2$	DP
3.4	54	2.8	56
18	285	15.3	305
21.4	340	17.6	350
60.4	960	47.9	955
74.4	1180	58.3	1165
104.5	1660	84	1680

表2　セルロースのニトロ化前後の $[\eta]$ と DP

反応前のセルロース		ニトロ化後のセルロース	
$[\eta] \times 10^2$	DP	$[\eta] \times 10^2$	DP
3.8	76	8.5	77
7.6	152	15.0	135
16.8	336	34.0	310
24.0	480	51.0	460
35.8	716	74.0	670
67.5	1350	161	1460
80.0	1600	188	1710
100	2000	200	1800
168	3400	390	3540

(1) CTA の鹸化，セルロースのニトロ化の反応式を書きなさい。

（2）［η］と DP の値から，6 頁の式の α の値が 1 に近いことを確かめよ。
（DP から分子量を算出しても良いが，α だけなら DP のままでも求めることができる。）

（3）それぞれ反応の前後で［η］の値が違うのに，DP はほぼ同じである。その理由は何か。

（4）この実験では反応中および反応後の試料の管理に格段の注意が払われた。例えば，鹸化のための加水分解や溶存酸素による酸化分解がセルコースの高分子化結合に起こってしまうと，どのような結果となるか。

（データは Hermann Staudinger, "Macromolecular chemistry", Nobel Lecture, December 11（1953）より抜粋）

問3 20世紀初頭，ゴム（天然ゴム）の構造については

① 炭素と水素だけからできている

② 二重結合を有している

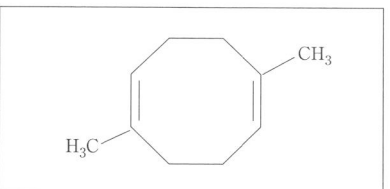

ことが明らかにされていた。当時 Harries らを中心とするドイツの化学者は，ゴムの構造を右のようなもの（今日の表現では 1,5-ジメチル-1,5-シクロオクタジエン）だと考えていた。

すでに浸透圧法などによって，分子量は何万とも測定されることが知られていたが，3頁で解説したように，この結果は異なる分子の2重結合間での相互作用（2次的結合＝ミセル説）に由来すると説明されていた。イギリスの Pickles は，ゴムに臭素付加反応を施しても，分子量が大きく測定されたままであることから，$C_{40}H_{64}$ などもっと大きな環状分子だと提唱した。

なぜこの時期，化学者は環状構造に固執したかを考えよ。（ヒント：環状分子には「末端」がない。）

問4 Carothers らによって最初に開発されたナイロンはアジピン酸とヘキサメチレンジアミンから作られた，今日で言うナイロン66である。（第2章68頁参照）まず，絹の代替品としてストッキングやパラシュートに使われたが，絹（主としてグリシン，アラニンなどのアミノ酸を成分とするポリペプチド：第7章202頁参照）とナイロンとの類似点および相違点をあげよ。

問5 分子量が10万の高分子化合物 10 g を 1 kg の溶媒に溶かして，浸透圧を測ったとする。高分子の浸透圧は4章で学ぶように簡単ではないが，仮に低分子希薄溶液に見られる理想的（最も簡単）な関係式（van't Hoff の式）があてはまるとして，溶液の比重が0.95であれば，溶液上面と溶媒上面との高さの差（水位の差）はどれほどになるかを計算せよ。

第2章　高分子をつくる

　現代生活においてわれわれの身の回りのあらゆるところに使われている多種多様な高分子は，その大部分が人工的につくられたものである。新しい高分子を人工的につくるにはいくつかの方法がある。前章で紹介したように，最初につくられた"合成"高分子は既存の（天然）高分子を化学的に反応させたものであった。また，近年では遺伝子組み替えによって微生物や植物に有用な高分子をつくらせることも可能になっている。しかし，現在もっとも一般的で広汎な高分子をつくる方法は，ポリ塩化ビニル，ナイロンの合成に始まった化学的な"重合反応"によるものである。本章ではこの"重合反応による高分子合成"について説明する。

2-1　重合反応とその分類
―連鎖重合と逐次重合

　Carothers はモノマーとポリマーの構造の比較から重合反応を2つに分類した。モノマーがそのまま重合する付加重合（addition polymerization）と，低分子化合物の脱離を伴って重合する縮合重合（condensation polymerization）である。これ以外の重合反応の分類に，反応機構の観点からのFloryによる分類がある。重合反応を連鎖重合（chain polymerization）と逐次重合（step polymerization）に大別したこの分類（図2-1）は"高分

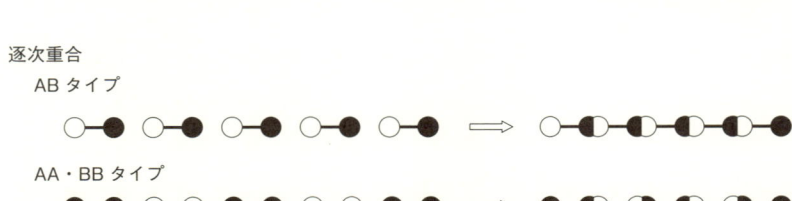

図2-1　連鎖重合と逐次重合

子のつくりかた・できかた"を示すため，高分子合成の観点からはより実用的である。

連鎖重合ではモノマーを何らかの手段で"刺激"して，モノマーを次々と"連鎖的"に反応させる。最も一般には反応性が高い物質（開始剤）を少量加えて"化学的に刺激"をする。スチレンの重合は代表的な連鎖重合である。

$$H_2C=CH-Ph \longrightarrow -(CH_2-CH)_p{\atop |}_{Ph} \qquad (2\text{-}1)$$

スチレン　　　　　　ポリスチレン

連鎖重合のなかでも，ラジカル重合（2-4節）では得られるポリマーの分子量はモノマーの消費される割合（転化率（conversion））によらず，ほぼ一定であり，重合の初期から高分子量のポリマーが得られる（図2-2）。リビング重合と呼ばれる連鎖重合では（2-5-2(5)項），ポリマーの分子量はモノマーの転化率に比例して増加する[1]。

1) 近年では，逐次重合によるリビング重合も報告されている。

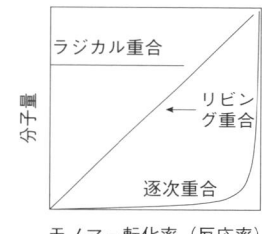

図2-2　モノマー転化率あるいは官能基の反応率と分子量との関係

一方，逐次重合では，互いに反応できる2種類の官能基を同一分子内に持つモノマー（図2-1におけるABタイプ）か，2種類の官能基のどちらかを2つ持つ2種類のモノマー（AA・BBタイプ）を反応させる。重合時には2種類の官能基が反応するにつれて，分子量が徐々に増大していく（図2-2）。このため，高分子量のポリマーを逐次重合で得るためには官能基の反応率を100%近くまで上げることが必要となる。ヘキサメチレンジアミンとアジピン酸との反応によるナイロン66の合成は代表的なAA・BBタイプの逐次重合である。

$$H_2N(CH_2)_6NH_2 + HO_2C(CH_2)_4CO_2H$$

ヘキサメチレンジアミン　　　アジピン酸

$$\longrightarrow -(NHCO(CH_2)_4CONH(CH_2)_6)_p \qquad (2\text{-}2)$$

ナイロン66

2-2　連鎖重合によるポリマーの生成

2-2-1　連鎖重合の素反応

連鎖重合は様々な基本的な反応（素反応（elemental reaction））が集まって構成されている。素反応には開始，生長，停止，連鎖移動がある。

（1）**開始反応**（initiation）はモノマーと開始種との反応によって連鎖反応が可能な生長種（propagating species）ができるまでの段階である。

（2）**生長反応**（propagation）は重合反応の最も主たる反応であり，生長種とモノマーとの反応により，再び生長種が生成する反応である。重合度（モノマー由来のユニットの個数）n の生長種を P_n^*，モノマーを M で表すと，式（2-3）となる[2]。

$$P_n^* + M \longrightarrow P_{n+1}^* \tag{2-3}$$

（3）**停止反応**（termination）では生長種が活性を失い，連鎖反応が停止する。

（4）**連鎖移動反応**（chain transfer）でも生長種は活性を失い，その生長鎖は停止するが，同時に新たに連鎖反応が可能な別の生長種が生成する。

$$P_n^* + X \longrightarrow P_n + X^* \tag{2-4}$$
$$X^* + M \longrightarrow P_1^* \tag{2-5}$$

ポリマーの分子量が十分大きくなるためには，停止反応や連鎖移動反応が起こるまでに生長反応が何百回も何千回も繰り返して起こることが必要である。

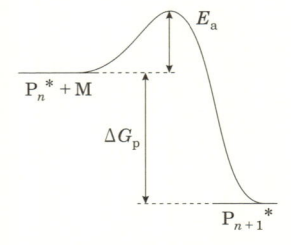

2-2-2　重合の熱力学的要因

モノマーが連鎖重合する場合，生長反応が選択的に進むためには 2 つの条件を満たす必要がある。モノマーよりもポリマーのほうが十分安定であること（生長反応が不可逆であること，熱力学的要因）と生長反応が副反応よりもはるかに起こりやすいこと（速度論的要因）である[3]。

一般の化学反応と同様に，連鎖重合においても反応の自由エネルギー変化（ΔG_p）が負であるほど反応は進みやすい。すなわち，重合のエンタルピー変化，エントロピー変化をそれぞれ，ΔH_p，ΔS_p とすると

$$\Delta G_p = \Delta H_p - T\Delta S_p \tag{2-6}$$

において，$\Delta G_p < 0$ が必要である。$\Delta G_p > 0$ の場合，モノマーは重合せずに，逆にポリマーがモノマーに戻る反応（解重合（depolymerization））が

2）ここで * 印は，生長鎖の末端が活性であり，モノマーと反応可能であることを示す。

3）ΔG_p が負に大きく，E_a が小さいほど重合は進みやすい。

優先して起こる．重合はエントロピー的には不利な反応であるため（$\Delta S_p < 0$）[4]，重合が円滑に進むためには重合が発熱的に進むこと（$\Delta H_p \ll 0$）が必要である．

2-2-3　モノマー構造に基づく連鎖重合の分類

連鎖重合はモノマーの構造により，図2-3に示すようにさらに細かく分類される．これらの重合のうち，1)～3)ではいずれもモノマーのπ結合が重合時に，より強いσ結合に変わる際の反応熱を重合の熱力学的要因としている．一方，4)の開環重合では，モノマー中の環歪みの解消が重合が進む要因である．1)～4)中で，特に重要なものはビニル重合と開環重合である．

表2-1に様々な共有結合の平均結合エネルギーを示す[5]．ビニル重合によって，モノマー中の二重結合は2つの単結合に変わる．二重結合よりも単結合2つの方が結合が強いため，重合はエンタルピー的に有利であり，表2-1の値からビニル重合の反応熱は$-84\,\mathrm{kJ\,mol^{-1}}$と概算される．

[4] 重合前のモノマーは自由に運動できるが，重合後はポリマー内のユニットとして動くことになる．モノマーの様々な運動のうち，振動と回転の自由度は，重合後もユニットの振動，回転として補償されるが，モノマーが持っていた並進運動の自由度が失われるため，重合はエントロピー的には不利．

[5] これらの値はあくまで平均値であるため，個々のモノマーの重合に当てはめることは難しいが，その概要を理解するためには非常に有用である．

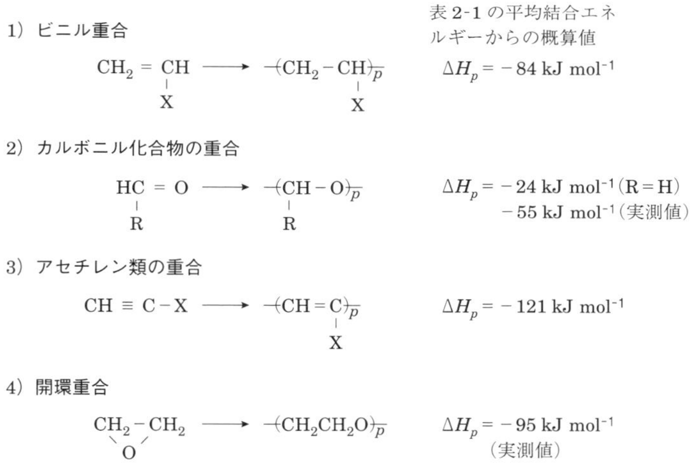

1) ビニル重合

$$\mathrm{CH_2=CH\atop |\atop X} \longrightarrow {+\!\!\!\!(CH_2-CH)\!\!\!\!+_p\atop |\atop X}$$

表2-1の平均結合エネルギーからの概算値
$\Delta H_p = -84\,\mathrm{kJ\,mol^{-1}}$

2) カルボニル化合物の重合

$$\mathrm{HC=O\atop |\atop R} \longrightarrow {+\!\!\!\!(CH-O)\!\!\!\!+_p\atop |\atop R}$$

$\Delta H_p = -24\,\mathrm{kJ\,mol^{-1}}$（R=H）
$ -55\,\mathrm{kJ\,mol^{-1}}$（実測値）

3) アセチレン類の重合

$$\mathrm{CH\equiv C-X} \longrightarrow {+\!\!\!\!(CH=C)\!\!\!\!+_p\atop |\atop X}$$

$\Delta H_p = -121\,\mathrm{kJ\,mol^{-1}}$

4) 開環重合

$$\mathrm{CH_2-CH_2\atop \diagdown\diagup\atop O} \longrightarrow +\!\!\!\!(CH_2CH_2O)\!\!\!\!+_p$$

$\Delta H_p = -95\,\mathrm{kJ\,mol^{-1}}$（実測値）

図2-3　連鎖重合のモノマー構造に基づく分類

表2-1　平均結合エネルギー　ΔH^0（$\mathrm{kJ\,mol^{-1}}$, 25℃）

C−H	414	C=O[c]	736	C−F	485
C−C	347	C=O[d]	748	C−Cl	339
C=C	610	C−N	305	C−Br	284
C≡C	836	C=N	615	C−I	213
C−O	359	C≡N	890	O−H	464
C=O[a]	803	N=N	418	O−O	146
C=O[b]	694	N≡N[e]	945	S−H	339

a) 二酸化炭素，b) ホルムアルデヒド，c) アルデヒド，d) ケトン，e) 窒素分子の値で平均値ではない

2-2-4 天井温度と平衡モノマー濃度

C＝Oの結合エネルギー（表2-1）は官能基に依存し，ケトンは大きく，アルデヒドは小さい。このため，アルデヒド類，特にホルムアルデヒドは重合してポリオキシメチレン（POM）となるが，ケトン類は一般に重合しない。

$$\sim\!CH_2-O^- + H_2C\overset{\delta+}{=}\overset{\delta-}{O} \rightleftarrows \sim\!CH_2-O-CH_2-O^- \rightleftarrows -(O-CH_2)_p- \quad (2\text{-}7)$$
ポリオキシメチレン

ホルムアルデヒドの重合では ΔH_p が $-55\ \text{kJ mol}^{-1}$ と比較的小さいため，式（2-6）より高温では $\Delta G_p > 0$ となって解重合が起こる。重合時に重合速度と解重合速度がつりあい，実質的に重合が進まなくなる温度を天井温度（ceiling temperature, T_c）と呼ぶ。天井温度は重合時のモノマー濃度によって変わるが，重合が平衡に達した場合のモノマー濃度（平衡モノマー濃度）が $1\ \text{mol L}^{-1}$ の場合の天井温度は式（2-8）で表される。

$$T_c = \Delta H_p / \Delta S_p \quad (2\text{-}8)$$

ホルムアルデヒドの天井温度は119℃である。他のアルデヒド類ではさらに低いため，工業的に重要なカルボニル化合物のポリマーはPOMのみである[6]。

6) POMは末端基を保護することにより，解重合が抑えられ，高温での使用が可能となる。末端基の保護はヒドロキシ基の無水酢酸によるアセチル化によって行われる。

$$\sim\!CH_2OCH_2OH \xrightarrow{Ac_2O} \sim\!CH_2OCH_2OAc$$

このような処理をしたPOMはポリアセタールやデルリン®という名称で，各種の電気部品や精密機械の部品として使用されている。

2-2-5 生長末端の性質に基づく連鎖重合の分類

連鎖重合によって高分子量のポリマーが生成するためには生長反応の活性化エネルギー（E_a）が他の副反応よりも低いこと（速度論的要因）も必要である。この E_a はモノマーとポリマーが同一でも，重合機構によって大きく変化する。

C＝C結合には電気陰性度の差がなく，分極が本来生じないため，結合は均等開裂を起こしやすい。生長末端が均等開裂によって生じたラジカルである重合はラジカル重合（radical polymerization）と呼ばれる。

$$\sim\!CH_2-\underset{X}{\overset{H}{C}}\cdot\ +\ H_2C=\underset{X}{\overset{H}{C}}\ \longrightarrow\ \sim\!CH_2-\underset{X}{\overset{H}{C}}-CH_2-\underset{X}{\overset{H}{C}}\cdot \quad (2\text{-}9)$$

置換基はモノマーの重合性に大きな影響を与える。二重結合に電子求引基，あるいは電子供与基がつくと二重結合に分極が生じ，不均等開裂も起こすようになる。生長末端がアニオン，あるいはカチオンである重合をそれぞれアニオン重合（anionic polymerization）（式（2-10）），カチオン重合（cationic polymerization）（式（2-11））といい，両者を総称してイオン重合（ionic polymerization）と呼ぶ。

$$\sim CH_2-\underset{X}{\overset{H}{C^-}} + H_2\overset{\delta+}{C}=\underset{\underset{\Downarrow}{\delta-X}}{CH} \longrightarrow \sim CH_2-\underset{X}{\overset{H}{C}}-CH_2-\underset{\underset{\Downarrow}{X}}{\overset{H}{C^-}} \quad (2-10)$$

X：電子求引基
アニオンを安定化

$$\sim CH_2-\underset{X}{\overset{H}{C^+}} + H_2C=\underset{\underset{\Uparrow}{\delta+X}}{\overset{\delta-}{CH}} \longrightarrow \sim CH_2-\underset{X}{\overset{H}{C}}-CH_2-\underset{\underset{\Uparrow}{X}}{\overset{H}{C^+}} \quad (2-11)$$

X：電子供与基
カチオンを安定化

ホルムアルデヒドの $^{\delta+}C=O^{\delta-}$ 基は分極しているため結合の切断は不均等に起こり，ラジカル重合はせずにイオン重合をする（式 (2-7)）。

2-3 ビニル重合

2-3-1 ビニル重合における置換基効果

$C=C$ 結合を有するアルケン類はその置換基の数と置換様式によって，次のように慣用的に呼ばれる。

$$CH_2=CH_2 \qquad \underset{X}{CH_2=CH} \qquad \underset{X}{\overset{Y}{CH_2=C}} \qquad X-CH=CH-Y$$

エチレン　　ビニル化合物　　ビニリデン化合物　　ビニレン化合物

これらのモノマー（ビニレン化合物は重合しにくい）は重合によって主鎖がすべて炭素原子で，これらが σ 結合によってつながったポリマー（ビニルポリマー）を生成する。これらのモノマーを広義の意味で，ビニルモノマーと総称し，その重合をビニル重合（vinyl polymerization）と呼ぶ。

$$\underset{\underset{X}{}}{+CH_2-CH+}_n$$
ビニルポリマー

表 2-2 に各種のビニルモノマーの重合時の熱力学的パラメータを示す。ビニル重合の ΔS_p はモノマーの並進運動の自由度が失われる点で共通なため，ガス状態からの値であるエチレンを除いて，モノマーによらずほぼ一定であり，およそ $-90 \sim -120$（$J\ K^{-1}\ mol^{-1}$）の負の値を示す。一方，ΔH_p は $-84\ kJ\ mol^{-1}$ と表 2-1 の値より概算したが，実際の値はモノマーにより大きく異なる。これはモノマー中の置換基の，特に立体的な効果が，モノマーと生成するポリマーの結合エネルギーに大きく影響するためである。

アルケンの二重結合の部分は平面状であり，各置換基は互いに離れているので，置換基間の立体的な影響は小さい（図 2-4）。しかし，重合後のポリマー中では，より狭い領域に多数の置換基が押し込められるため，互いに立体反発を起こし，主鎖の σ 結合を著しく弱める。このため多くの置換基をもつビ

表2-2 ビニルモノマーの重合エンタルピーとエントロピー[a]

モノマー	$-\Delta H$ (kJ mol^{-1})	$-\Delta S$ (J K mol^{-1})
エチレン[b]	102	155
プロピレン	84	116
1-ブテン	83.5	113
イソブチレン	48	121
ブタジエン	73	89
スチレン	70	104
α-メチルスチレン	35	110[c]
テトラフルオロエチレン	163	112
酢酸ビニル	88[d]	110
アクリル酸メチル	78[e]	…
メタクリル酸メチル	55	105

a) 特に記載がない限り，液体状態から非晶状態のポリマーへの25℃における値，b) ガス状から非晶状態のポリマーへの値，c) −20℃での値，d) 74.5℃での値，e) 76.8℃での値

7) 例えば$(CH_3)_3C-C(CH_3)_3$の中央の結合のエネルギーはC−C単結合の概算値（347 kJ mol^{-1}）よりはるかに低い282 kJ mol^{-1}である。

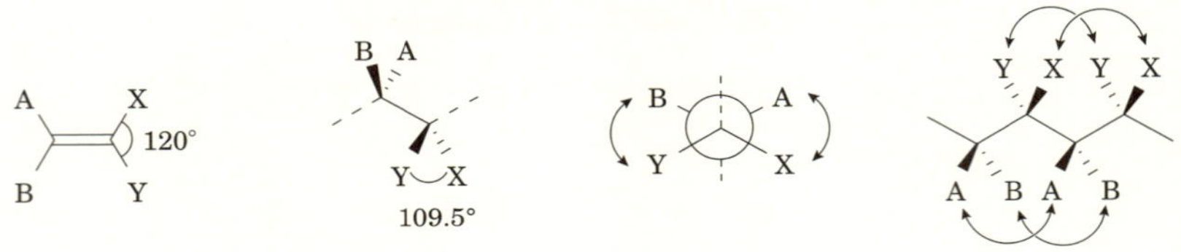

ニルモノマーは熱力学的に重合しにくい[7]。また，1,3-位についた置換基間にも立体反発が生ずるため，ビニリデンモノマーの$-\Delta H_p$は一般に小さい。

図2-4 ポリマー中の置換基の立体効果

同一炭素上置換基間の立体反発　　隣接置換基間の立体反発　　1,3-位の置換基間の立体反発

(1) 置換基効果と重合性：立体効果

これらの置換基の立体効果は置換基の電子効果とともに，重合の熱力学的パラメータ以外に，重合性と重合機構（ラジカル，アニオン，カチオン），共重合性にも大きな影響を及ぼす。ビニルモノマーの重合性を理解するには，重合反応を多くの有機反応と同様な軌道間の相互作用の結果として認識することが重要である。

ビニル重合における生長反応は生長種の分子軌道と，モノマーの分子軌道の相互作用によって進むと考えることができる。ここでは単純化して，生長種の末端炭素上の反応に直接関与する軌道とモノマーのπ（厳密にはHOMO）とπ*軌道（厳密にはLUMO）のみを考慮してみよう。例えばラジカル重合における生長ラジカルは，モノマーのπ，π*軌道と相互作用可能である（図2-5）[8]。

8) ラジカル重合においては，生長末端の軌道には電子が1つ入っていて，この軌道（SOMO）はモノマーのπ軌道と相互作用してもπ*軌道と相互作用しても安定化が起こる。アニオン重合では生長末端の軌道には電子が2つ入っていて，この軌道はモノマーのπ*軌道（LUMO）とのみ相互作用可能，カチオン重合では生長末端の空軌道はモノマーのπ軌道（HOMO）と相互作用する。

π，π*軌道は平面状の二重結合部分の上下にあるため，生長末端がモノマーの斜め上（あるいは斜め下）から攻撃する場合，両方の軌道と同時に効

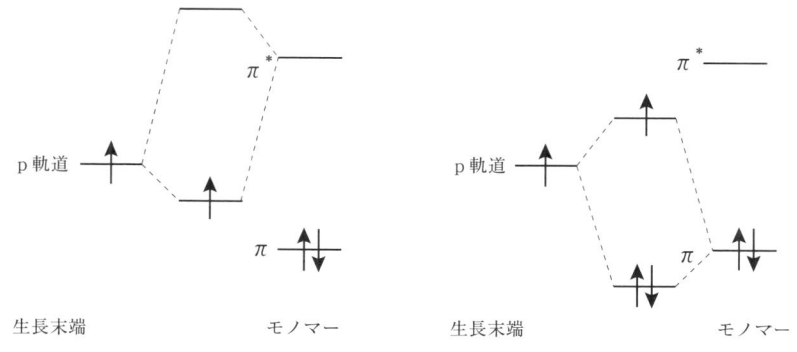

図2-5　生長末端ラジカルとモノマーの軌道間の相互作用

果的な相互作用が可能であり，生長反応の活性化エネルギーが最も小さくなる（図2-6）。このときに置換基のある炭素を生長末端が攻撃すると，置換基間での立体反発が生ずるため生長反応は進みにくく，置換基のない炭素が攻撃を受ける[9]。

9) 本来は各炭素におけるフロンティア軌道の係数の相違をも考慮すべきであるが，ここでは触れない。

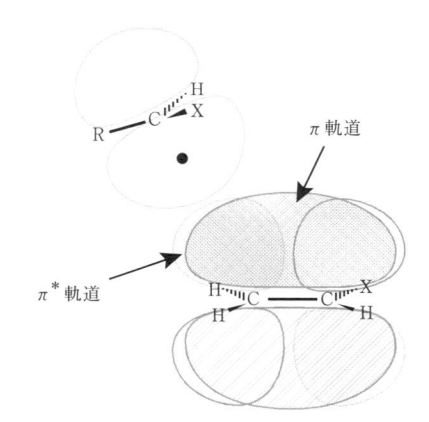

図2-6　ラジカル機構による生長反応の立体配置

このために，熱力学的にも速度論的にも狭義のビニルモノマー，ビニリデンモノマーは重合しやすく，ビニレン化合物は置換基間の立体障害のため重合しにくく，三，四置換のアルケン類は一般に重合を起こさない。

アニオン重合やカチオン重合でも置換基のない炭素を攻撃しやすい点ではラジカル重合と同様である。

(2) 置換基効果と重合性：電子効果

生長末端やモノマーの二重結合に隣接する置換基の軌道は，生長末端や二重結合の軌道と相互作用し，これらの反応性に大きな影響を与える。これが置換基の電子効果である。高分子化学での電子効果は，極性効果（polar effect）と共鳴効果（resonance effect）であり，モノマーのラジカル重合性およびラジカル共重合性を基準にして評価されている[10]。

10) 有機化学では置換基の電子効果は"誘起効果"と"共鳴効果"である。高分子化学での極性効果と共鳴効果とは似て異なるものであるため，注意が必要である。有機化学では反応は求電子反応・求核反応が主であるので，結合の分極が重要になる。ある反応中心が置換基により$\delta+$に分極すれば置換基は電子求引基であり，$\delta-$に分極すれば電子供与基である。分極がσ結合電子の偏りに由来すれば"誘起効果"であり，π結合電子あるいは非共有電子対の偏りに由来すれば"共鳴効果"である。

共鳴効果は置換基が生長末端ラジカルや，モノマーの二重結合を共鳴安定化する効果である。また，極性効果は置換基が生長末端ラジカルや，二重結合を分極させる効果であり，有機化学での誘起効果と共鳴効果を併せた効果である。

生長末端ラジカルへの電子効果　生長末端ラジカルが隣接置換基上の空軌道（電子求引基の例）と相互作用すると共鳴安定化が起こる（図2-7(a)）。

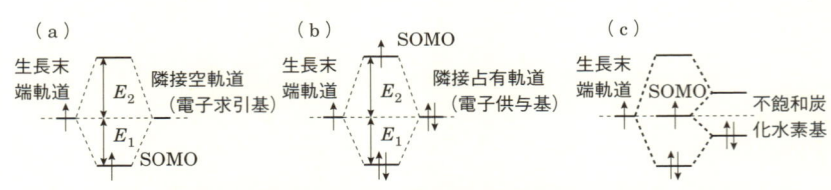

図2-7　生長末端ラジカルと置換基中の隣接軌道との相互作用

共鳴安定化エネルギー E_R は E_1 である。一方，生長末端ラジカルの軌道は隣接する原子上の電子の詰まった軌道（電子供与基の例）と相互作用しても共鳴安定化が起こる（図2-7(b)）。E_R は $2E_1-E_2$ である。図2-7において軌道のエネルギー準位がすべて同じで，かつ軌道の重なりも同一であれば，結合の相互作用の原則により，$E_1<E_2$ であり，E_R は電子供与基の場合の方が小さい[11]。置換基の共鳴効果はこの E_R で評価される（生長末端軌道と相互作用できる空軌道と占有軌道がともにある場合（図2-7(c)）については後述する）。

置換基の軌道との相互作用によって，生長末端の軌道のエネルギー準位も変化する。空軌道との相互作用では生長末端ラジカル軌道（SOMO）の準位は下がる。生長末端ラジカルは生長反応時にモノマーのπ軌道ともπ*軌道とも相互作用可能であるが（図2-5），エネルギー準位がより近い軌道との相互作用が大きい。このため，エネルギー準位が下がった生長末端ラジカルはモノマーのπ軌道と相互作用しやすく"求電子的"となり，一方，占有軌道との相互作用によって軌道のエネルギー準位が上昇したラジカルはモノマーのπ*軌道と相互作用しやすく，"求核的"となる。このように，極性効果とは置換基が生長末端軌道（あるいはモノマーの二重結合の軌道）のエネルギー準位に与える効果であるということもできる。

モノマーへの電子効果　空軌道との相互作用による共鳴効果はモノマーにも働くが，その効果は一般に小さい（図2-8(a)）。また，占有軌道との相互作用では逆に不安定化が生ずる（図2-8(b)）[12]。置換基の軌道との相互作用によって，モノマーの軌道のエネルギー準位も変化する。空軌道との相互作用ではHOMO，LUMO軌道の準位は下がり，モノマーはLUMOに電子を受け入れやすくなって"求電子的"となる。一方，占有軌道との相互作

---

11) 通常は空軌道のエネルギー準位は高く，占有軌道のエネルギー準位は低いが，図2-7では比較のために同一の準位とした（図2-8ではエネルギー準位の違いを考慮した）。いずれの場合でも相互作用する軌道準位の差が大きいほど，また，軌道の重なりが小さいほど E_R は小さくなる。

12) 軌道が重なりあうと不安定化するため，結合を回転させて，軌道の重なりを最小にするが，それでも不安定化が生ずる。

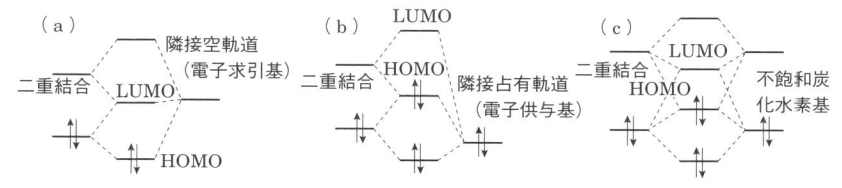

図2-8 モノマーへの置換基中の隣接軌道の影響

用により HOMO のエネルギー準位が上昇したモノマーは電子を与えやすくなって"求核的"となる。

生長末端イオンへの電子効果 置換基の電子効果は生長末端カチオンでも，アニオンでも見られる。電子供与基がついた生長末端カチオンは占有軌道との相互作用により大きく安定化（$E_R = 2E_1$）されるが（図2-9(a)），電子求引基がついた生長末端カチオンでは空軌道との相互作用が起こらず，カチオンは安定化されない。

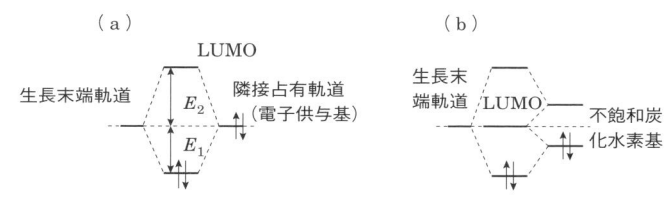

図2-9 生長末端カチオンと置換基中の隣接軌道との相互作用

これとは逆に，電子求引基がついた生長末端アニオンは，空軌道との相互作用により大きく安定化（$E_R = 2E_1$）されるが（図2-10(a)），電子供与基がついた生長末端アニオンは占有軌道との相互作用により，むしろ不安定化が起こる（図2-10(b)）。重合において共鳴効果の大きな生長末端は安定で生成しやすく，したがってそのような末端を生ずる重合は進みやすい。

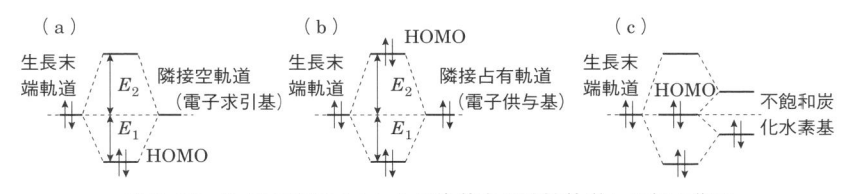

図2-10 生長末端アニオンと置換基中の隣接軌道との相互作用

このような観点から置換基をその電子効果によって分類すると，大きく以下の三種に分けられる。

電子求引基 電気陰性度の高い原子の軌道準位は低い。このため，$-C=O$，$-CN$，$-NO_2$ などの電気陰性度の高い原子との多重結合を含む置換基では，その生長末端の軌道と隣接置換基の軌道との相互作用を考える場合，隣接置換基の空軌道（ヘテロ多重結合のπ*軌道）との相互作用のみが重要

代表的な電子求引性モノマー
メタクリル酸メチル　アクリル酸メチル
アクリロニトリル　メチルビニルケトン

になり，したがってこれらの置換基は電子求引性となる（図2-11）。電子求引基は生長末端の軌道準位を下げ，ラジカル末端に対しては中程度の共鳴効果を示す（図2-7(a)）。モノマーに対しても電子求引基は共鳴効果を示し，また，LUMOのエネルギー準位を下げて（図2-8(a)），アニオン重合を起こしやすくする。生長末端アニオンは共鳴効果により大きな安定化を受け，また，軌道準位も低いため極性効果によっても安定である（図2-10(a)）[13]。

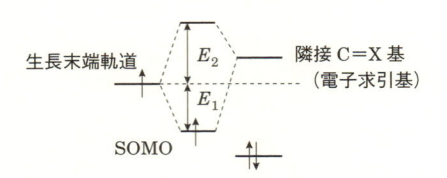

生長末端軌道　E_2　隣接C=X基（電子求引基）
　　　　　　　 E_1
SOMO

図2-11　ヘテロ多重結合を含む置換基と生長末端ラジカルとの相互作用

電子供与基　$-OR$など非共有電子対を持つ原子を含む置換基は電子供与性であり，生長末端の軌道準位を上げ，生長末端カチオンの共鳴効果は大きい（図2-9(a)）が，生長末端ラジカルへの共鳴効果は小さい（図2-7(b)）。また，生長末端カチオンは極性効果によっても安定である（図2-9(a)）。モノマーへの共鳴効果はない（図2-8(b)）。HOMOのエネルギー準位を上げて，カチオン重合を起こしやすくする。

メチル基などのアルキル基は弱い電子供与基であり，メチル基が1つ置換したプロピレンのカチオン重合性は乏しいが，2つ置換したイソブチレンは代表的なカチオン重合性モノマーである。$-OCOR$も電子効果が小さく，この置換基を持つモノマーはラジカル重合のみを起こす。

また，$-NR_2$は電子供与性が非常に大きいため，モノマーのカチオン重合性が非常に高く，合成が難しい。このためビニルアミン類の重合反応はほとんど検討されていない。窒素上の非共有電子対が生長末端や二重結合と相互作用しにくいN-ビニルカルバゾールやN-ビニルピロリドンはモノマーも合成しやすく，また，カチオン重合性を示す。

FやClのハロゲンにも非共有電子対があり，このためモノマーへの共鳴効果はなく，生長末端ラジカルへの共鳴効果は小さい。しかし，ハロゲンは電気陰性度の大きい原子であるため，その極性効果は電子求引性の誘起効果に打ち消されて小さくなる[14]。

不飽和炭化水素基　炭素炭素二重結合を持つ$-CH=CH_2$，$-Ph$は生長末端軌道と相互作用できる軌道が2つ（πとπ*軌道），あるいはそれ以上あるため，電子供与基とも電子求引基とも異なった電子効果を示す。生長種によらず大きな共鳴効果を示す一方で[15]，生長末端軌道のエネルギー準位に

---

13) 占有軌道のエネルギー準位が低いほど，アニオンは電子を他に与えにくく安定である。逆に空軌道のエネルギー準位が低い場合は，軌道に電子を受け入れやすくカチオンは不安定である。

代表的な電子供与性モノマー（電子供与性の小さなもの）
$H_2C=CH$　　　$H_2C=CH-CH_3$ 　｜ 　O-C=O 　　｜ 酢酸ビニル　　　プロピレン

代表的な電子供与性モノマー（電子供与性の大きいもの）
$H_2C=CH$　　　　$H_2C=C(CH_3)_2$ 　｜ O-CH$_2$CH(CH$_3$)$_2$ イソブチルビニル　イソブチレン エーテル $H_2C=CH$　　　　$H_2C=CH$ （N-ビニルカルバゾール）　（N-ビニルピロリドン）

14) "有機化学での誘起効果"による電子求引性はF＞Cl＞Brであるが，"有機化学での共鳴効果"による電子供与性もF＞Cl＞Brで，打ち消しあって全体の極性効果は小さいものとなる。このため，ハロゲン化ビニルやハロゲン化ビニリデンはイオン重合を起こさない。

15) 図2-7，図2-9，図2-10の比較からもわかるように，このテキストで示しているような単純化した取り扱いでは，生長種の種類によらずほぼ同一の共鳴効果を示す。

与える効果は小さい。このため、極性効果はないはずであるが、そのラジカル共重合性より伝統的に"電子供与基"として取り扱われている[16]。

これらの置換基はモノマーに対しても比較的大きな共鳴効果を示し、また、モノマーのHOMO軌道のエネルギー準位を上げ、LUMO軌道のエネルギー準位を下げる（図2-8(c)）。このためモノマーは"求核的"かつ"求電子的"となって、カチオン重合とアニオン重合をともに起こす。

ラジカル重合においては、生長末端ラジカルはモノマーのLUMOともHOMOとも相互作用可能であるため（図2-5）、ビニルモノマーのラジカル重合性は生長末端ラジカルやモノマーの軌道準位の高低（極性効果）には影響されにくく、このため置換基の種類によらず重合する[17]。一方、イオン重合性は上述のようにモノマー中の置換基の電子効果に大きな影響を受ける。置換基の電子効果とビニルモノマーの重合性を表2-3に、また、半経験的分子軌道法によって計算した各種モノマーと生長末端モデルの軌道準位を図2-12に示す。

[16] 仮にビニル基が電子供与基だとすると、ブタジエン中のビニル基（置換基とみなした方）はもう1つのビニル基へ、電子を与えるという、おかしなことになる。事実、有機化学ではこれらの置換基は電子供与基にも電子求引基にも分類されていない。

[17] プロピレンやビニルエーテルはラジカル重合しないが、これは破壊的連鎖移動（2-4-3(3)項）のためである。

表2-3 置換基の電子効果とビニルモノマーの重合性

	生長末端への効果				モノマーへの効果					
	共鳴効果			極性効果 軌道準位を	共鳴効果	極性効果 軌道準位を		重合性		
	カチオン	ラジカル	アニオン			HOMO	LUMO	カチオン	ラジカル	アニオン
電子求引基	なし	中	大	下げる	中	下げる	下げる	×	○	○
電子供与基	大	小	なし	上げる	なし	上げる	上げる	○ a)	○ b)	×
不飽和炭化水素基	大	大	大	変化は小さい	大	上げる	下げる	○	○	○

a) 弱い電子供与基がついたモノマーはカチオン重合しない
b) 破壊的連鎖移動によって、ラジカル重合しないモノマーもある

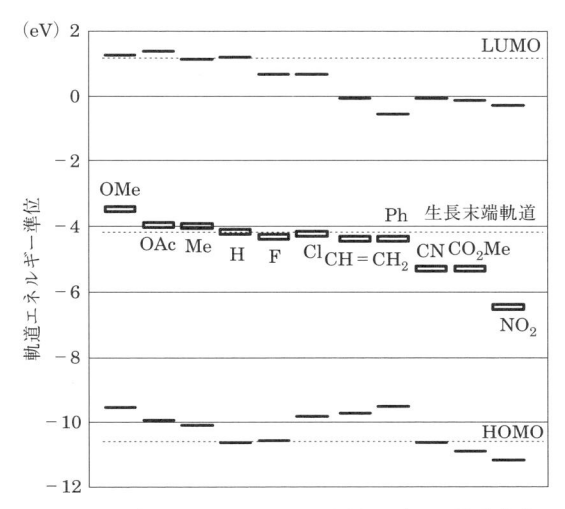

図2-12 各種モノマーと生長末端モデルの軌道準位

(3) 共役モノマー

不飽和炭化水素基やシアノ基，カルボニル基など多重結合を持つ置換基はモノマーの二重結合に対して比較的大きな共鳴効果を示す。このような置換基がついたビニルモノマーを共役モノマーと呼ぶ[18]。一方，ビニルエーテル，酢酸ビニル，塩化ビニルなどのモノマー中の置換基はモノマーの二重結合に対しては全く共鳴効果をもたない。これらは非共役モノマーと呼ばれる。

共役モノマーは置換基の共鳴効果により生長反応の遷移状態も安定化されるため，ラジカル末端と反応しやすいが，生成したラジカルの反応性は低い。一方，非共役モノマーはラジカルと反応しにくいが，生成したラジカルは反応性に富む。ラジカル重合速度はラジカルとモノマーの反応性の両方に依存するため，非共役モノマーの重合速度は共役モノマーよりも速いものの，その違いは小さい。

18) "くびき（軛：馬車・牛車で牛馬をつなぐ棒・頸木）"を共にすることから"共軛（きょうやく）"の字が用いられていたが，軛が当用漢字に採用されなかったため，同じ音の役の字で代用された。2つのもの（ここでは二重結合と置換基中の多重結合）が密接に関連しあっていることを示す。

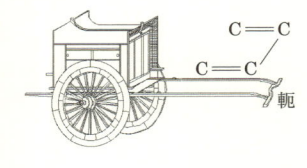

2-4 ラジカル重合

ラジカルという言葉は，以前は化合物中の置換基（メチル基の"基"に対応）を指す呼称であったが，このような"基"が不対電子を軌道に持つ状態で単独で存在可能なことが見いだされてのち，不対電子を有する化合物を示す名称に変化した。"化合物の一部ではない"ことを強調するため遊離基（free radical）とも呼ばれる。ラジカル重合は生長末端がラジカルである重合である。

2-4-1 開始反応

ラジカル重合の開始反応は，通常モノマーに開始剤を加えることによって起こる。開始剤には，熱によってラジカルを生成するもの，酸化還元反応によってラジカルを生成するもの，光・紫外線照射によってラジカルを生成するものなどがある。

(1) 熱開始剤

熱開始剤（thermal initiator）は重合を加熱下で行う場合に用いられる。活性化エネルギーが $80\ kJ\ mol^{-1}$ 以下の反応は室温で自発的に起こるため，熱開始剤は一般にそれ以上の活性化エネルギーを分解に要する化合物であり，通常2分子のラジカルを熱分解によって生成する。

パーオキシド系開始剤 表2-1に示すようにO−O結合は結合エネルギーが小さく（平均 $146\ kJ\ mol^{-1}$），加熱によって結合が切れて，ラジカルを生

成する。この弱い O–O 結合は酸素原子上の非共有電子対間の反発（占有軌道同士の相互作用による不安定化）によるものである。電子供与基（アルキル基）が酸素につくほど，あるいは生成するラジカルが置換基により共鳴安定化を受けるほど，パーオキシド系開始剤の分解の活性化エネルギーは下がって，より低温での使用が可能となる。過酸化水素は O–O 結合が強すぎて（213 kJ mol^{-1}），熱開始剤としては使用できない。ジ–t–ブチルパーオキシドは代表的な高温用熱開始剤（重合温度 120 〜 140℃ 前後で使用）であり，過酸化ベンゾイル（BPO）はさらに低い重合温度（60 〜 90℃ 前後）で使用可能である。BPO の場合，生じたベンゾイルオキシラジカルはさらに炭酸ガスを失って，フェニルラジカルに変わる。

$$t\text{-Bu-O-O-}t\text{-Bu} \xrightarrow{\Delta} 2\,t\text{-BuO·}$$
ジ–t–ブチルパーオキシド
$E_a = 146$ kJ mol^{-1}（スチレン中）

$$\text{Ph-C(=O)-O-O-C(=O)-Ph} \xrightarrow{\Delta} 2\,\text{Ph-C(=O)-O·}$$
過酸化ベンゾイル　　　　　$E_a = 126$ kJ mol^{-1}（スチレン中）　　(2-12)

$$\text{Ph-C(=O)-O·} \xrightarrow{-CO_2} \text{Ph·}$$

パーオキシド系開始剤は金属と接触させたり，強い衝撃を与えると爆発することがあるので注意が必要である。

アゾ系開始剤　加熱によって窒素ガスを放出して 2 個のラジカルとなる[19]。

$$\text{R-N=N-R} \longrightarrow 2\text{R·} + \text{N}_2 \qquad (2\text{-}13)$$
アゾ系開始剤

生成するラジカルの共鳴安定化が大きいほど，分解の活性化エネルギーは下がって，より低温での使用が可能となる。2,2′-アゾビスイソブチロニトリル（AIBN）は重合温度 50 〜 80℃ 前後で主に使用される。

$$\text{H}_3\text{C-C(CH}_3\text{)(CN)-N=N-C(CH}_3\text{)(CN)-CH}_3 \longrightarrow 2\,\text{H}_3\text{C-C(CH}_3\text{)(CN)·} + \text{N}_2\uparrow \qquad (2\text{-}14)$$
2,2′-アゾビスイソブチロニトリル　　　$E_a = 128$ kJ mol^{-1}（スチレン中）

開始剤効率　開始剤から生成したばかりのラジカルは溶媒の"かご"に取り囲まれた状態であり，モノマーと反応するために"かご"から抜ける（拡散する）必要がある。ラジカルの一部はその前に互いに反応してその活性を失ってしまう（失活という）。この副反応として再結合（recombination）と不均化（disproportionation）がある。
再結合はもともと 1 つだった分子が再び結合するのでこの名称がある。AIBN の場合には式（2-15）のようになる。

[19] 平均結合エネルギーからの ΔH の概算値は 83 kJ mol^{-1} とパーオキシド系開始剤の分解の ΔH よりも低いが，実際の分解反応の活性化エネルギーは 90 〜 150 kJ mol^{-1} ほどである。

$$2\ H_3C-\underset{\underset{CN}{|}}{\overset{\overset{CH_3}{|}}{C}}\cdot \longrightarrow H_3C-\underset{\underset{CN}{|}}{\overset{\overset{CH_3}{|}}{C}}-\underset{\underset{CN}{|}}{\overset{\overset{CH_3}{|}}{C}}-CH_3 \tag{2-15}$$

式（2-16）では同一のものが異なるものに変わるため不均化と呼ばれる。

$$2\ H_3C-\underset{\underset{CN}{|}}{\overset{\overset{CH_3}{|}}{C}}\cdot \longrightarrow H_3C-\underset{\underset{CN}{|}}{\overset{\overset{CH_3}{|}}{C}}H + \underset{\underset{CN}{|}}{\overset{\overset{CH_2}{\|}}{C}}-CH_3 \tag{2-16}$$

開始剤から生じたラジカルが失活せずにモノマーと反応する割合を開始剤効率（initiator efficiency）と呼び，fで表わす。fはモノマーの種類や濃度にも依存するが，AIBN では再結合，不均化で失活するため 0.6〜0.7 と低くなる。BPO の場合不均化は起こらず，失活するのは脱炭酸後の再結合（例えば式（2-17））のみであるため，0.8〜1.0 と高くなる。

$$Ph-\overset{\overset{O}{\|}}{C}-O\cdot + Ph\cdot \longrightarrow Ph-\overset{\overset{O}{\|}}{C}-O-Ph \tag{2-17}$$

AIBN，BPO は代表的な油溶性の開始剤であり，塊状重合，懸濁重合，溶液重合（2-4-5 項で後述）に使用される。一方，過硫酸アンモニウムやアミジン型の開始剤は水溶性であり，乳化重合に使用できる。

過硫酸アンモニウム（APS）

アミジン型開始剤（V-50）

(2) 酸化還元開始剤

過酸化水素に還元剤を作用させると，O–O 結合が弱まり，室温でも分解が進むようになる。このような還元剤（reductant）と過酸化物（酸化剤 oxidant）との組み合わせによる開始剤系を酸化還元開始剤（redox initiator）と呼び，これを用いるラジカル重合をレドックス重合（redox polymerization）と呼ぶ。代表的な組み合わせは過酸化水素/Fe^{2+}塩，過硫酸塩/チオ硫酸塩などであり，いずれも乳化重合に使用される[20]。

20) 式（2-18），式（2-19）の反応の活性化エネルギーは非常に低く，室温でのラジカル重合が可能である

$$H_2O_2 + Fe^{2+} \longrightarrow H\bar{O} + H\dot{O} + Fe^{3+} \tag{2-18}$$

一方，BPO/ジメチルアニリンは塊状重合，懸濁重合，溶液重合に使用される。

$$Ph-\overset{\overset{O}{\|}}{C}-O-O-\overset{\overset{O}{\|}}{C}-Ph + \underset{\underset{Me}{|}}{\overset{\overset{Me}{|}}{N}}-Ph$$

$$\longrightarrow \left[Ph-\overset{\overset{O}{\|}}{C}-O-\underset{\underset{Me}{|}}{\overset{\overset{Me}{|}}{N^+}}-Ph\right] Ph-\overset{\overset{O}{\|}}{C}-O^- \tag{2-19}$$

$$\longrightarrow Ph-\overset{\overset{O}{\|}}{C}-O\cdot + :\underset{\underset{Me}{|}}{\overset{\overset{Me}{|}}{N}}-Ph + Ph-\overset{\overset{O}{\|}}{C}-O^-$$

(3) 光増感剤

AIBN, あるいは類似の構造をもつアゾ系開始剤は紫外線を吸収して励起される。励起状態の AIBN は室温で容易に分解してラジカルを生成する。このように重合系に添加されて，光あるいは紫外線を照射されるとラジカルを生成する物質を光増感剤（photosensitizer）といい，光増感剤を用いるラジカル重合を光増感重合（photosensitized polymerization）と呼ぶ。

(4) その他のラジカル重合

開始剤を必要としないラジカル重合もある。非常に強力な放射線（γ線, X 線）を重合系に照射すると，モノマーが直接ラジカル化して重合が進む。これを放射線重合と呼ぶ。モノマーによっては紫外線や光の照射によって励起され，ラジカルを生じて重合が進む場合がある（紫外線重合あるいは光重合）。

スチレンは加熱によって重合が進む（熱重合）。加熱により Diels–Alder 反応が起こり，その生成物とスチレン間の水素移動からラジカルが生ずる[21]。

$$(2\text{-}20)$$

21) 第 1 章で塩化ビニルの入った容器を日光に晒しておいた結果ポリ塩化ビニルが偶然に得られたことに触れたが（1835 年 M. V. Regnault, フランス），これも光重合であろう。一方ポリスチレンがスチレンの蒸留物が後に硬化していたことから得られたこと（1839 年 E. Simon, ドイツ）も紹介したが，こちらは熱重合と考えられる。

2-4-2 生長反応

ビニルモノマーにおいて，置換基がついた 1 位の炭素が "頭"（head）と，置換基を持たない 2 位の炭素が "尾"（tail）と呼ばれる。生長末端ラジカルは隣接原子上に位相が合う軌道があれば，空軌道であろうと占有軌道であろうと相互作用による安定化が可能であるため，置換基がついた炭素ラジカルは，より安定でできやすい。"頭部" のラジカルがモノマーを攻撃する場合，より安定なラジカルが再生する頭尾付加（head to tail addition）による生長の方が先に述べた立体効果と，この電子効果のために活性化エネルギーが低く，優先して起こる（図 2-6）。ただし，特に van der Waals 半径が小さいフッ素が置換した場合はフッ素原子の立体反発が小さく，またラジカルの共鳴安定化も小さいために，頭頭付加による生長が起こりやすい。ポリフッ化ビニルとポリフッ化ビニリデンはそれぞれ頭頭付加による構造（頭頭構造）を 10%，5% ほど含む。

—CH_2—CH—CH_2—CH—
　　　　　|　　　　　　|
　　　　　X　　　　　　X
head to tail 構造

—CH_2—CH—CH—CH_2—
　　　　　|　　|
　　　　　X　　X
head to head 構造

$\left(CH_2-CH\atop\vert\atop F\right)_n$　$\left(CH_2-C{F\atop\vert\atop F}\right)_n$
ポリフッ化ビニル　ポリフッ化ビニリデン

2-4-3 停止反応と連鎖移動反応

(1) 停止反応

生長ラジカルは反応性が高く，2分子の生長ラジカルが出会うとすみやかに停止反応を起こす。この2分子停止はラジカル重合の特徴であり，イオン重合では電荷間の反発のため起こらない。停止反応には再結合と不均化がある。再結合ではラジカル同士の反応により，直接σ結合が形成される（式(2-21)）。一方，生長ラジカルがもう1分子の生長ラジカルのβ-位の水素を引き抜いた場合，二重結合が生成して重合が停止する。これが不均化である（式(2-22)）[22]。

通常は両方の停止反応が競争して起こるが，表2-1の平均結合エネルギーから概算されるように，再結合の方がエンタルピー的に有利であり，また，通常は活性化エネルギーも低い。このため特にラジカルが安定な場合には，再結合が選択的に起こる。

$$-CH_2-\overset{\cdot}{\underset{X}{C}}H + H\overset{\cdot}{\underset{X}{C}}-CH_2-$$

$$\longrightarrow -CH_2-\underset{X}{C}H-\underset{X}{C}H-CH_2- \quad \Delta H = -347\ \text{kJ mol}^{-1} \text{（概算値）} \quad (2\text{-}21)$$

$$-CH_2-\overset{\cdot}{\underset{X}{C}}H + H\overset{\cdot}{\underset{X}{C}}-\overset{H}{\underset{}{C}}H-$$

$$\longrightarrow -CH_2-\underset{X}{C}H_2 + H\underset{X}{C}=CH- \quad \Delta H = -263\ \text{kJ mol}^{-1} \text{（概算値）} \quad (2\text{-}22)$$

ビニリデンモノマーの場合は置換基間の立体反発のために（熱力学的にも速度論的にも）再結合の有利さが薄れ，特に置換基がアルキル基を含む場合はラジカルによって引き抜かれ得るβ-水素の数が増えるために不均化が優先して起こる。これらの理由により，スチレンは，ほぼ選択的に再結合により停止するが，メタクリル酸メチル（MMA）では式（2-23）のような不均化停止が高温では優先的に起こる。

$$-CH_2-\underset{CO_2CH_3}{\overset{CH_3}{\underset{|}{C}}}\cdot + \cdot\underset{CO_2CH_3}{\overset{H-CH_2}{\underset{|}{C}}}-CH_2-$$

$$\longrightarrow -CH_2-\underset{CO_2CH_3}{\overset{CH_3}{\underset{|}{C}}}H + \underset{CO_2CH_3}{\overset{CH_2}{\underset{|}{C}}}-CH_2- \quad (2\text{-}23)$$

[22] 水素が結合に用いる1s軌道は球対称であり方向性に欠ける。このためC-H結合のσ軌道もσ*軌道も水素核の付近では方向性に乏しい。生長ラジカルがもう1分子の生長ラジカルのβ-位の水素に近づくと，どの方向から近づいてもσ軌道，σ*軌道と同時に相互作用が可能であり，活性化エネルギーが低くなるため，水素引き抜き反応は起こりやすい。

(2) 連鎖移動反応

生長ラジカルは系中に存在する様々な物質（溶媒，モノマー，ポリマー，開始剤）に対して連鎖移動反応を起こす。連鎖移動反応によりそれまで生長していたポリマー鎖は停止し，新たに別の生長ラジカルが生ずる。特に非共役ラジカルは反応性が高いために連鎖移動反応を起こしやすい。

連鎖移動反応は結合エネルギーの小さい部位の水素引き抜きが主であるが，フッ素を除くハロゲンも C-X 結合が弱いため引き抜かれやすい（表2-1）。また開始剤は特に弱い共有結合を有するため，ラジカルと反応しやすい。開始剤への連鎖移動は開始剤の誘発分解とも呼ばれている。

ラジカル重合を有機溶媒中で行う場合は溶媒への連鎖移動を考慮する必要がある。高分子量のポリマーを得るためにはベンゼンやトルエンが溶媒として適しているが[23]，クロロホルムや四塩化炭素は非常に連鎖移動を起こしやすく，高分子量のポリマーを合成するには適していない。

ラジカル重合の特徴の1つとして，重合が水によって妨害されないことが挙げられる[24]。水は比熱も潜熱も大きく，熱を奪うための媒体として最適であるため，懸濁重合や乳化重合の媒体に用いられる。

連鎖移動反応は重合速度を低下させずにポリマーの分子量を下げるため，分子量を調節する目的で，重合系中に連鎖移動を起こしやすい物質（連鎖移動剤 chain transfer agent）を添加する場合がある。連鎖移動剤としてはチオール類がよく用いられる。

$$\begin{aligned} &-CH_2-\overset{\cdot}{\underset{X}{CH}} + H-S-R \longrightarrow -CH_2-\underset{X}{CH_2} + \overset{\cdot}{S}-R \\ &R-\overset{\cdot}{S} + CH_2=\underset{X}{CH} \longrightarrow RS-CH_2-\overset{\cdot}{\underset{X}{CH}} \end{aligned} \quad (2\text{-}24)$$

(3) 破壊的連鎖移動

プロピレンはラジカル重合時にモノマーへの連鎖移動が非常に起こりやすい。メチル基からの水素引き抜きによって生じたラジカル（アリルラジカル）はビニル基との共鳴により非常に安定である。一方，プロピレンの生長末端は共鳴安定化を受けず不安定であり，副反応を起こしやすい。このため，重合の生長反応と競争してモノマーへの連鎖移動が非常に頻繁に起こる。アリルラジカルからの重合の再開始は起こりにくく，このため事実上重合が起こらない。

---

23) ベンゼンは毒性が非常に高いため，使用には十分な注意が必要である。

24) O-H 結合は C-H 結合よりも結合エネルギーが強く（表2-1），生長末端の炭素ラジカルは水から水素を引き抜くことができないため。

$$-CH_2-\dot{C}H + HC=CH_2$$
$$\quad\quad\quad | \quad\quad\quad |$$
$$\quad\quad CH_3 \quad\quad CH_3$$

$$\longrightarrow -CH_2-\overset{H}{\underset{CH_3}{C}H} + HC=CH_2 \left(\longleftrightarrow HC-\dot{C}H_2 \right)$$
$$\quad\quad\quad\quad\quad\quad\quad\quad\quad\quad | \quad\quad\quad\quad\quad ||$$
$$\quad\quad\quad\quad\quad\quad\quad\quad\quad \cdot CH_2 \quad\quad\quad CH_2$$
(2-25)

このような頻繁に起こり，また反応性の乏しいラジカルを生ずる連鎖移動を破壊的連鎖移動（degradative chain transfer）と呼ぶ。一般にビニルモノマーは置換基の種類によらずラジカル重合するが，プロピレンを代表とする 1-アルケン，イソブチレンを代表とする 2-アルキル-1-アルケンはこのためにラジカル重合を起こさない。また，ビニルエーテル類も左式のような連鎖移動を頻繁に起こし，ラジカル重合しない。

$$\sim\sim CH_2-\dot{C}H \longrightarrow \sim\sim CH_2-CH + R\cdot$$
$$\quad\quad\quad | \quad\quad\quad\quad\quad\quad\quad |$$
$$\quad\quad O-R \quad\quad\quad\quad\quad\quad O$$

(4) 重合禁止剤

モノマーは保存中に空気中の酸素により酸化されてパーオキシドを生じ，これが開始剤として働いて重合が進む可能性があるため，通常は禁止剤（inhibitor）を添加されて市販されている。禁止剤はモノマーとは反応しないが生長ラジカルとは反応して停止反応を起こす安定ラジカル DPPH（式(2-26)），生長ラジカルと反応して安定なラジカルを生ずる p-ベンゾキノン（式(2-27)），連鎖移動反応によって安定ラジカルを生ずる p-t-ブチルカテコール等がある（式(2-28)）。

$$R\cdot + \underset{\text{2,2-ジフェニル-1-ピクリルヒドラジル（DPPH）}}{(C_6H_5)_2N-\dot{N}-C_6H_2(NO_2)_3} \longrightarrow R-DPPH \quad (2\text{-}26)$$

$$R\cdot + \underset{p\text{-ベンゾキノン}}{O=\!\!\!\bigcirc\!\!\!=O} \longrightarrow \underset{\text{共鳴安定化}}{R-O-\!\!\!\bigcirc\!\!\!-\dot{O}} \quad (2\text{-}27)$$

$$\xrightarrow{R\cdot} R-O-\!\!\!\bigcirc\!\!\!-O-R$$

$$R\cdot + \underset{p\text{-}t\text{-ブチルカテコール}}{HO-\!\!\!\bigcirc\!\!\!(OH)\text{-}t\text{-Bu}} \longrightarrow R-H + \underset{\text{共鳴安定化}}{\cdot O-\!\!\!\bigcirc\!\!\!(OH)\text{-}t\text{-Bu}} \quad (2\text{-}28)$$

禁止剤が存在する条件下でラジカル重合を行うと，禁止剤が消費し尽されるまでは重合は進まず（誘導期間），その後禁止剤がない場合と同一の速度で重合が進む。

2-4-4 ラジカル重合における速度論

熱開始剤を用いたラジカル重合は以下の式に示すような素反応からなる。

$$I \xrightarrow{k_d} 2R\cdot \quad (2-29)$$
$$R\cdot + M \xrightarrow{k_i} P_1\cdot \quad (2-30)$$

開始反応

$$P_1\cdot + M \xrightarrow{k_{p1}} P_2\cdot$$
$$P_2\cdot + M \xrightarrow{k_{p2}} P_3\cdot$$
$$\vdots$$
$$P_n\cdot + M \xrightarrow{k_{pn}} P_{n+1}\cdot \quad (2-31)$$

生長反応

$$P_n\cdot + P_m\cdot \xrightarrow{k_{tc}} Polymer_{n+m} \quad 再結合 \quad (2-32)$$
$$P_n\cdot + P_m\cdot \xrightarrow{k_{td}} Polymer_n + Polymer_m \quad 不均化 \quad (2-33)$$

停止反応

これらの式から、重合速度式が誘導されるが、速度式を単純化するために、通常、以下の仮定がなされる[25]。

1) 各素反応の反応速度定数は生長鎖の重合度によらない（$k_{p1}=k_{p2}=\ldots=k_{pn}$，停止反応も重合度によらず一定）。
2) 重合により生ずるポリマーの重合度は十分大きい（高重合度近似）。
3) 重合を通じてラジカルの濃度は一定である（定常状態近似）。

開始剤の分解速度は分解反応速度定数 k_d を用いて式（2-29）より

$$-d[I]/dt = k_d[I] \quad (2-34)$$

開始反応速度（R_i）は、本来は式（2-35）で表される[26]。

$$R_i = d[P_1\cdot]/dt = k_i[R\cdot][M] \quad (2-35)$$

しかし、式（2-29）で生成したラジカルは失活したもの以外はすみやかにモノマーと反応するため

$$R_i = 2k_d f[I] \quad (2-36)$$

となる。ただし、f は開始剤効率であり、係数(2)は熱開始剤を用いると、1分子の開始剤から2分子のラジカルが生ずるためである。

重合反応速度 R_p はモノマーの消費速度であり、高重合度近似により生長反応速度と同一となる。生長反応速度定数 k_p を用いて

$$R_p = -d[M]/dt = k_p[P\cdot][M] \quad (2-37)$$
（ただし，[$P\cdot$]は生長ラジカル濃度）

停止反応速度 R_t は生長ラジカルが2分子停止を起こすため、停止反応速度定数 k_t を用いて[27]

$$R_t = 2k_t[P\cdot]^2 \quad (2-38)$$

---

[25] 高重合度近似：モノマーは開始反応と生長反応によってそれぞれ消費されるが、この仮定により開始反応により消費されるモノマーは無視可能となる。

定常状態近似：生長ラジカルは反応性に富み、その濃度を決定することが通常難しいが、生長ラジカルの生成速度（開始反応速度）と消失速度（停止反応速度）は同一と仮定するこの近似によって、ラジカル濃度を計算することが可能になる。

重合中のラジカル濃度を実際に測定すると、重合のごく初期を除いて、ラジカル濃度は一定であることが実際に確認されている。

[26] R_i は生長種 $P_1\cdot$ が生成する速度。

[27] R_t は生長種 $P\cdot$ が消失する速度である。停止反応速度定数 k_t は、再結合・不均化の速度定数から
$k_t = k_{tc} + k_{td}$
で表される。

定常状態近似により $R_i = R_t$ であり、これから $[\mathrm{P}\cdot]$ を求めると

$$[\mathrm{P}\cdot] = (R_t/2k_t)^{1/2} = ((k_d/k_t)f[\mathrm{I}])^{1/2} \tag{2-39}$$

式 (2-37)、式 (2-39) より、

$$R_p = k_p[\mathrm{M}]((k_d/k_t)f[\mathrm{I}])^{1/2} \tag{2-40}$$

このようにラジカル重合では2分子停止が起こるため、重合速度は開始剤濃度の1/2乗に比例する。式 (2-40) は1/2乗則と呼ばれる。

連鎖移動反応はポリマーの分子量を減少させるが、重合速度には影響を及ぼさない。連鎖移動反応を無視した場合、ポリマーの生成速度は、再結合による停止反応速度定数を k_{tc}、不均化による停止反応速度定数を k_{td} とすると

$$d[\mathrm{Polymer}]/dt = (k_{tc} + 2k_{td})[\mathrm{P}\cdot]^2 \tag{2-41}$$

となる[28]。

ポリマーの数平均分子量 $\overline{M_N}$ は、M_0 をモノマーユニットの分子量とすると

$$\overline{M_N} = M_0 \frac{-d[\mathrm{M}]/dt}{d[\mathrm{Polymer}]/dt} = \frac{M_0 k_p[\mathrm{M}]}{(k_{tc} + 2k_{td})[\mathrm{P}\cdot]}$$

$$= \frac{M_0 k_p[\mathrm{M}]}{(k_{tc} + 2k_{td})((k_d/k_t)f[\mathrm{I}])^{1/2}} \tag{2-42}$$

で表される。

また、p を生長末端が生長反応と停止反応のうち、生長反応を起こす確率とすると

$$p = R_p/(R_p + R_t) \tag{2-43}$$

停止反応がすべて不均化である場合、あるポリマー分子の重合度が x である確率 $\mathrm{Prob}(x)$ は、生長反応が $x-1$ 回続けて起こり、その後不均化停止が起こる必要があるため

$$\mathrm{Prob}(x) = p^{x-1}(1-p) \tag{2-44}$$

で表される。

重合度 x の分子の数 N_x は、全体の分子数を N とすると

$$N_x = Np^{x-1}(1-p) \tag{2-45}$$

$$\overline{M_N} = M_0 \left(\sum_{x=1}^{\infty} x N_x \right) / \left(\sum_{x=1}^{\infty} N_x \right) = M_0 \sum_{x=1}^{\infty} x \mathrm{Prob}(x) \tag{2-46}$$

ここで

$$\sum_{x=1}^{\infty} x p^{x-1} = 1 + 2p + 3p^2 + 4p^3 + \ldots + np^{n-1} + \ldots = 1/(1-p)^2 \tag{2-47}$$

であるので

$$\overline{M_N} = M_0/(1-p) \tag{2-48}$$

となる。

[28] 再結合停止ではポリマーが1分子、不均化停止ではポリマーが2分子生成するため。

一方，重量平均分子量 $\overline{M_w}$ は

$$\overline{M_w} = M_0(\sum_{x=1}^{\infty} x^2 N_x)/(\sum_{x=1}^{\infty} x N_x) = M_0(\sum_{x=1}^{\infty} x^2 \text{Prob}(x))/(\sum_{x=1}^{\infty} x \text{Prob}(x)) \quad (2\text{-}49)$$

ここで

$$\sum_{x=1}^{\infty} x^2 p^{x-1} = 1 + 4p + 9p^2 + 16p^3 + \ldots + n^2 p^{n-1} + \ldots = (1+p)/(1-p)^3 \quad (2\text{-}50)$$

であるので

$$\overline{M_w} = M_0(1+p)/(1-p) \quad (2\text{-}51)$$

となり，これより多分散度 $\overline{M_w}/\overline{M_N}$ は

$$\overline{M_w}/\overline{M_N} = 1 + p \quad (2\text{-}52)$$

であらわされる。p は 1 に非常に近いため，不均化停止のみが起こる場合の多分散度は理論上 2 になる。

一方，停止反応がすべて再結合である場合，詳細は省略するが

$$\overline{M_N} = 2M_0/(1-p) \quad (2\text{-}53)$$

$$\overline{M_w} = M_0(2+p)/(1-p) \quad (2\text{-}54)$$

$$\overline{M_w}/\overline{M_N} = (2+p)/2 \quad (2\text{-}55)$$

となり，再結合停止のみが起こる場合には多分散度は理論上 1.5 になる。

2-4-5 重合手法

重合の分類にはこれまで記述してきたようなモノマーの構造による分類，生長種の性質による分類以外に，重合の手法による分類がある。

(1) バルク（塊状）重合（bulk polymerization）

溶媒や分散媒を使用しない重合である。連鎖重合は発熱反応であるため，重合時に反応熱を除かなければ，反応系の温度が上昇して反応は加速され，場合によっては暴走し，爆発に至る。バルク重合は反応熱を系から取り除くのが難しいのが欠点であるが，重合熱が小さい場合や重合熱への配慮が不要な重縮合には好まれて使われる。重合後のポリマーの単離が容易である。

(2) 溶液重合（solution polymerization）

モノマーを溶媒に溶かした状態で重合させる方法である。重合温度の調節は比較的容易であるが，ラジカル重合においては溶媒への連鎖移動が起こり得るため，重合度が低くなりがちである。重合後にポリマーの単離操作が必要となる。

(3) 懸濁重合（suspension polymerization）

モノマーが貧溶媒中に分散した状態で行うものである。特に水を分散媒とするラジカル重合によく用いられる。ポリビニルアルコール，ポリアクリル

酸ナトリウムなどの分散剤を加え，系を強く攪拌してモノマーが微粒子状に分散した状態で重合を行う。開始剤はモノマーに溶けており，モノマー微粒子中でラジカルが生成して重合が進む。通常，濾過のみでビーズ状のポリマーが単離できる。

(4) 乳化重合 (emulsion polymerization)

モノマーが貧溶媒である水中に乳化した状態で行う。このため乳化剤（界面活性剤）を必要とし，モノマーは界面活性剤ミセル中に取り込まれている。開始剤は水溶性であり，ラジカルは水中で生じる。水中に溶けているモノマー分子といくつか反応するうちに親水性が下がり，ミセル中に取り込まれて重合を開始する。ミセル中にラジカルが2つ同時に飛び込む確率が低いため，停止が起こりにくく，高分子量のポリマーが生ずる特徴がある。大量の乳化剤を用いるため，ポリマーの単離精製は難しく，乳化液のまま使用可能な用途（たとえば木工用ボンドとしてのポリ酢酸ビニルエマルジョンや塗料としてのアクリル樹脂エマルジョン）において好まれる。

2-5 イオン重合

2-5-1 イオン重合の特徴

(1) 開始反応と溶媒

ラジカル重合における熱開始剤は系中で加熱することにより徐々にラジカルを生じるが，イオン重合で用いる開始剤はそのままモノマーと反応可能なため，すべての開始剤分子が短時間のうちにモノマーと反応すると重合熱により重合が暴走する。これを防ぐため，イオン重合は低温で，溶液中で行うのが原則となり，スチレンやメタクリル酸メチルのアニオン重合は通常 $-78℃$ で行われる[29]。

このような重合条件は重合溶媒の選択にも影響し，アニオン重合では低温まで固まらず，開始剤や生長末端と反応しにくいトルエンやTHFが溶媒として用いられる。一方カチオン重合ではジクロロメタンが代表的な重合溶媒である。

(2) 生長反応と溶媒和

イオン重合の生長末端には電荷があるため，必ず対イオン（counterion）が存在する。生長末端イオンと対イオンは溶媒によっては溶媒和を受け，重合速度が大きく変化する。

溶媒和が乏しい状態では生長末端イオン対は互いに接触した状態（接触イオン対 contact ion pair）でいるが，溶媒和を受けると対イオンとの間に溶

[29] $-78℃$ はドライアイスの昇華点であり，ドライアイスをメタノールやエタノール中に入れることによって，この温度の浴を簡単につくることができる。

媒が入り（溶媒分離型イオン対 solvent-separated ion pair），さらには対イオンから遠くに離れることはできないものの，各イオンが自由に動ける状態となる（自由イオン free ions）（図2-13）。溶媒和が大きな場合でも，これらの生長種間には平衡がある。

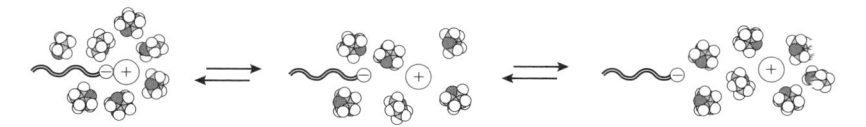

接触イオン対　　　　溶媒分離型イオン対　　　　　　自由イオン

図2-13　アニオン重合の末端モデル

一般に接触イオン対は対イオンの立体的な妨害のため反応性が低い。また，生長末端イオンが溶媒和を受けている場合には，生長反応時にいったん溶媒がイオンから離れる脱溶媒和が必要となり，これも反応性を下げる。もっとも高反応性となるのは対イオンのみが溶媒和を受けている自由イオンの状態で，THFやキレート形成によりアルカリ金属カチオンを溶媒和するDMEを溶媒としたり，TMEDAを溶媒に添加した場合のアニオン重合は反応速度が速い。

電子求引基は置換基がついた炭素上のアニオンを安定化する。電子供与基は置換基がついた炭素上のカチオンを，また，不飽和炭化水素基は，アニオンとカチオンをともに安定化する。イオン重合するモノマーは大きな電子効果が働くものに限られるため，イオン重合では頭尾付加が選択的に起こり，頭頭付加の確率はラジカル重合に比べてもさらに低い。

(3)　停止反応

イオン重合においては生長末端のイオン同士の反発により2分子停止は起こらず，1分子停止が起こる[30]。ラジカル重合と異なって，生長末端は水と反応しやすく，主な停止反応はしばしば，重合系に含まれている不純物の水との反応になる。

2-5-2　アニオン重合

(1)　モノマー

アニオン重合可能なモノマーの代表的なものは，不飽和炭化水素基を有するスチレン，ブタジエン，イソプレン，あるいは電子求引基を有するメタクリル酸エステル，アクリル酸エステル，ビニルケトン類などである。電子求引基が置換していても，分子内に酸性のプロトンがあるアクリル酸，メタクリル酸2-ヒドロキシエチル（HEMA）などのモノマーはアニオン重合を起こさない。

テトラヒドロフラン（THF）
オキソラン

1,2-ジメトキシエタン
DME

N, N, N', N'-テトラメチルエチレンジアミン
TMEDA

[30] 炭素は電気陰性度が中程度であるため，カチオンもアニオンも不安定であり，炭素カチオンは水とすみやかに反応してオキソニウムイオン ROH_2^+（さらにはプロトン）を生じ，炭素アニオンも水から容易にプロトンを引き抜いて，ヒドロキシドイオン（OH^-）を生じる。ラジカル重合では停止反応に生長鎖2分子が関与しているので2分子停止と呼ぶが，イオン重合では関与している生長鎖は1分子のみであるため，1分子停止と呼ぶ。

代表的なアニオン重合性モノマー
メタクリル酸メチル　アクリル酸メチル（MMA）
アクリロニトリル　メチルビニルケトン
スチレン　ブタジエン
イソプレン

(2) 開始反応

アニオン重合の生長末端は炭素アニオンであるため，開始剤も炭素アニオンである場合が多い。アルキル金属化合物の反応性はアルキル基が同一であれば，結合のイオン性が高いほど，すなわち，金属の電気陰性度が低いほど高い。

$$RK(電気陰性度\ 0.8) > RNa(0.9) > RLi(1.0) \gg RMgX(1.3)$$

しかしながら，炭素リチウム結合は共有結合性が高いため，アルキルリチウム化合物はヘキサンなどの炭化水素溶媒にさえ可溶であり，このためアニオン重合の開始剤として最もよく用いられる。

$$t\text{-BuLi} + H_2C=\underset{O=COMe}{\overset{CH_3}{C}} \longrightarrow t\text{-Bu}-CH_2-\underset{O=COMe}{\overset{CH_3}{C}}Li \quad (2\text{-}56)$$

リチウムは電子不足原子であるため，アルキルリチウムは炭化水素溶媒中で会合して存在する。会合度はアルキル基の嵩高さに依存し，2～4量体である。エーテル系溶媒中ではエーテル酸素がリチウムに配位するため会合度は下がり，特にTHF中では単分子で存在するようになる。

Na, Kのアルカリ金属自体も開始剤として用いられるが，この場合，アルカリ金属を有機溶媒に可溶化させた，ナトリウムナフタレンが良く用いられている[31]。スチレンとナトリウムナフタレンを反応させると，スチレンに電子が移動して，スチレンのアニオンラジカルが生成し，これがすみやかに二量化して，ジアニオンとなる。重合は両末端から進む。

$$\text{ナフタレン} \xrightarrow{Na} [\text{ナフタレン}]^{\cdot-} Na^+$$
$$\xrightarrow{styrene} [CH_2=CHPh]^{\cdot-} Na^+ + \text{ナフタレン}$$
$$\left(\overset{\cdot}{C}H_2-\bar{C}HPh\ Na^+\right) \quad (2\text{-}57)$$

$$2\overset{\cdot}{C}H_2-\bar{C}HPh\ Na^+ \longrightarrow Na^+\ \bar{C}HPh-CH_2-CH_2-\bar{C}HPh\ Na^+$$

開始剤とモノマーとの関係　ラジカル重合では開始剤はモノマーが重合可能であれば，基本的にモノマーを選ばず重合を開始することができたが[32]，アニオン重合における開始剤の開始能力はモノマーに大きく依存する。電気陰性度の大きな酸素原子のアニオンであるRO^-やHO^-は求核性が低く（HOMOのエネルギー準位が低く），スチレン，ブタジエン，MMAのようなLUMOのエネルギー準位が比較的高いモノマーのアニオン重合は開始できない。一方，アクリロニトリル，ニトロエチレンのような置換基の電

---

31) ナフタレンをTHF溶媒に溶かし，金属ナトリウムを加えるとナトリウムからナフタレンのLUMOに電子が移動して，電荷移動錯体であるナトリウムナフタレンが生成して，系は青緑色になる。ナトリウムナフタレンは不対電子を持ち，かつアニオンであるアニオンラジカルである。スチレンをこの系に加えるとスチレンのLUMOに電子が移動して，スチレンのアニオンラジカルが生成する。スチレンのLUMOは主に二重結合のπ*軌道の性格を有するため式(2-57)のカッコ中の構造のようにも表される。このアニオンラジカルはすみやかに二量化して，ジアニオンとなり，系の色は赤く変化する。

32) 開始剤由来のラジカルの軌道がモノマーのHOMOとも，LUMOとも相互作用可能なため，ラジカルの軌道準位が変化しても開始反応に及ぼす影響が小さいため。

子求引性の大きい（LUMOのエネルギー準位が低い）モノマーのアニオン重合には有効である．特に，電子求引性の大きな置換基が2つついたα-シアノアクリル酸エステル類は非常に弱い求核剤であるアミンや水でも重合がすみやかに開始される（式（2-58））．この高いアニオン重合性のため，このモノマーは瞬間接着剤として使用されている．

$$H_2C=C\begin{pmatrix}CN\\CO_2R\end{pmatrix} \xrightarrow{H_2O} -(CH_2-\underset{CO_2R}{\overset{CN}{C}})_{p}- \qquad (2\text{-}58)$$

これらのモノマーと開始剤との関係は"鶴田の表"（表2-4）としてまとめられている．

表2-4 各種モノマーのアニオン重合に対する開始剤の有効性（鶴田の表）*

	開始剤 共役酸のpK_a		モノマー	生長末端モデル の共役酸のpK_a
a	K, KR Na, NaR Li, LiR[33]	ca. 50	A 1,3-ブタジエン α-メチルスチレン スチレン	43 40
b	RMgX		B アクリル酸エチル メタクリル酸メチル メチルビニルケトン	24.5 19–20
c	ROK RONa KOH, NaOH	ca. 16 15.74	C アクリロニトリル	25
d	アミン ピリジン 水	ca. 10 5.5 −1.74	D メチレンマロン酸エチル α-シアノアクリル酸エチル ビニリデンシアニド ニトロエチレン	13 11 10

*）各グループの開始剤は線が引いてあるモノマー群の重合に有効である

(3) 生長反応

スチレンのアルキルリチウムによるアニオン重合の生長末端はトルエン溶媒中では2分子が会合した状態で存在し，これは接触イオン対の状態よりもさらに反応性が低い（図2-14）．

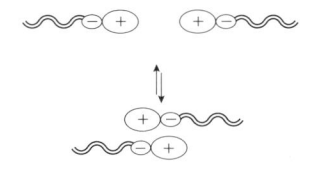

図2-14 ポリスチリルアニオンの会合の模式図

MMA中，あるいはそのポリマー中のカルボニル基もリチウムイオンに配位できる．MMAのアルキルリチウムを用いたアニオン重合をトルエン溶媒

[33] n-ブチルリチウムは反応性が高いため，アニオン重合可能なモノマーであればすべて開始可能なはずであるが，実際にはモノマーによっては反応性が高すぎて副反応を起こす．MMAとの反応ではn-ブチルリチウムはカルボニル基を攻撃して，低温では重合を開始しない．

$$BuLi + H_2C=C\begin{pmatrix}CH_3\\O=COMe\end{pmatrix}$$

$$\longrightarrow H_2C=C\begin{pmatrix}CH_3\\O=C-Bu\end{pmatrix} + MeOLi$$

高温では重合が起こるが，MMAと上式で生成したビニルケトンの共重合体を与える．

この場合，いったん，1,1-ジフェニルエチレンと反応させて，より安定な，かつ立体障害の大きなアニオンとするとMMAのアニオン重合が開始できる．

$$BuLi + H_2C=C\begin{pmatrix}Ph\\Ph\end{pmatrix}$$

$$\longrightarrow Bu-CH_2-\underset{Ph}{\overset{Ph}{C}}Li$$

中で行うと生長末端のリチウムイオンにモノマーのカルボニル基と前末端基のカルボニル基が配位する。このため,生長末端に対して,常に決まった側からモノマーが反応することになり,立体規則性の高い,イソタクティック－リッチなポリマーが生成する(図2-15)。一方THF中ではTHFが生長末端に配位するため,このような立体規則性は生じない。ラジカル重合を含む一般的な重合では,生長末端の置換基とモノマーの置換基の立体反発のため,シンジオタクティック－リッチなポリマーが生ずるのが一般的である。

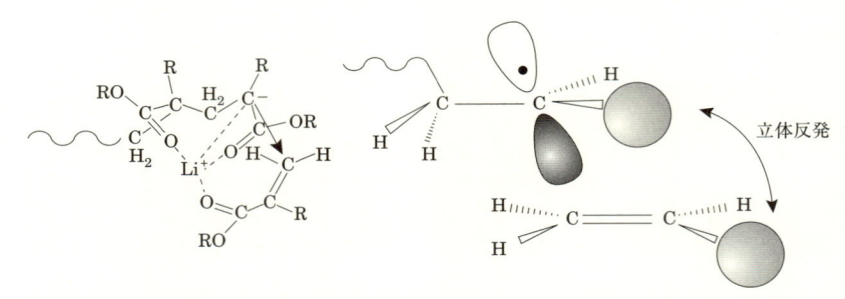

図2-15　MMA (R=CH_3) のアニオン重合(左)と一般のラジカル重合(右)におけるイソタクティック生長

(4) 停止反応

アニオン重合での停止反応は生長末端と系中に不純物として存在する水分との反応である場合が多い。生成するHO^-によりモノマーが重合可能であればこの反応は連鎖移動であり,そうでない場合には停止反応となる。

$$\sim CH_2-\overset{-}{C}H\ Na^+ + H_2O \longrightarrow \sim CH_2-CH_2 + NaOH \quad (2\text{-}59)$$

MMAのアニオン重合を比較的高温で行うと,前前末端基のカルボニル基を生長末端が攻撃する反応が起こり,末端に環状構造をつくって停止する。MMAはMeO^-では重合しないため,この反応は停止反応である。

$$(2\text{-}60)$$

(5) リビングアニオン重合

アニオン重合では2分子停止が起こらないため,低温,かつ不純物がない状態で重合を行うと,停止反応と連鎖移動反応が起こらずに重合が進む。このような重合を"生長末端がいつまでも生きている"ことからリビング重合 (living polymerization) と呼ぶ。リビング重合では重合終了後に別種のモノマーを系に加えることによりブロック共重合体が合成できる。

(6) リビング重合の速度論

リビング重合において，開始反応が生長反応よりも十分に早い場合には以下に示すような特徴が現れる。このため，$k_i \gg k_p$ はリビング重合において必須の要件となっている。

リビングアニオン重合においても，重合反応速度 R_p は式（2-37）によって表される。$k_i \gg k_p$ であれば，重合系中の生長末端濃度は開始剤の初濃度（$[I]_0$）に等しい。この場合には R_p は式（2-61）で表される。

$$R_p = k_p[I]_0[M] \tag{2-61}$$

リビング重合では停止反応がないため，数平均分子量 $\overline{M_N}$ はラジカル重合の場合とは全く異なり，モノマー初濃度 $[M]_0$ を使って

$$\overline{M_N} = M_0([M]_0 - [M])/[I]_0 \tag{2-62}$$

によって表される。したがって重合が完結した場合の $\overline{M_N}$ は

$$\overline{M_N} = M_0[M]_0/[I]_0 \tag{2-63}$$

となり，重合反応を仕込む際のモノマーと開始剤のモル比によってポリマーの分子量が決定できる。リビング重合によるポリマーの多分散度は非常に狭く，通常 1.1 〜 1.01 程度となる。

2-5-3 カチオン重合

(1) モノマー

電子供与基が置換したビニルエーテル類，N-ビニルカルバゾール，N-ビニルピロリドン，イソブチレン，あるいは不飽和炭化水素基が置換したスチレン，ブタジエン，イソプレンはカチオン重合を起こす。カチオン重合開始剤としては，プロトン酸が主に用いられる[34]。

(2) 開始反応

プロトン酸 HX を用いたカチオン重合の開始反応は，二重結合への HX の親電子付加反応の最初の段階と同一である。親電子付加反応では対アニオンが，生成したカルボカチオンを攻撃して，付加反応が完了する。カチオン重合開始剤として用いるプロトン酸の対アニオン X^- の求核性が高い場合，開始反応，あるいは生長反応において，対アニオンと生長カチオンとの反応が起こり，重合は停止する。

$$HX + H_2C=CHR \longrightarrow H_2\overset{H}{\underset{X^-}{C}}-\overset{+}{C}HR \underset{生長}{\rightleftharpoons} -(CH_2-\underset{R}{C}H)_p \tag{2-64}$$

$$\downarrow 停止$$

$$H_3C-\underset{X}{C}HR$$

代表的なカチオン重合性モノマー

$H_2C=CH$
  $O-CH_2CH(CH_3)_2$
イソブチルビニルエーテル

$H_2C=C\underset{CH_3}{\overset{CH_3}{|}}$
イソブチレン

$H_2C=CH$ — (N-カルバゾリル基)
N-ビニルカルバゾール

$H_2C=CH$ — (N-ピロリドニル基)
N-ビニルピロリドン

$H_2C=CH$ — (フェニル基)
スチレン

$H_2C=CH$
$HC=CH_2$
ブタジエン

$H_2C=C\underset{HC=CH_2}{\overset{CH_3}{|}}$
イソプレン

[34] 水素（プロトン）の1s軌道のエネルギー準位が低いため，アニオン重合の場合に見られたような開始反応における効果は見られない。

このため，開始剤としては対アニオンの求核性の乏しい，したがって非常に酸性の強いプロトン酸が用いられる。過塩素酸（$HClO_4$），硫酸，トリフルオロメタンスルホン酸（CF_3SO_3H）がその代表である。

ルイス酸が開始剤に用いられる場合も多いが，ルイス酸は単独では重合を開始できず，系中に不純物として存在する（あるいは意図的に加えられた）水，アルコールなどの共開始剤（coinitiator）との反応により，プロトンを生じて，これが重合を開始する[35]。ルイス酸としては$AlCl_3$，BF_3，$SnCl_4$，$SbCl_5$などが代表的である。

[35) Kennedyらの新しい定義ではルイス酸を共開始剤，水などを開始剤としているが，ここでは従前の呼び方とした。]

$$H_2O + BF_3 \longrightarrow H_2\overset{+}{O}-\overset{-}{B}F_3 \rightleftarrows H^+ + HO\overset{-}{B}F_3 \qquad (2\text{-}65)$$

共開始剤としてはt-BuClのようなハロゲン化アルキルも有用であり，この場合，アルキルカチオンが開始種となる。

$$t\text{-BuCl} + AlCl_3 \longrightarrow t\text{-}\overset{\delta+}{Bu}-Cl-\overset{\delta-}{AlCl_3}$$
$$\rightleftarrows t\text{-Bu}^+ + AlCl_4^- \qquad (2\text{-}66)$$

(3) 停止反応・連鎖移動反応

一般的にカチオン重合はアニオン重合よりも副反応を起こしやすく，高分子量のポリマーができにくい。カチオンビニル重合においては必ず，生長末端の隣接位に水素が存在する。このため，カチオン重合ではβ-位の水素引き抜きによるβ-脱離反応が副反応として起こりうる（式（2-67））[36]。

[36) β-脱離反応はHXの親電子付加反応の逆反応である。]

$$\begin{matrix} & \overset{\curvearrowleft X^-}{H} & \\ -CH&-\overset{+}{C}HR \end{matrix} \longrightarrow -CH=CHR + HX \qquad (2\text{-}67)$$

再生したHXが他のモノマーと反応して重合を再開始するため，この反応は連鎖移動反応である[37]。

[37) アニオン重合においても同様な反応が起こりうるが，この場合脱離するのは不安定なヒドリドであり，脱離性が低いため，低温で重合を行なうことによって防ぐことができる。]

また，アニオン重合では対カチオンは通常アルカリ金属であり，それ自身は副反応に直接は関与しないが，カチオン重合では求核性が低い対アニオンを使用していても，例えば次式のように，対アニオンが停止反応に関与する場合がある。

$$\sim CH_2-\underset{CH_3}{\overset{CH_3}{\underset{|}{\overset{|}{C}}}}{}^+ \; HO\bar{B}F_3 \longrightarrow \sim CH_2-\underset{CH_3}{\overset{CH_3}{\underset{|}{\overset{|}{C}}}}-OH + BF_3 \qquad (2\text{-}68)$$

また，系中に水，アルコールが存在すると，これらも連鎖移動の原因となる。

$$\sim CH_2-\underset{CH_3}{\overset{CH_3}{\underset{|}{\overset{|}{C}}}}{}^+ \; X^- + H_2O \longrightarrow \sim CH_2-\underset{CH_3}{\overset{CH_3}{\underset{|}{\overset{|}{C}}}}-OH + HX \qquad (2\text{-}69)$$

（4） リビングカチオン重合

このような重合の困難さにもかかわらず，カチオン重合においてもリビング重合が開発された。ビニルエーテルの場合においては HI を I_2 あるいは ZnI_2 のような弱いルイス酸と組み合わせたものを開始剤として使用する系である。生長末端はルイス酸が配位していない共有結合種と，ルイス酸が配位して反応性の上昇した活性種との平衡にあるが，活性種は反応性が比較的低いため，選択的に生長反応のみを起こす。共有結合種は活性が"眠っている"状態であるので，ドーマント種（dormant species）と呼ばれている。

$$\sim\!CH_2\!-\!\underset{OR}{CH}\!-\!I \;\overset{I_2}{\rightleftharpoons}\; \sim\!CH_2\!-\!\underset{OR}{\overset{\delta+}{CH}}\!\cdots\!\overset{\delta-}{I_3} \qquad (2\text{-}70)$$

ドーマント種　　　　　　　　活性種

2-6 配位重合

ポリエチレンやポリプロピレンは配位重合によって主に合成されている。配位重合（coordination polymerization）は，これまで紹介したラジカル重合やイオン重合とは全く異なった機構で進む重合である。

有機金属化合物中の炭素－金属結合は配位結合である。金属は結合に必要な空軌道を提供し，有機置換基は配位子として，電子対の入った軌道を提供する。この占有軌道はアニオンでも非共有電子対でも，あるいは π 軌道でも良い。

d 軌道を結合形成に使いうる遷移金属ではアルケン類と特別な相互作用をすることができる。金属にオレフィンが π 軌道の電子対を用いて配位すると，アルケンには部分的な正電荷が生ずる。d 軌道に電子が詰まった Ag^+ イオンなどの場合には，金属上の d 軌道の電子対がオレフィンの π^* 軌道と相互作用する逆供与（back donation）が起こり，部分的な正電荷が打ち消された安定なオレフィン錯体を形成する（図 2-16）。

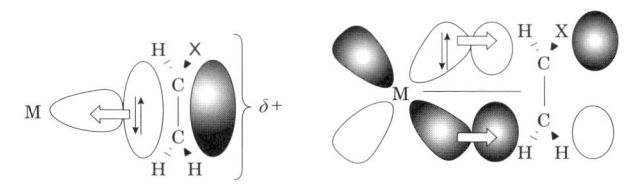

　　　π 電子供与による配位　　　　　d 電子逆供与による安定化
図 2-16　遷移金属イオンへのアルケンの配位

> **リビングラジカル重合**
>
> ドーマント種と活性種との平衡の概念はラジカル重合にも応用されている。臭化アルキルと CuBr をレドックス開始剤として用いてラジカル重合を行うと，アルキルラジカルが生成し，スチレンのラジカル重合が進行する。しかし，このレドックス反応は可逆であり，しかも出発系が有利であるため，ラジカル末端はすみやかに，$CuBr_2$ から臭素を引き抜いて，ドーマント種を生成する。ドーマント種とラジカル種の平衡はドーマント種側に有利であり，重合は平衡にあるラジカル種から進むが，ラジカル濃度が非常に低いため，2 分子停止が無視可能となり，重合がリビング的に進行する。この臭化銅を用いるリビングラジカル重合を特に Atom Transfer Radical Polymerization（ATRP）と呼ぶ。
>
> $$\sim\!CH_2\!-\!\underset{Ph}{CH}\!-\!Br\;+\;LCuBr$$
> 　　ドーマント種　　（L は配位子）
>
> $$\rightleftharpoons\;\sim\!CH_2\!-\!\underset{Ph}{\overset{\cdot}{CH}}\;+\;LCuBr_2$$
> 　　　　　　活性種

同じ遷移金属イオンであっても，Ti^{3+}などd軌道に電子がほとんどない金属イオンの場合には逆供与はほとんど起こらず，アルケン錯体は不安定なままである。このような金属錯体においてアルキル配位子がオレフィン配位子に隣接した位置についている場合，アルキル－金属結合電子がオレフィンのπ^*軌道と相互作用してアルキル基がオレフィン上に移り，金属－アルキル結合へオレフィンが挿入した形の錯体が新たに生ずる（図2-17，図2-18）。空いた配位座に次のオレフィンが配位し挿入反応を繰り返すことによって重合が起こる。このような重合を生長反応の際にモノマーの配位が先立って起こるため，配位重合と呼ぶ。この配位重合は工業的に非常に重要である。

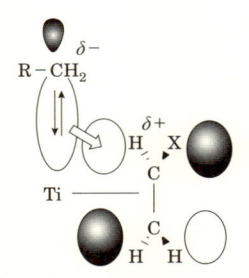

図2-17　Ti触媒の活性部位へのアルケンの配位

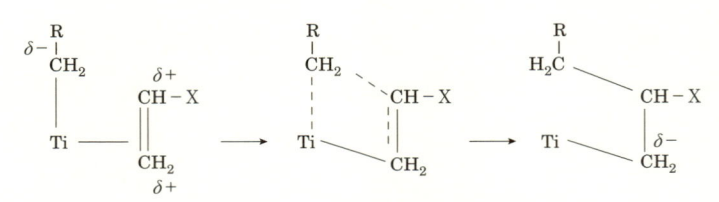

図2-18　アルケンの配位重合機構の模式図

モノマーにπ軌道電子よりもさらに金属と配位しやすい非共有電子対があるとπ軌道電子の金属への配位を阻害するため重合は起こらない場合が多い。このため，配位重合はエチレン，プロピレン，スチレン，ブタジエンなどの炭化水素モノマーが中心となる。

2-6-1　Ziegler-Natta触媒

アルキル－Ti結合を有する"開始種"はヘプタンなど炭化水素溶媒中で$TiCl_4$などの遷移金属化合物と有機典型金属化合物（例えば，Et_3Al）を混合することで得られる。混合時に配位子交換や還元などの複雑な反応が進み，黒褐色の沈殿が生じてくる。その表面にエチル基を配位子にもつTi^{3+}があり，さらにモノマーが配位可能な空の配位座がある場合（図2-18）），

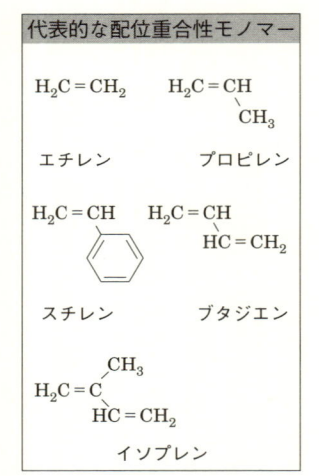

代表的な配位重合性モノマー

$H_2C=CH_2$　　$H_2C=CH$
　　　　　　　　　　$\quad|$
　　　　　　　　　　CH_3

エチレン　　　プロピレン

$H_2C=CH$　　$H_2C=CH$
　　$|$　　　　　　$HC=CH_2$
　（ベンゼン環）

スチレン　　　ブタジエン

　　CH_3
　　$|$
$H_2C=C$
　　$HC=CH_2$

イソプレン

その部位からアルケンの重合が可能となる。$TiCl_4$ などの遷移金属化合物を，開始剤の主たる成分であり，なおかつアルケンが Ti に配位することにより重合の活性化エネルギーが下がっていることから，触媒（catalyst）と呼び，有機典型金属化合物を共触媒（cocatalyst）と呼ぶ。また，$TiCl_4$ と Et_3Al の組み合わせを Ziegler 触媒，$TiCl_3$ と Et_2AlCl の組み合わせを Natta 触媒と呼ぶ。

Ziegler 触媒はエチレンの重合に有効であり，最初に見出された配位重合の触媒である。Natta 触媒はプロピレンの重合にも有効である。これらのような Ti を代表とする遷移金属化合物と Al，Zn を代表とする有機典型金属化合物の組み合わせによる触媒系を総称して Ziegler–Natta 触媒（あるいは Ziegler 系触媒）と呼ぶ。開始種が溶媒に不溶な"不均一系触媒"である。

Ziegler–Natta 触媒を使用して，プロピレンの配位重合を行う場合，触媒の活性部位付近が込み合っているため，プロピレンは一定の向きで触媒に配位することとなり，イソタクティックポリプロピレンが生成する（図2-4参照）。立体規則性のないものと異なって，結晶性であり，汎用プラスチックとして広く使われている。

イソタクティックポリプロピレン

2-6-2 低密度ポリエチレンと高密度ポリエチレン

エチレンのラジカル重合において，生長末端のラジカルは共鳴安定化がないため反応性が高く，副反応を起こしやすい。最も頻繁に起こる副反応は分子内の水素引き抜きである。

$$\text{〜〜} \overset{H}{\underset{}{}} \cdot \xrightarrow{\text{H 引き抜き}} \text{〜〜} \overset{H}{\underset{}{}} \xrightarrow{CH_2=CH_2} \text{〜〜} \overset{}{\underset{}{}} \cdot \quad (2\text{-}71)$$

6 員環の遷移状態を取りやすいため，n-butyl 基の分岐が生じやすい。また，4 員環の遷移状態も有利であり，C_4 分岐の次には C_2 分岐が多い。さらに水素引き抜きが分子間で起こることにより，長鎖分岐も生ずる。このように，ラジカル重合で合成したポリエチレンは長短の分岐を持つため，分子鎖がうまく結晶化することができず，結晶性が低下し，密度も低くなるため，低密度ポリエチレン（low density polyethylene, LDPE）と呼ばれる[38]。

配位重合ではこのような分岐が生ぜず，直線状のポリエチレンが得られ，高密度ポリエチレン（high density polyethylene, HDPE）となる。LDPE は HDPE よりも透明性，柔軟性，加工性に優れており，一方，HDPE はやや不透明であるが，強度と弾性率に勝る。

分岐状のポリエチレンは配位共重合によっても合成できる。通常は 1-ブテンを 2% 弱共重合させる。共重合により，結晶性が低下し，密度も低くな

[38] エチレンのラジカル重合は 1000〜4000 気圧下でエチレンを液化させて行われるため，LDPE は高圧法ポリエチレンとも呼ばれる。配位重合は数から数十気圧下で行われ，HDPE は低圧法ポリエチレンとも呼ばれる。

るが，1-ブテン由来の C_2 分岐以外の分岐がほとんどなく，長鎖分岐もないために，直鎖状低密度ポリエチレン（linear low density polyethylene, LLDPE）と呼ばれる。

2-6-3 Kaminsky-タイプ触媒

シクロペンタジエニルアニオンは芳香族性を有する安定なアニオン種であり，3つの配位座を占める三座配位子として働く。この配位子を含む錯体は有機溶媒に溶けやすいため，重合触媒として有用である。チタノセンジクロリド，あるいはジルコノセンジクロリドとメチルアルモキサン（共触媒）の組み合わせ（Kaminsky-タイプ触媒）から生ずる開始種は炭化水素に可溶な"均一系触媒"でエチレンの配位重合において活性が非常に高い触媒である。

39) □は空いた配位座を意味する。

$$Cp_2MCl_2 \xrightarrow{[Al(Me)O]_n} Cp_2M(Me)Cl \xrightarrow{[Al(Me)O]_n} Cp_2M(Me)\square \quad ^{39)} \quad (2\text{-}72)$$

M = Ti, Zr

2-6-4 アルキン類の配位重合

Ziegler-Natta 触媒はアルキン類の重合にも有効である。アセチレンは例えば $Ti(OiBu)_4$ と Et_3Al により重合が起こる。$-18°C$ では主に *cis*-構造の，また，$100°C$ では主に *trans*-構造のポリアセチレンが生成する。

$$HC{\equiv}CH \xrightarrow{\text{Ziegler 系触媒}} \underset{\textit{trans}\text{-polyacetylene}}{\left[\underset{H}{\overset{H}{\diagup\!\!=\!\!\diagdown}}\right]_n} \quad (2\text{-}73)$$

ポリアセチレンは金属光沢のある不溶不融のポリマーであるが，静置重合により，銀色の金属光沢を持つフィルム状のポリアセチレンが得られる。そのままでは導電性は低い（$10^{-9} \sim 10^{-4}$ S cm^{-1}）が酸化剤，あるいは還元剤の蒸気にさらすことにより，電気伝導性に変わる（6-2-3項参照）。

2-7 開環重合

2-7-1 環歪み

ビニル重合の driving force が π 結合の σ 結合への変化であったのに対して，開環重合の driving force はモノマーの環歪みの解消にある。環歪みの原因は環のサイズによって異なり，結合角歪み，ねじれ歪み，渡環歪みがあ

る。

3, 4員環状化合物は主に結合角歪みに由来する大きな環歪みをもつ。結合角は90°未満になることができないため，3員環化合物ではσ結合電子は炭素核と炭素核を結ぶ直線からはずれた方向にあり，軌道の最大重なりを犠牲にして軌道間の角度の歪みを緩和している（図2-19）。このような"曲がった"σ結合はbent bondと呼ばれる。シクロプロパン中のbent bond間の結合角は102°[40]，シクロブタン中では104°と，sp^3混成軌道に要求される109.5°からのずれが大きく，結合電子間の反発による歪みも生じている。このような結合角に関する歪みを総称して結合角歪み（angle strain）と呼ぶ。

40) 102°の結合角を保つため，炭素上の軌道の混成状態を変化させていて，bent bondには，よりp性が高い混成軌道（sp^5）を使用している。このため，CH結合には，よりs性の高い混成軌道（sp^2）を使用している。

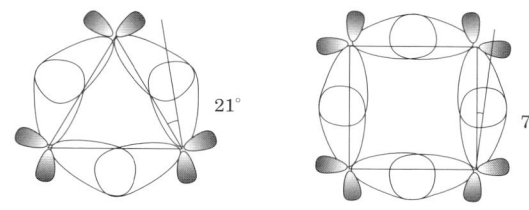

図2-19 シクロプロパン（左），シクロブタン（右）中のbent bond

正五角形の内角が108°であることからもわかるように，5員環状化合物は平面型をとれば結合角歪みはほとんどない。しかしながら，平面型では，すべてのCH結合が重なり型（eclipsed conformer）となり，これが新たな環歪み（ねじれ歪み（torsional strain））の原因となる。例えば，シクロペンタンはねじれ歪みを軽減するために非平面型の封筒型やひねり封筒型の配座をとるが，このため結合角歪みが新たに生じる結果となる（図2-20）。シクロブタンも同様な理由で非平面型のコンフォメーションが最も安定となる（図2-21）。

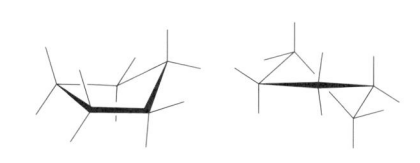

封筒型　　　ひねり封筒型

図2-20 シクロペンタンの安定なコンフォメーション

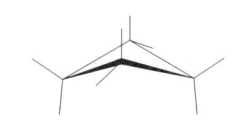

図2-21 シクロブタンの非平面型コンフォメーション

6員環状のシクロヘキサンは，椅子型（chair form）をとる場合，結合角の歪みもなく，また，重なり配座もないためにねじれ歪みもなく，環歪みを有しないが（図2-22），7員環では再び環歪みが生じてくる。

　より大きな8～11員環状の化合物では，離れた位置の水素（あるいは置換基）が接近して，新たな環歪みが生じる場合がある。これを渡環歪み（transannular strain）と呼ぶ。図2-23に示したシクロオクタンの鞍型配座は結合角歪みもねじれ歪みも持たないが，2対の水素間の立体反発に由来する渡環歪みを持つ。

図2-22　シクロヘキサンの椅子型コンフォメーション

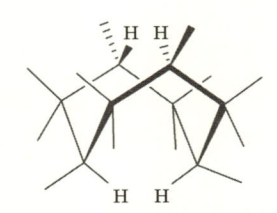

図2-23　シクロオクタンの鞍型コンフォメーション

　シクロアルカン類はたとえ環歪みが大きくても重合しない。熱力学的には重合が有利であっても，活性化エネルギーが高すぎるためである[41]。ヘテロ原子が環の中に入ることにより，環には分極が生じ，イオン重合が可能となる。イオン開環重合するモノマーの代表的なものは環状エーテル，環状エステル（ラクトン），環状アミド（ラクタム）である。

　環化反応によって環状モノマーを合成する場合，その合成のしやすさは，およそ5＞6＞3＞7＞4＞8員環となる。このため，8以上の環員数のモノマーの開環重合の検討例は少ない。また，ラクトンやラクタムでは3員環状化合物は環歪みが大きすぎて合成ができない。

2-7-2　開環重合の熱力学的要因

　開環重合もエントロピー的には不利な反応であるが（$\Delta S_p < 0$），$-\Delta S_p$は環員数が増えるにしたがって減少する（表2-5）。環状モノマーでは回転運動が制限されているのが，重合後は自由になるためである。このため，環歪みの比較的小さい7員環でも重合は可能となる。

　環上の置換基はモノマーの重合性を低下させる。このため，置換基を持ち，

41) シクロアルカンには分極がないため，重合するとすればラジカル機構のはずであるが，ビニルモノマーのπ，π^*軌道が分子平面から離れてあり，両方の軌道が同時に生長ラジカルと相互作用可能であるのに対して，シクロアルカンの場合はσ軌道もσ^*軌道も分子の内側にあり，立体的に生長ラジカルと相互作用しにくく，また，同時に相互作用することも難しい。

σ軌道　　σ^*軌道

このため水素引き抜きなどの副反応が優先して起こり，開環重合しない。

表 2-5 環状エーテルとラクトンの重合エンタルピーとエントロピー[a]

モノマー	環員数	$-\Delta H$ (kJ mol^{-1})	$-\Delta S$ (J K^{-1}·mol^{-1})
ホルムアルデヒド	2	55[b]	174[b]
エチレンオキシド	3	94.5	174[b]
オキセタン	4	51.4	68.4
THF	5	18.6	47.6
オキセパン	7	−1.7	−12.4
β-プロピオラクトン	4	75	54
γ-ブチロラクトン[c]	5	−5	30
δ-バレロラクトン	6	10.5	15
ε-カプロラクトン	7	17	4
ウンデカノラクトン	12	28	−24

a) 特に記載がない限り，液体状態から非晶状態のポリマーへの 25℃における値．
b) ガス状から結晶状態のポリマーへの値．c) 重合性なし

置換基を持つ代表的な環状モノマー

プロピレンオキシド

L-ラクチド

ノルボルネン

なおかつ工業的に重要なモノマーは少なく，プロピレンオキシド，L-ラクチド，ノルボルネンが代表的な例である．

ビニル重合では重合に際してビニル基は消失するが，開環重合ではモノマーと同一の官能基がポリマー中に存在する．モノマーとポリマーの生長末端に対しての反応性が類似しているため，しばしばポリマー中の官能基がモノマーの替わりに生長末端と反応する副反応（ポリマーへの連鎖移動）が起こる．

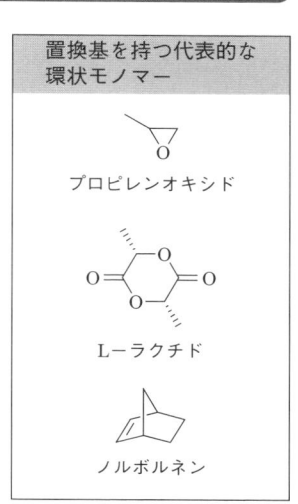

2-7-3　エーテル類の開環重合

環状エーテル類の名称には慣用名と IUPAC 名が併用されている．また，3員環状エーテル類の一般名称として特にエポキシド（epoxide）の別名がある．3，4，5，7員環のエーテル類はいずれもカチオン重合を起こすが，エポキシドのみはアニオン重合と配位重合（配位機構によるアニオン重合とも呼ばれる）を起こす．6員環状エーテルのテトラヒドロピランは環歪みが小さく，重合しない．

代表的な環状エーテル

エチレンオキシド（EO）
オキシラン

オキセタン

テトラヒドロフラン（THF）
オキソラン

オキセパン

(1) アニオン重合

エチレンオキシド（EO）はアルカリ類，アルコキシド類によりアニオン重合を起こす．大きな環歪みのために EO 中の酸素原子は S_N2 反応の脱離基としての能力が高いが，ポリマー中のエーテル酸素は脱離能に乏しく，このため副反応であるポリマーへの連鎖移動反応が起こりにくい．

$$\text{Na}^+\text{OH} + \underset{\text{EO}}{\triangle_{\text{O}}} \longrightarrow \text{HOCH}_2\text{CH}_2\text{O}^-\text{Na}^+$$
$$\xrightleftharpoons{\text{EO}} \left(\text{CH}_2\text{CH}_2\text{O}\right)_p \tag{2-74}$$

(2) カチオン重合

EO にプロトン酸を反応させると，EO のプロトン化が起こる．プロトン

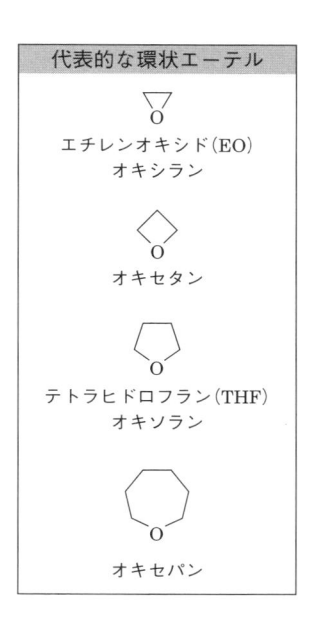

化されたエーテル酸素は脱離能がさらに向上し，弱い求核剤である EO による攻撃を受け，開環する。EO のカチオン重合である。

$$\text{HX} + \overset{+}{\underset{O}{\triangle}} \longrightarrow \text{H}-\overset{+}{\underset{X^-}{O\triangle}} \overset{O\triangle}{\longrightarrow} \text{HOCH}_2\text{CH}_2-\overset{+}{\underset{X^-}{O\triangle}} \quad (2\text{-}75)$$
$$\overset{EO}{\rightleftarrows} +\text{CH}_2\text{CH}_2\text{O}+_p$$

シクロプロパンの場合と同様な結合角の歪みにより，EO の酸素の非共有電子対は s 性が高く，核の近傍にひきつけられるため，通常のエーテルの酸素に比べて求核反応性が乏しい。ポリマー中の酸素はポリマー鎖の立体障害のために求核性は減少しているものの，なお高い求核性を有し，頻繁に生長末端と反応して連鎖移動反応が起こる。同一分子内で連鎖移動反応が起きた場合，環状のオリゴマーが生成する。生長鎖内部のエーテル酸素が反応する場合は back biting，末端基の酸素が反応する場合を end biting と呼ぶ。

$$\text{HOCH}_2\text{CH}_2\text{---OCH}_2\text{CH}_2\text{OCH}_2\text{CH}_2\text{--OCH}_2\text{CH}_2-\overset{+}{O\triangle} \; X^-$$

back-biting
end-biting

$$\longrightarrow \quad \begin{array}{c} (\text{CH}_2\text{CH}_2\text{O})_{n-1} \\ | \\ \text{OCH}_2\text{CH}_2 \end{array} \quad (2\text{-}76)$$
$$\text{HOCH}_2\text{CH}_2\text{---OCH}_2\text{CH}_2 \quad X^-$$
$$\downarrow \underset{O}{\triangle}$$
$$\text{HOCH}_2\text{CH}_2\text{--OCH}_2\text{CH}_2-\overset{+}{O\triangle} + (\text{CH}_2\text{CH}_2\text{O})_n$$
$$X^-$$

(3) 配位重合

有機亜鉛化合物（EtZnOZnEt 等）や亜鉛アルコキシドを開始剤として EO を重合させると，配位機構による重合が進む。EO は弱いルイス酸である亜鉛に配位することにより活性化を受け，求核剤の攻撃を受けやすくなったところに亜鉛に配位しているアルコキシドが分子内で攻撃して開環する。亜鉛アルコキシドの亜鉛−酸素結合はイオン結合性が小さく，反応性が低いため副反応を起こしにくい。

$$\overset{\delta-}{\underset{\delta+}{\overset{O-Zn-Et}{\underset{O\triangle}{\curvearrowright}}}} \longrightarrow \text{---OCH}_2\text{CH}_2\text{O}-\underset{Et}{Zn} \quad (2\text{-}77)$$

4 員環以上の環状エーテルは環歪みが小さく，アニオン重合，配位重合は起こさず，カチオン重合のみを起こす。テトラヒドロフラン（THF）は環歪みが小さく，解重合が起こりやすいため，低温で重合を行う必要がある。

しかしながら環歪みが小さいがためにモノマーの求核性がポリマーよりもはるかに高く，重合はリビング的に進む。

$$(2\text{-}73)$$

ポリオキシテトラメチレン

2-7-4 ラクトン類の開環重合

ラクトン類の名称には慣用名が一般的に使用されている。対応するカルボン酸の慣用名を基本とし，ギリシャ文字で環化位置を示している。5員環状のγ-ブチロラクトンは環歪みが小さく，高圧下でのみ重合する。4, 6, 7員環のラクトンはいずれもアニオン重合，カチオン重合，配位重合を起すが，配位重合が最も代表的である。環状エーテルとは異なってラクトンの"配位重合"は"配位機構によるアニオン重合"と呼ばれるのが一般的である。配位重合にはトリアルコキシアルミニウムやオクチル酸スズなどのスズ化合物が使用される。

オクチル酸スズを開始剤に使用した場合，共開始剤のアルコールや水分によって，いったんスズアルコキシドが生じ，これが重合を開始するとされている。

$$(2\text{-}79)$$

代表的なラクトン

β-プロピオラクトン

δ-バレロラクトン

ε-カプロラクトン

グリコリド

オクチル酸スズ

ポリラクトン類はリパーゼなどの酵素によって分解を受けるため，生分解性材料としての用途がある。特に2分子のL-乳酸からできるラクトンであるL-ラクチドの開環重合体であるポリ乳酸は，デンプンから発酵合成が可

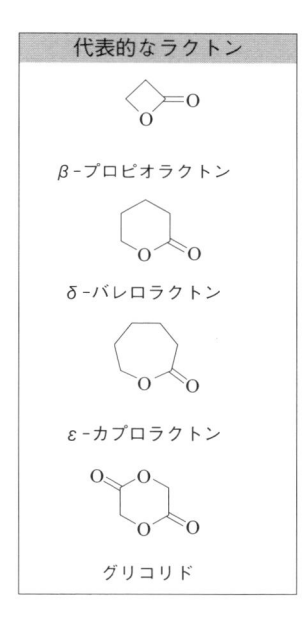

能な乳酸を原料としているため，石油を原料としない再生可能資源からのポリマーとしても注目されている。

$$デンプン \xrightarrow{酵素分解} グルコース \xrightarrow{乳酸発酵} \underset{L-乳酸}{HO-CH(CH_3)-CO_2H} \xrightarrow{重縮合} \underset{オリゴ(L-乳酸)}{-[O-CH(CH_3)-CO]_n-}$$

$$\xrightarrow{解重合} \underset{L-ラクチド}{\text{(環状ジエステル)}} \xrightarrow{開環重合} \underset{ポリ(L-乳酸)}{-[O-CH(CH_3)-CO]_p-} \tag{2-80}$$

2-7-5 ラクタム類の開環重合

ラクタムの名称も慣用名が一般的である。6員環状のラクタムは環歪みが小さく，重合しない。7員環状のε-カプロラクタム（CL）の重合はナイロン6を与えるため，特に重要である。

CLの重合はしばしば少量の水を添加して行われる。この場合，CLが加水分解して生成するε-アミノカプロン酸がCLと反応するか，あるいはε-アミノカプロン酸間で縮合して生長が進み，ポリマーが生成する。この機構による重合は連鎖重合と逐次重合が混合した形であり，特に加水分解重合（hydrolytic polymerization）と呼ばれる。

$$\underset{NH}{\overset{C=O}{\bigcirc}} \xrightarrow{H_2O} H_2N(CH_2)_5CO_2H \xrightarrow{-H_2O} -[HN(CH_2)_5CO]_p- \tag{2-81}$$

CLに水素化ナトリウムを加えると，下記のような機構による重合が進行する。

$$NaH + \text{(CL)} \longrightarrow \text{Na}^+\text{(CL}^-\text{)} \xrightarrow{CL} \text{HN-CL-N-C=O} $$

$$\xrightarrow{slow} H_2N-(CH_2)_5-CO-N\text{(ring)} $$

$$\xrightarrow{CL} H_2N-(CH_2)_5-CO-N\text{(ring)} + CL^- $$

$$\xrightarrow{fast} H_2N-(CH_2)_5-CO-N^--CO-(CH_2)_5-CO-N\text{(ring)} \tag{2-82}$$

水素化ナトリウムとの反応によって生じたラクタムアニオン（CL⁻）がラ

代表的なラクタム

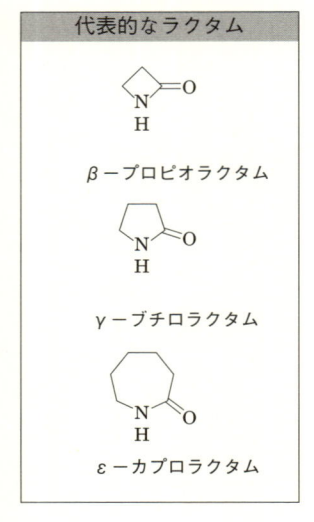

β-プロピオラクタム（4員環）

γ-ブチロラクタム（5員環）

ε-カプロラクタム（7員環）

クタムと反応することによって重合が開始される。この重合では真のモノマーはこのラクタムアニオンであり，N-アシルラクタム型生長末端と活性化されたモノマーとの反応で重合が進む。このような重合を活性化モノマー機構による重合と呼び，通常の活性末端機構による重合と区別する。

この重合では開始反応であるラクタム（真の開始剤）とラクタムアニオンとの反応が遅いために，しばしば，N-アセチルラクタムが（あるいは酢酸クロリドがそのまま）重合系中に添加される。

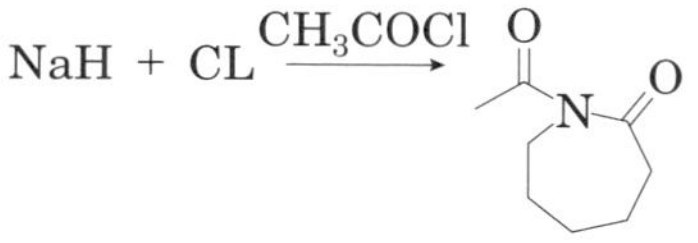

$$\text{NaH} + \text{CL} \xrightarrow{\text{CH}_3\text{COCl}} \text{N-アセチル-ε-カプロラクタム} \tag{2-83}$$

2-7-6 メタセシス開環重合

6員環を除く環状アルケン類は配位重合機構による開環重合を起こす。この重合の生長末端はメタル-アルキリデン錯体（$M=C$）であり，これに環状アルケンがπ電子を用いて配位する。重合触媒としては高酸化状態のWやMoなどd軌道に電子を持たない遷移金属イオンを使用しているため，逆供与が起こらず，環状アルケンは配位により$\delta+$に分極する（図2-24 b）[42]。アルキリデン基はジアニオンであり，金属に4電子を使って配位していて，$\delta-$に分極している（図2-24 a）。アルキリデン-メタル結合電子がモノマーのπ^*軌道と相互作用して，4員環の中間体を経たのちに，開環して生長反応が完結する（式(2-84)）。

代表的なメタセシス開環重合性モノマー

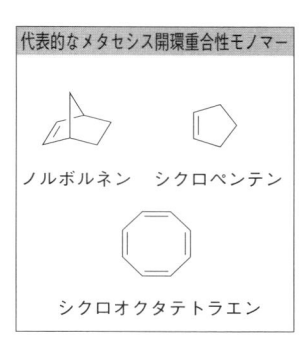

ノルボルネン　シクロペンテン

シクロオクタテトラエン

42) 最近ではルテニウムなどのd軌道電子に富む金属の使用が盛んになっている。

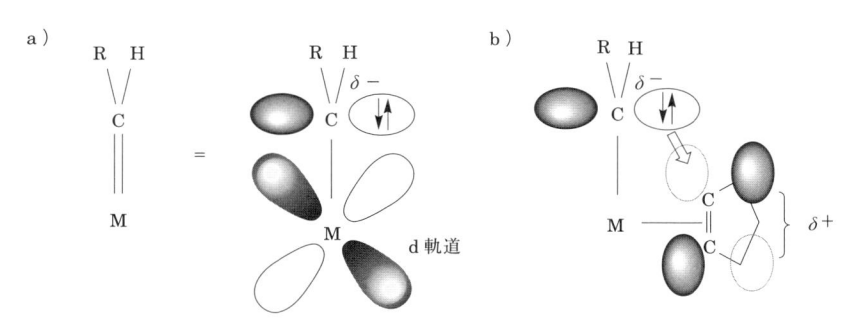

図2-24　メタル-アルキリデン錯体における軌道の相互作用

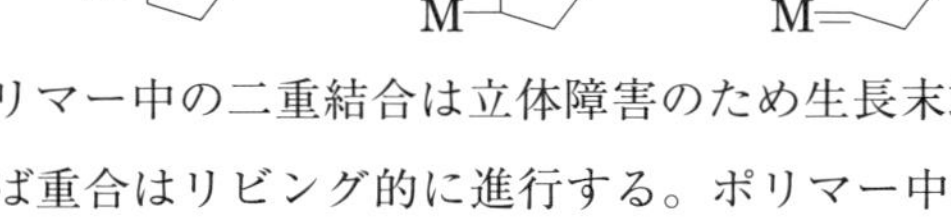

$$\tag{2-84}$$

ポリマー中の二重結合は立体障害のため生長末端に配位しにくく，条件を選べば重合はリビング的に進行する。ポリマー中の二重結合のcis-$trans$異

性はモノマーと触媒の組み合わせによって大きく変化する。特にノルボルネンの開環重合体は弾まないゴムとして有名で衝撃吸収性や遮音性に優れ，防振材，防音材などに使用されている。また，形状記憶樹脂としても知られている（193頁参照）。

$$\text{norbornene} \xrightarrow{\text{触媒}} \text{polynorbornene} \tag{2-85}$$

2-8 共重合

ポリマーはその構造によって様々な性質を示すが，しばしばその性質を改良する目的で重合の際に別種のモノマーを共存させて重合を行う場合がある。2種のモノマーからなるポリマーを共重合体（copolymer）と呼び，共重合体を生成する重合を共重合（copolymerization）と呼ぶ。特に共重合と区別したい場合，通常の重合をホモ重合（homopolymerization）と呼ぶ場合も多い。代表的な共重合の例を表2-6に示す。

表2-6 代表的な共重合体

共重合体名称	主モノマー	コモノマー	含有量(mol%)	重合法	ホモポリマーからの改善点
AS樹脂	スチレン	アクリロニトリル	約38	ラジカル共重合	剛性，耐薬品性
アクリル繊維	アクリロニトリル	塩化ビニル 塩化ビニリデン アクリル酸メチル等	<15	ラジカル共重合	染色性，耐炎性，溶剤への溶解性
エバール	ビニルアルコール[*]	エチレン	32〜47	ラジカル共重合	成形加工性，ガスバリヤー性
スチレンブタジエンゴム	ブタジエン	スチレン	約18	ラジカル共重合	耐寒性，耐熱性
ニトリルゴム	ブタジエン	アクリロニトリル	15〜45	ラジカル共重合	耐油性
直鎖状低密度ポリエチレン	エチレン	1-ブテン	<2	配位共重合	LDPEの代替
ポリアセタール	トリオキサン	エチレンオキシド	約2	開環共重合	耐熱性

[*] 酢酸ビニルを共重合後，ケン化

2-8-1 共重合組成式

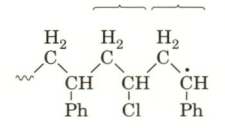

2種類のモノマー M_1，M_2 を同時に共重合させた場合，生成する共重合体中のユニットの並び方はモノマーの反応性によって変化する。生長末端の反応性がその前のユニット（前末端基 penultimate unit）の種類によらないと仮定すると（末端モデル terminal model），共重合の生長反応は，2種類の生長末端が2種類のモノマーと反応するため，4つの素反応からなる。

$$\sim\!\mathrm{M_1}^* + \mathrm{M_1} \xrightarrow{k_{11}} \sim\!\mathrm{M_1}^* \qquad (2\text{-}86)$$

$$\sim\!\mathrm{M_1}^* + \mathrm{M_2} \xrightarrow{k_{12}} \sim\!\mathrm{M_2}^* \qquad (2\text{-}87)$$

$$\sim\!\mathrm{M_2}^* + \mathrm{M_1} \xrightarrow{k_{21}} \sim\!\mathrm{M_1}^* \qquad (2\text{-}88)$$

$$\sim\!\mathrm{M_2}^* + \mathrm{M_2} \xrightarrow{k_{22}} \sim\!\mathrm{M_2}^* \qquad (2\text{-}89)$$

共重合反応における $\mathrm{M_1}$, $\mathrm{M_2}$ の消費速度はそれぞれ

$$-d[\mathrm{M_1}]/dt = k_{11}[\mathrm{M_1}^*][\mathrm{M_1}] + k_{21}[\mathrm{M_2}^*][\mathrm{M_1}] \qquad (2\text{-}90)$$

$$-d[\mathrm{M_2}]/dt = k_{12}[\mathrm{M_1}^*][\mathrm{M_2}] + k_{22}[\mathrm{M_2}^*][\mathrm{M_2}] \qquad (2\text{-}91)$$

したがって

$$\frac{d[\mathrm{M_1}]}{d[\mathrm{M_2}]} = \frac{k_{11}[\mathrm{M_1}^*][\mathrm{M_1}] + k_{21}[\mathrm{M_2}^*][\mathrm{M_1}]}{k_{12}[\mathrm{M_1}^*][\mathrm{M_2}] + k_{22}[\mathrm{M_2}^*][\mathrm{M_2}]} \qquad (2\text{-}92)$$

定常状態近似により，$[\mathrm{M_1}^*]$ と $[\mathrm{M_2}^*]$ が一定とすると

$$k_{12}[\mathrm{M_1}^*][\mathrm{M_2}] = k_{21}[\mathrm{M_2}^*][\mathrm{M_1}] \qquad (2\text{-}93)$$

ここで，2つのモノマー（$\mathrm{M_1}$, $\mathrm{M_2}$）の相対的な反応性をモノマー反応性比（monomer reactivity ratio）としてそれぞれ以下のように定義する。

$$r_1 = k_{11}/k_{12}, \quad r_2 = k_{22}/k_{21} \qquad (2\text{-}94)$$

$$\frac{d[\mathrm{M_1}]}{d[\mathrm{M_2}]} = \frac{[\mathrm{M_1}]}{[\mathrm{M_2}]} \cdot \frac{r_1[\mathrm{M_1}] + [\mathrm{M_2}]}{[\mathrm{M_1}] + r_2[\mathrm{M_2}]}$$

$$= \frac{r_1([\mathrm{M_1}]/[\mathrm{M_2}]) + 1}{1 + r_2([\mathrm{M_2}]/[\mathrm{M_1}])} \qquad (2\text{-}95)$$

この式は共重合組成式，あるいは Lewis-Mayo 式と呼ばれる。

　共重合体の性質はその組成によって大きく影響を受けるため，共重合を行う場合にどのような条件で重合を行えば，どのような組成の共重合体が得られるかを予測することは非常に重要である。共重合組成式を適用すると，モノマー反応性比が既知であればモノマーの濃度比（$[\mathrm{M_1}]/[\mathrm{M_2}]$）から共重合体の組成比が推測できる[43]。

43) $d[\mathrm{M_1}]/d[\mathrm{M_2}]$は共重合体中のユニット比（＝共重合体の組成）を表すため。

2-8-2　モノマー反応性比

　r_1 が1よりも大きく，r_2 が1よりも小さいほど，$\mathrm{M_1}$ モノマーは $\mathrm{M_2}$ モノマーよりも重合しやすい。同様に r_2 が大きく，r_1 が小さいほど，$\mathrm{M_2}$ モノマーは $\mathrm{M_1}$ モノマーよりも重合しやすい。2つのモノマー間の相対的な反応性が，生長末端の種類によらない場合には $r_1 = 1/r_2$（あるいは $r_1 \times r_2 = 1$）となる。このような共重合系を理想共重合（ideal copolymerization）と呼ぶ。一般的にイオン共重合や，極性効果の類似した置換基がついたモノマー間のラジ

カル共重合は理想共重合に近い。このような重合系では，反応性の高いモノマーが優先して重合する。一方，特に極性効果の異なった置換基がついたモノマー間のラジカル共重合では M_1^* と M_2^* のモノマーの選択性が非常に異なる。

今，電子求引基を有する M_1 モノマーと電子供与基を有する M_2 モノマーを混ぜて，ラジカル共重合を行った場合を考えよう。M_1 末端ラジカルはエネルギー準位の近い HOMO（π 軌道）を有する M_2 モノマーと反応しやすく，一方，M_2 末端ラジカルはエネルギー準位の近い LUMO（π^* 軌道）を有する M_1 モノマーと反応しやすい。この結果，交互共重合が起こりやすくなる[44]。

完全な交互共重合では $r_1 = r_2 = 0$ となるため，$r_1 \times r_2$ の値はしばしば交互共重合性の指標とされる。$r_1 > 1$，$r_2 > 1$ の場合，共重合はブロック性の高い共重合体を与える。イオン重合での例はあるが，一般的にはまれである。

44) 不飽和炭化水素基を有するモノマーは π 軌道の軌道準位が高く，電子求引性モノマーと交互共重合しやすいため，ラジカル共重合の分野では電子供与性モノマーとみなされている。
また，このような軌道による相互作用以外に電荷移動錯体形成も重要であるが，ここでは触れない。

45) アニオン機構では M_1 末端アニオンも M_2 末端アニオンも，エネルギー準位の低い π^* 軌道を有する M_1 モノマーと優先的に反応する。すなわち，M_1 モノマーが優先的に重合する結果となる。カチオン機構では M_1 末端カチオンも M_2 末端カチオンもエネルギー準位の高い π 軌道を有する M_2 モノマーと優先的に反応し，M_2 モノマーが優先的に重合する結果となる。このように同じ組み合わせのモノマー間であっても重合の機構によりモノマー反応性比は大きく変化する。

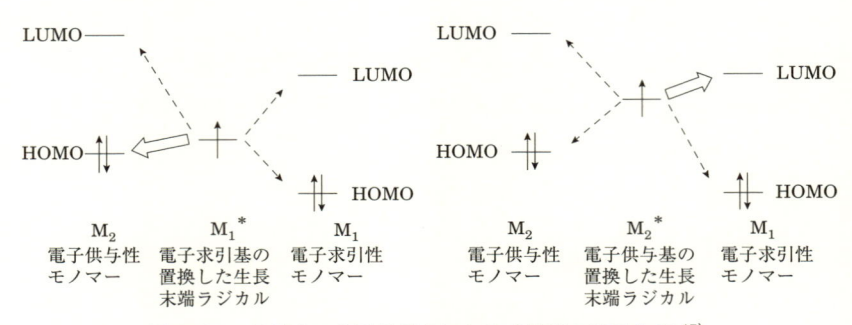

図 2-25 ラジカル交互共重合における軌道の相互作用[45]

モノマー反応性比はこのように共重合体の組成がその値から予想できる点で重要であるが，イオン共重合ではしばしば開始剤（対イオン）や溶媒により共重合性が大きく影響を受け，モノマー反応性比もまた変化する。このためモノマー反応性比は開始剤や溶媒の効果を受けにくいラジカル共重合に対して主に適用される。ラジカル共重合におけるモノマー反応性比を表 2-7 に示す。

表 2-7 ラジカル共重合における代表的なモノマー反応性比

M_1	M_2	r_1	r_2
スチレン	エチレン	14.88	0.05
	酢酸ビニル	55	0.01
	ブタジエン	0.78	1.39
	メタクリル酸メチル	0.52	0.46
	無水マレイン酸	0.01	0
メタクリル酸メチル	アクリロニトリル	1.20	0.15
	酢酸ビニル	26.0	0.03
アクリル酸メチル	塩化ビニリデン	0.95	0.9

2-8-3 共重合組成曲線

式（2-95）より，2種のモノマーの濃度比を変えると，生成する共重合体の組成も変化する。モノマーの仕込み比を変えて行って得られた共重合体の組成比をプロットした共重合組成曲線が共重合の理解のために重要となる（図2-26）。例えば，$r_1 \gg 1$，$r_2 \sim 0$の場合，たとえ，1：1の仕込み比で共重合を開始しても，共重合が進行するにしたがって，反応性に勝るモノマー（M_1）が優先して消費されるため，残存しているモノマー間の比率が変わり，このため，生成する共重合体の組成も変化していく。しかしながら，共重合組成曲線が対角線と交わる点では，モノマーの仕込み比と同一の組成比をもつ共重合体が得られる。これをアゼオトロープ共重合体（azeotropic copolymer）と呼ぶ。この組成で共重合を行うと，モノマーの転化率によらず均一な組成の共重合体が合成できるため，工業的に好まれる。例えばAS（アクリロニトリル-スチレン）樹脂はスチレンを約62 mol％含むアゼオトロープ共重合体である。

モノマー反応性比を実験的に求めるためには，モノマーの仕込み比を変えて共重合をいくつか行い，共重合体の組成を求め，得られた実験点にもっとも合致した組成曲線を与えるr_1，r_2を算出することが必要である[46]。この実験は比較的煩雑であるため，モノマー反応性比を予測する手法が開発された。これがQ, e-則である。

[46] モノマーの初濃度が共重合を通じての濃度と近似できるようにモノマーの転化率を低く（10％以内，理想的には5％以内）とどめることが原則となる。

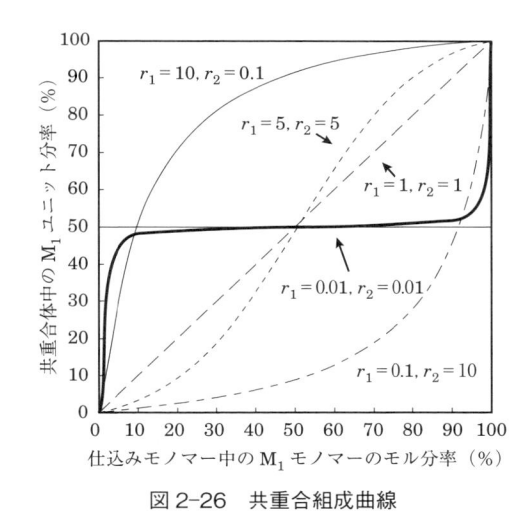

図2-26 共重合組成曲線

2-8-4 Q, e-則

AlfrayとPriceはラジカル共重合の生長反応における反応速度定数k_{ij}は次式によって表されるとした。

$$k_{ij} = P_i Q_j \exp(-e'_i e_j) \tag{2-96}$$

$$\sim\!\!\sim\!\! M_i{}^* + M_j \xrightarrow{k_{ij}} \sim\!\!\sim\!\! M_j{}^*$$

ここで

P, Q, e, e' は置換基の電子効果の大きさを表す尺度であり，P は生長ラジカルへの共鳴効果，Q はモノマーの二重結合への共鳴効果，e' はラジカルへ及ぼす極性効果，e はモノマーに及ぼす極性効果の尺度である。置換基の極性効果がラジカルとモノマーとで同一と仮定し（e'=e），P を消去すると

$$r_1 = (Q_1/Q_2)(\exp[-e_1(e_1-e_2)]) \quad (2-97)$$

$$r_2 = (Q_2/Q_1)(\exp[-e_2(e_2-e_1)]) \quad (2-98)$$

スチレンの Q 値を 1.0，e 値を −0.8 と定義し，スチレンとの 60℃ におけるラジカル共重合反応性比からそのモノマーの Q, e 値が求められる（表2-8）。Q 値は正の値であり，大きいほど置換基による二重結合の共鳴安定化（共鳴効果）が大きい。e 値が負の場合は置換基は電子供与性，正の場合は電子求引性で，絶対値が大きいほどその効果も大きいとされている。Q, e −則は理論的な根拠に欠け，e'=e の仮定が疑問，置換基の立体効果が無視，と不備な点も多いが，有用な経験則として広く認められている[47]。

47) いったん，Q, e 値が求められると，各種のモノマー間との共重合反応性比が計算によって求められる。

表2-8 代表的なモノマーの Q, e 値

モノマー	Q	e
N−ビニルピロリドン	0.088	−1.62
イソブチルビニルエーテル	0.03	−1.27
酢酸ビニル	0.026	−0.88
スチレン	1.0	−0.8
ブタジエン	1.7	−0.5
臭化ビニル	0.038	−0.23
エチレン	0.016	0.05
塩化ビニル	0.056	0.16
メタクリル酸メチル	0.78	0.40
アクリル酸メチル	0.45	0.64
アクリロニトリル	0.48	1.23

2-9 逐次重合

ポリマーを材料として評価した場合，最も劣る性質が耐熱性である。100℃ 以上で使用でき，かつ金属材料を代替しうる高強度，高弾性を持つ高性能なプラスチックはエンジニアリングプラスチックと呼ばれているが，プラスチックがこれらの特性を持つためには，ポリマー鎖が剛直な構造を持ち（主鎖中に環構造を持つ，高対称性，高結晶性，自由回転する単結合が少ないなど），ポリマー鎖間での分子間相互作用が大きいことなどが望まれる。これまでに紹介した連鎖重合によるポリマーのなかでエンジニアリングプラ

スチックの範疇に入るのは POM（高結晶性）とナイロン（強い分子間相互作用）のみである。ビニル重合や開環重合によるポリマーはフレキシブルな主鎖を持つため，高性能の材料とはなり難く，逐次重合（特に重縮合）が，エンジニアリングプラスチックの合成手段となる。

逐次重合を起こすモノマーはその構造に 2 つのタイプ（AB タイプ，AA・BB タイプ）がある。逐次重合で高分子量のポリマーを合成するためには A, B 2 つの官能基を正確に等モル量用いることが必要である（章末問題 5 参照）。このためには AB タイプの方が一見適当であると思われるが，実際には AB タイプのモノマーは自分自身と反応できるため，精製が難しく，不純物を含みやすくて，重合には用いにくい[48]。このため逐次重合には通常 AA・BB タイプのモノマーが使用される。

逐次重合は Carothers の分類様式からも 2 つに大別される。重縮合（polycondensation）と重付加（polyaddition）である。重縮合は重合時に低分子の脱離を伴うが，重付加は伴わない。重縮合では生成した低分子の副生成物を反応系から除くことにより，熱力学的に不利な反応でも重合に利用できる。一方，重付加では連鎖重合と同じく，反応が熱力学的に有利であることが必要となる。

2-9-1 重縮合

重縮合では AA・BB タイプのモノマーの反応時に水，アルコール，塩化水素，無機塩などの簡単な分子が副生成物として生じる。重合を完結させるためには副生成物を重合系から効率よく除くことが必要となる。

互いに縮合反応できる 2 種の官能基を選ぶことにより，非常に様々な重縮合反応が可能であるが，高分子量のポリマーを生成するためにはその反応が非常に高選択的に，かつ完全に進むことが必要である。代表的な重縮合によるポリマーとしてはポリエステル，ポリアミド，ポリカーボネートなどがある[49]。

(1) ポリエステル

ポリエステル（polyester）はジカルボン酸とジオールからの脱水反応あるいは，ジカルボン酸エステルとジオールからのエステル交換反応によって合成される。その代表例としては繊維，フィルム，塗料などの用途に広く用いられているポリエチレンテレフタレート（PET）がある。PET はエチレングリコールとテレフタル酸ジメチルのエステル交換反応（脱メタノール）とそれに引き続く重縮合（脱エチレングリコール）（エステル交換法）か，あるいはエチレングリコールとテレフタル酸の直接重縮合によって合成され

[48] 例えば乳酸は水溶液としては安定であるが，単離のために蒸留を試みると重縮合を起こし，モノマーの単離精製ができない。重縮合によるポリ乳酸は分子量が十分高くないので，いったん熱分解（解重合）によってラクチドに変えた後，開環重合を行っている（式 (2-80)）。

[49] このように重縮合によるポリマーはポリマー中の官能基の名称を一般名として使う（これは開環重合にも共通する）ことが通例であり，ここで"ポリエステル"は重縮合（あるいは開環重合）で得られるエステル基を主鎖中に含むポリマー全般を指す。

る。重合触媒として三酸化アンチモンや二酸化チタンなどが用いられている。

$$H_3CO-\overset{O}{\underset{\|}{C}}-\!\!\left<\!\!\bigcirc\!\!\right>\!\!-\overset{O}{\underset{\|}{C}}-OCH_3 + 2HOCH_2CH_2OH$$

$$\xrightarrow{-2CH_3OH} HOH_2CH_2CO-\overset{O}{\underset{\|}{C}}-\!\!\left<\!\!\bigcirc\!\!\right>\!\!-\overset{O}{\underset{\|}{C}}-OCH_2CH_2OH \quad (2\text{-}99)$$

$$\xrightarrow{-HOCH_2CH_2OH} {\displaystyle \left(\!\!O-\overset{O}{\underset{\|}{C}}-\!\!\left<\!\!\bigcirc\!\!\right>\!\!-\overset{O}{\underset{\|}{C}}-OCH_2CH_2\!\!\right)_{\!p}}$$

ポリエチレンテレフタレート（PET）

PETは現在世界で最も多く生産されている衣料用繊維であり，また，飲料用PETボトル，ビデオテープ用フィルムとして広く使われている[50]。また，ガラス繊維を加えて成型すると機械的特性や耐熱性が大きく向上し，あわせて加工性も向上するため，エンジニアリングプラスチックとして電気・電子部品や自動車部品にも使用される。

PETのエチレン基をブチレン基に換えたポリブチレンテレフタレート（PBT）は，PETよりも耐熱性，機械的強度などは減少するものの成型加工性が良好なため，ガラス繊維で強化しなくてもエンジニアリングプラスチックとして使用できる。エチレングリコールの換わりに1,4-ブタンジオールを用いることによって，PETと同様のルートによって合成される。

ポリブチレンサクシネート（PBS）はコハク酸と1,4-ブタンジオールの重縮合によって合成される。耐熱性の乏しい，柔らかなポリマーであるが，リパーゼ酵素によって加水分解されるため，ポリエチレンを代替する用途で生分解性プラスチックとして使用されている。

(2) 重縮合における速度論

ジカルボン酸とジオールから脱水反応によって，ポリエステルを合成する反応を例にして逐次重合の重合速度を考えてみよう。酸触媒の存在下でカルボン酸とアルコールからエステルが生成する反応は平衡反応であり，生成したエステルは逆反応の加水分解を起こしやすく，平衡定数は一般に0.1～10程度である。

$$\sim\!\!\!\overset{O}{\underset{\|}{C}}-OH + HO\!\sim \underset{\longleftarrow}{\overset{H^+}{\longrightarrow}} \sim\!\!\!\overset{O}{\underset{\|}{C}}-O\!\sim + H_2O \quad (2\text{-}100)$$

このため高分子量のポリマーを得るためには副生成物の水分子を，系を減圧するなどして強制的に除く必要がある。以下，反応は不可逆に進むことを仮定して記述する。

強酸HAを触媒とした場合のエステル化反応において，重合反応速度R_pはカルボキシ基の減少速度に等しく，カルボキシ基の濃度を$[CO_2H]$，ヒ

---

[50] 繊維として用いる場合は一般名と同じポリエステルと呼び，フィルムとして用いる場合は略称のPETで呼ぶ場合が通例である。

$\left(\!O-\overset{O}{\underset{\|}{C}}-\!\!\left<\!\!\bigcirc\!\!\right>\!\!-\overset{O}{\underset{\|}{C}}-OCH_2CH_2CH_2\!\right)_{\!p}$
ポリブチレンテレフタレート
(PBT)

$\left(\!O-\overset{O}{\underset{\|}{C}}-CH_2-CH_2-\overset{O}{\underset{\|}{C}}-OCH_2CH_2CH_2CH_2\!\right)_{\!p}$
ポリブチレンサクシネート
(PBS)

ドロキシ基の濃度を［OH］とすると

$$R_p = -d[\mathrm{CO_2H}]/dt = k[\mathrm{HA}][\mathrm{CO_2H}][\mathrm{OH}] \tag{2-101}$$

ここで，カルボキシ基とヒドロキシ基の濃度は等しいので，[$\mathrm{CO_2H}$] = [OH] = C とおき，また，HA 濃度は重合を通じて一定と仮定すると，k[HA] は定数となり，これを新たに k_H とおくと

$$R_p = -dC/dt = k_H C^2 \tag{2-102}$$

であらわされる。積分して，カルボキシ基の初濃度を C_0 とすると

$$1/C - 1/C_0 = k_H t \tag{2-103}$$

官能基の反応率を p とおくと

$$p = (C_0 - C)/C_0 \tag{2-104}$$

$$1/(1-p) = 1 + k_H C_0 t \tag{2-105}$$

数平均重合度 DP は最初に存在した官能基の数とその時点での官能基の数の比で表される。

$$DP = C_0/C = 1/(1-p) \tag{2-106}$$

数平均分子量は[51]

$$\overline{M_N} = M_0/(1-p) \tag{2-107}$$

式（2-107）より，数平均分子量はモノマーの反応率が1に近くなるにしたがって飛躍的に増加することがわかる。また，式（2-105）及び式（2-106）より

$$DP = 1 + k_H C_0 t \tag{2-108}$$

つまり，この場合，理論上は重合時間にほぼ比例して分子量が増加する。

カルボキシ基とヒドロキシ基の反応は触媒なしでも可能である。これはカルボキシ基が触媒として振舞う自己触媒作用のためである。この場合の反応速度定数を k' とすると

$$-dC/dt = k'C^3 \tag{2-109}$$

以下同様に

$$1/(1-p)^2 = 1 + 2k'C_0^2 t \tag{2-110}$$

$$DP = (1 + 2k'C_0^2 t)^{1/2} \tag{2-111}$$

となる。

逐次重合における多分散度の理論値は2となる。これは，逐次重合の場合にも式（2-44）～式（2-52）が当てはまるためである[52]。

(3) ポリアミド

ポリアミドはジアミンとジカルボン酸の反応でつくられる（式（2-2））。脂肪族ポリアミドはナイロンと呼ばれ，各モノマーの炭素数（ジアミン，ジ

[51] この場合のように2種のモノマーを使用している逐次重合の重合度では各モノマー単位（monomer unit）を別々に数え，M_0 としては，モノマー単位の平均値を使用する。このため，DP は繰り返し単位（repeating unit）の数の倍となる。

[52] ラジカル重合の項では p を生長末端が生長反応と停止反応のうち，生長反応を起こす確率としたが，逐次重合では p として官能基の反応率を使う。
あるポリマー分子の重合度が x である確率 Prob(x) は，官能基が $x-1$ 回続けて反応し，x 番目の官能基は未反応であることが必要であるため，式（2-44）で表される。

カルボン酸の順）を付記して表記する。例えばヘキサメチレンジアミンとアジピン酸との反応からはナイロン66が得られ，ε-カプロラクタムの開環重合ではナイロン6が得られる。

ナイロン66の合成では，2種のモノマーを非極性溶媒中で混合することによりナイロン塩と呼ばれる塩が沈殿してくる。

$$H_2N(CH_2)_6NH_2 + HO_2C(CH_2)_4CO_2H$$

$$\longrightarrow \begin{array}{c} ^-O_2C(CH_2)_4CO_2^- \\ H_3\overset{+}{N}(CH_4)_6\overset{+}{N}H_3 \end{array} \quad (2\text{-}112)$$

ナイロン塩

このナイロン塩を重縮合のモノマーとして用いることにより，アミノ基とカルボキシ基の量を正確に等モルに保つことができる。重縮合はナイロン塩を270～280℃（ナイロン66の融点よりも少し高い温度）で不活性ガス気流下常圧で加熱する熔融重縮合によって行われる。

平衡反応時の数平均重合度　ポリエステルのように合成の際の脱水縮合反応が平衡にある場合，完全な密閉系中で重合を行い，反応が平衡に達した場合のDPは平衡定数から次のように計算される。

$$K = ([CO_2][H_2O])/([CO_2H][OH]) = p_e^2/(1-p_e)^2 \quad (2\text{-}113)$$

（p_eは平衡状態での官能基の反応率）

これをp_eについて解くと

$$p_e = (K)^{1/2}/((K)^{1/2}+1) \quad (2\text{-}114)$$

$$DP = (K)^{1/2} + 1 \quad (2\text{-}115)$$

となる。この式はポリアミドにも適応できる。ポリアミドでは縮合反応の平衡定数が大きい（～300）ため，重合系を真空状態にしなくても数平均重合度$DP=200$前後のナイロン66が得られる[53]。

芳香族ジカルボン酸と芳香族ジアミンから合成される芳香族ポリアミドはアラミド（aramide: aromatic amide）と呼ばれる。高強度，高弾性率，耐熱性，耐薬品性が優れた結晶性の高いポリマーである。式（2-116）によって合成されたアラミドは高融点かつ難溶性のため成型が困難であったが，硫酸には溶けて，分子鎖が一定方向に配列した液晶性を示すことが見出された。液晶状態では粘度が比較的低いため，繊維あるいはフィルムに加工することが可能になったが，厚みのある成型物（いわゆるプラスチック）には加工できない。ケブラーの商標で市販されていて，防弾チョッキ用素材として有名であり，繊維強化プラスチック用の補強用繊維としても使用されている。

53) Kが300であれば式（2-115）から求めたDPの計算値は18.3となる。実際の重縮合では重合は高温常圧下で行われ，生成した水分は蒸発して失われるが，ポリマーに一部吸着され，この吸着水が平衡に関与するため，$DP=200$前後となる。重合温度でナイロンの吸水率が変化するため，重合温度がDPに影響する。

$$\text{Cl}-\underset{\underset{O}{\|}}{C}-\underset{}{\bigcirc}-\underset{\underset{O}{\|}}{C}-\text{Cl} + \text{H}_2\text{N}-\underset{}{\bigcirc}-\text{NH}_2$$

$$\xrightarrow[-\text{HCl}]{} +\underset{\underset{O}{\|}}{C}-\underset{}{\bigcirc}-\underset{\underset{O}{\|}}{C}-\underset{H}{N}-\underset{}{\bigcirc}-\underset{H}{N}\Big]_p \tag{2-113}$$

(4) ポリカーボネート

ポリカーボネート（PC）は，本来は主鎖中に炭酸エステル結合を持つポリマーの一般名であるが，通常はビスフェノールAと炭酸とのポリカーボネートの固有名として使われている。非晶性であり高い透明性，耐衝撃性，寸法安定性を有する。CD，DVDの基材，自動車のフロントライトカバーなど，透明性と耐熱性を共に必要とする用途に使用されている。クメン法によって合成されるビスフェノールAのナトリウム塩とホスゲンからの界面重縮合（式（2-117）），あるいはビスフェノールAと炭酸ジフェニルとのエステル交換法（式（2-118））によって合成されている。現在では約80％のポリカーボネートが界面重縮合による。

$$\text{NaO}-\bigcirc-\underset{\underset{CH_3}{|}}{\overset{\overset{CH_3}{|}}{C}}-\bigcirc-\text{ONa} + \text{COCl}_2$$

$$\xrightarrow[(\text{H}_2\text{O}/\text{CH}_2\text{Cl}_2)]{\text{界面重縮合}} +\text{O}-\bigcirc-\underset{\underset{CH_3}{|}}{\overset{\overset{CH_3}{|}}{C}}-\bigcirc-\text{O}-\underset{\underset{O}{\|}}{C}\Big]_p + 2\text{NaCl} \tag{2-117}$$

$$\text{HO}-\bigcirc-\underset{\underset{CH_3}{|}}{\overset{\overset{CH_3}{|}}{C}}-\bigcirc-\text{OH} + \bigcirc-\text{O}-\underset{\underset{O}{\|}}{C}-\text{O}-\bigcirc$$

$$\xrightarrow{\text{触媒}} +\text{O}-\bigcirc-\underset{\underset{CH_3}{|}}{\overset{\overset{CH_3}{|}}{C}}-\bigcirc-\text{O}-\underset{\underset{O}{\|}}{C}\Big]_p + 2\bigcirc-\text{OH} \tag{2-118}$$

(5) ポリイミド

ポリイミドは，通常は高耐熱性の芳香族ポリイミドを指す。代表的なポリイミドとしてはピロメリット酸から誘導される全芳香族ポリイミド（式（2-119））がある。優れた機械的特性と非常に高い耐熱性を持った高結晶性ポリマーである。T_gを410℃付近に有し，融点は分解温度以上であるため熔融成型できない。フィルムに成型する場合はポリイミドの前段階であるポリアミック酸の溶液を流延して製膜後，加熱し，脱水閉環させてポリイミド膜を調製する。厚みのある成型物に加工する場合は粉末状のポリイミドを高温高圧下で圧縮/焼結成型する。宇宙航空機用材料をはじめとして種々の産業分野で活躍している。

代表的なポリウレタン用ジイソシアナート

TDI
（2つの異性体の混合物）

MDI

HDI

代表的なポリウレタン用ジオール

$HO-(CH_2)_3-OH$

$HO-(CH_2)_4-OH$

$HO-(CH_2)_6-OH$

$HO\mathord{\left[(CH_2)_4-O\right]}_n H$

$HO\mathord{\left[(CH_2)_5C(O)O\right]}_n(CH_2)_4\mathord{\left[OCO(CH_2)_5\right]}_m OH$

$$\text{(ピロメリット酸二無水物)} + H_2N-\!\!\!\bigcirc\!\!\!-O-\!\!\!\bigcirc\!\!\!-NH_2$$

$$\longrightarrow \left[\begin{array}{c}\text{NH—Ar—NH}\\\text{HO-C \ \ C-OH}\\\text{(ポリアミック酸)}\end{array}\right]_p \tag{2-119}$$

$$\xrightarrow[-H_2O]{\Delta} \left[\text{(ポリイミド)}\right]_p$$

2-9-2 重付加

重付加反応によるポリマーの代表はポリウレタンとエポキシ樹脂である。

(1) ポリウレタン

イソシアナート（$-N=C=O$）基は反応性が高くアミン，アルコール，水などと容易に反応する。

$$\sim\!\!N=C=O + H_2N\!\!\sim \longrightarrow \sim\!\!\underset{H}{N}-\underset{\parallel}{\overset{O}{C}}-\underset{H}{N}\!\!\sim \tag{2-120}$$
ウレア結合

$$\sim\!\!N=C=O + HO\!\!\sim \longrightarrow \sim\!\!\underset{H}{N}-\underset{\parallel}{\overset{O}{C}}-O\!\!\sim \tag{2-121}$$
ウレタン結合

$$\sim\!\!N=C=O + H_2O \longrightarrow \left[\sim\!\!\underset{H}{N}-\underset{\parallel}{\overset{O}{C}}-OH\right] \tag{2-122}$$

$$\longrightarrow \sim\!\!NH_2 + CO_2$$

ジイソシアナートとジオールの重付加反応によってできるポリマーをポリウレタンと総称する（式(2-121)）[54]。ジイソシアナート，ジオールとも数多くの種類があり，この組み合わせによって様々なポリウレタンが合成でき，その用途も汎用樹脂，塗料，スペシャリティーポリマー，ファインケミカル製品まで広範囲にわたる。

ポリウレタン合成時に，重合系に少量の水を添加すると，イソシアナート基の加水分解が起こり，炭酸ガスが脱離してアミノ基が生ずる（式(2-122)）。このアミノ基はさらにイソシアナート基と反応する（式(2-120)）。重合時にガスが発生するため，生成したポリマーは発泡性となり，クッション材として使われている。

---

54) トリエチレンジアミンやオクチル酸スズなどが，イソシアナートとアルコールの反応時に触媒として使用されている。

(2) エポキシ樹脂

エポキシ樹脂（epoxy resin）は，エポキシ基への付加反応によって重合が進む熱硬化性樹脂の総称である。"主剤（プレポリマー[55]）と硬化剤を等量とってよく混ぜて，加熱すると固まる"という二液混合タイプの接着剤はエポキシ樹脂の代表的な用途のひとつである。この例からもわかるように，両末端にエポキシ基を持つモノマー（プレポリマー）に，ポリアミンや酸無水物をもうひとつのモノマー（硬化剤）として反応させて重付加が行われる。様々な構造のものが知られているが，最も代表的なプレポリマーはビスフェノールAとエピクロロヒドリンを反応させてできる，両末端にエポキシ基がついた2官能性オリゴマーである。

[55] プレポリマー（prepolymer）とは，最終的なポリマーになる前の段階のもので，それ自身比較的大きな分子量をもつものを指す。

$$\underset{O}{CH_2-CH}-CH_2-Cl + HO-\underset{}{\bigcirc}-\underset{CH_3}{\overset{CH_3}{C}}-\underset{}{\bigcirc}-OH \xrightarrow{NaOH}$$

$$\underset{O}{CH_2-CH}-CH_2-O-\underset{}{\bigcirc}-\underset{CH_3}{\overset{CH_3}{C}}-\underset{}{\bigcirc}-O-CH_2-\underset{OH}{CH}-CH_2-O{\Big[}\underset{}{\bigcirc}-\underset{CH_3}{\overset{CH_3}{C}}-\underset{}{\bigcirc}-O-CH_2-\underset{}{CH}-CH_2{\Big]}_n \quad (2\text{-}123)$$

これをジエチレントリアミン，ジアミノジフェニルメタンなどの硬化剤と混ぜ合わすと，エポキシ基とアミノ基の反応が起こって，重付加反応が進む。1つのアミノ基は2つのエポキシ基と反応可能なため，2官能性のアミンを使用しても，反応によって三次元架橋したポリマーが生ずる。

$$\sim\!NH_2 + \underset{O}{\triangle}\!\sim\!O\!\sim \longrightarrow \sim\!\underset{H}{N}\underset{OH}{\curvearrowright}O\!\sim$$
$$\underset{O}{\overset{\triangle\!\sim\!O\!\sim}{\longrightarrow}} \sim\!\underset{HO}{N}\underset{}{\curvearrowright}O\!\sim \quad (2\text{-}124)$$

接着剤や塗料以外に，耐水・耐薬品性，寸法安定性，および電気絶縁性が高いことから，電子回路の基板やICパッケージの封入剤として使用されている。

代表的なエポキシ硬化剤

$$H_2N-\underset{H_2}{C}-\underset{H}{\overset{H_2}{C}}-\underset{H}{\overset{H_2}{N}}-\underset{H_2}{\overset{H_2}{C}}-\underset{H_2}{C}-NH_2$$

ジエチレントリアミン

$$H_2N-\bigcirc-CH_2-\bigcirc-NH_2$$

ジアミノジフェニルメタン

2-9-3 付加縮合

(1) フェノール樹脂

フェノールとホルムアルデヒドから合成されるフェノール樹脂は最初に工業化・商品化された合成プラスチックである。機械的特性，耐水性，難燃性，電気絶縁性に優れ，現在でも広く使用されている。三次元架橋した非常に複雑な構造である（図2-26及び図1-6参照）。

フェノール樹脂はCarothersの定義では付加反応とそれに続く縮合反応

によって合成されるため，その重合は付加重合にも縮合重合にも分類できず，付加縮合と呼ばれる[56]。

56) 反応機構からの分類では，架橋反応を伴う重縮合である。

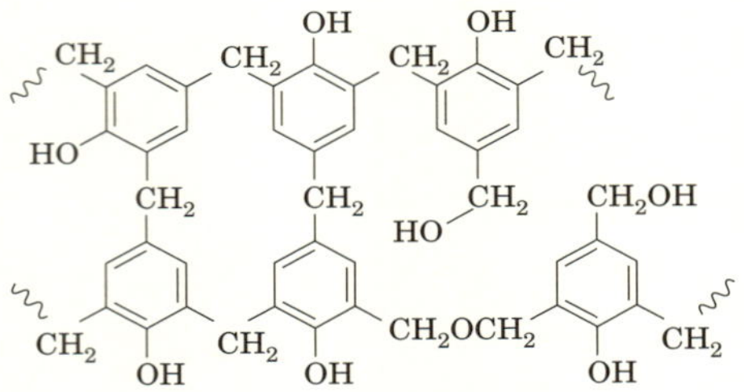

図2-27 フェノール樹脂の構造の一例

1) 付加反応

フェノールは o, p-配向性の芳香族化合物であり，酸，塩基触媒によりホルムアルデヒドと親電子置換反応を起こす。副生成物を伴わない"付加反応"である。

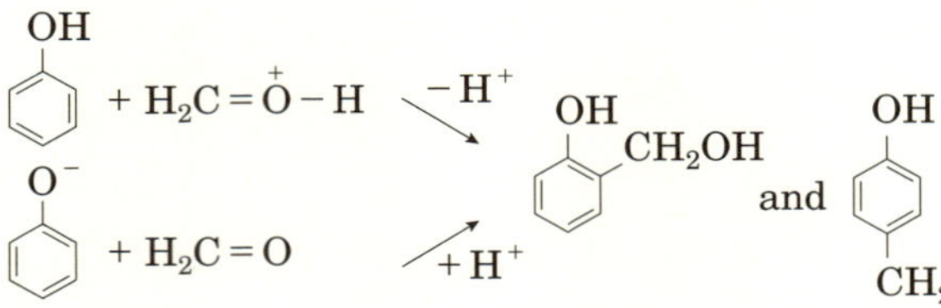

$$(2\text{-}125)$$

2) 縮合反応

生成したメチロール（$-CH_2OH$）化物は特に酸触媒下で，フェノールと親電子置換反応を起こす。この反応は水分子が脱離するため，"縮合反応"である[57]。

57) また，メチロール化物同士の求核置換反応によるエーテル結合の生成も副反応として起こる。反応温度が高い場合，あるいは酸触媒の場合はできにくい。

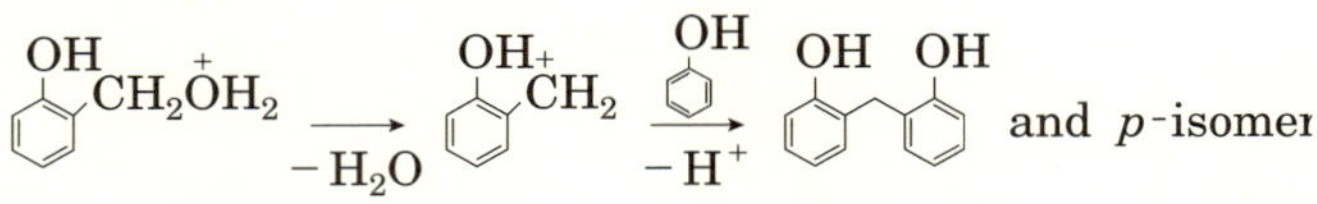

$$(2\text{-}126)$$

フェノールとホルムアルデヒドを混ぜ，触媒と共に加熱すると，これらの反応が競争して起こり，フェノールが3つの位置で反応可能なため，架橋した不溶不融の生成物ができる。架橋が進んだものは加工することができないので，ある程度反応が進んだオリゴマー（プレポリマー）を調製し，これを成型用金型中で加熱して硬化させる手法をとる（熱硬化性プラスチック）。

プレポリマーの性質は触媒の種類により異なる。NaOHなどのアルカリ性触媒を用い，ホルムアルデヒドを過剰量（通常1.2モル量）用いると，付加反応は進むものの縮合反応は抑えられたレゾール樹脂（resole resin）が粘性の液体として得られる。一方，硫酸などの酸性触媒を用い，フェノールを過剰量（1.2～1.3モル量）用いると，縮合反応も進んだノボラック樹脂

（novolac resin）が得られる。共に様々な構造のオリゴマーの混合物であるが，一例を示すと図 2-28，図 2-29 のようになる。

図 2-28 レゾール樹脂の構造の一例

図 2-29 ノボラック樹脂の構造の一例

レゾール樹脂は中和後 180℃ 程度まで加熱すると，また，ノボラック樹脂はホルムアルデヒドを補うためにヘキサメチレンテトラミンを加えて加熱すると，架橋反応が進み，ポリマーが得られる。特にレゾール樹脂は合板の耐水性接着剤として使用されている

(2) ユリア樹脂とメラミン樹脂

フェノールの替わりに尿素やメラミンを使ってホルムアルデヒドと反応させても，同様に付加反応と縮合反応により三次元架橋した熱硬化性樹脂が得られる。NH 部位で反応するため尿素は 4 官能性，メラミンは 6 官能性のモノマーとして振舞う。

ユリア樹脂（尿素樹脂）やメラミン樹脂はフェノール樹脂と同じく合板用の接着剤として用いられているが，いずれもホルムアルデヒドをモノマーとしているため，残留するホルムアルデヒドが健康障害（シックハウス）を起こすとして問題となっている。特に尿素樹脂は加水分解によってホルムアルデヒドが生じやすく，近年使用量が減少している。メラミン樹脂（図 2-30）は表面硬度が高く，光沢も美しいため，化粧板としてよく用いられている。

ヘキサメチレンテトラミン

メラミン

ウレア
（ユリア，尿素）

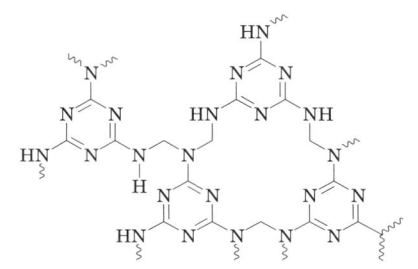

図 2-30 メラミン樹脂の構造の一例

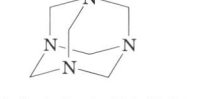

参考文献

1) 荒井健一郎ら，「わかりやすい高分子化学」，三共出版（1994）
2) 遠藤剛・三田文雄，「高分子合成化学」，化学同人（2001）
3) 井本稔，「ラジカル重合論」，東京化学同人（1987）
4) 東郷秀雄，「有機フリーラジカルの化学」，講談社（2001）
5) 井出文雄ら編，「実用プラスチック事典」，産業調査会（1993）
6) 長谷川正木，「エンプラの化学と応用」，大日本図書（1996）
7) J. Dale，「三次元の有機化学－立体化学と立体配座解析」，杉野目浩・大澤映二共訳，養賢堂（1983）
8) 高分子学会編，「共重合1－反応解析」，培風館（1975）
9) H. R. Allcock, F. W. Lampe, J. E. Mark, "Contemporary Polymer Chemistry, 3rd Ed." Prentice Hall College Div.（2003）
10) G. Odian, "Principle of Polymerization, 4th Ed.", John Wiley & Sons, Inc.（2004）
11) J. Brandrup, E. H. Immergut, E. A. Grulke, Eds., "Polymer Handbook, 4th Ed." Wiley-Inter Science（1999）

章末問題

問1 テトラフルオロエチレンは4置換エチレンであるが，フッ素原子が小さいために重合可能であり，表2-2に示すように非常に大きな重合熱を示す。$-\Delta H$ が大きな理由を説明せよ。

問2 ポリマーの存在下（例えばポリ酢酸ビニル）で別種のモノマー（例えばスチレン）のラジカル重合を行う場合，過酸化ベンゾイルを開始剤として用いると，グラフト共重合体が生成する。その生成機構を説明せよ。また，このようなグラフト共重合はアゾビスイソブチロニトリルを用いた場合は進行しない（スチレンのホモ重合はどちらの場合でも進行する）。この理由を説明せよ。

問3 リビングアニオン重合によって，スチレン（St）とメタクリル酸メチル（MMA）のブロック共重合を行うとき，MMAを先に重合させた系にStを添加しても共重合はうまくいかない。どのようなことが起こると予想されるか，説明せよ。

問4 St（M_1）とMMA（M_2）とのラジカル共重合を行ったところ，モノマー反応性比は $r_1=0.52$，$r_2=0.46$ と決定できた。この共重合において，アゼオトロープ共重合体ができる仕込み比を算出せよ。

問5 AA・BBタイプの逐次重合において，2つのモノマーのモル比（a：b，ただしa＞b）が異なる場合，反応完結時の数平均重合度は $(a+b)/(a-b)$ となることを示せ。

問 6　炭酸ジフェニルを正確に 1 mol，ビスフェノール A を正確に 1.01 mol 使用して重縮合を行った。反応が完結した時点で予想される生成物の数平均分子量を計算せよ。

問 7　アジピン酸 0.1 mol とエチレングリコール 0.1 mol を強酸である p - トルエンスルホン酸 0.1 mmol と混ぜ，これにトルエンを加えて溶液量を 1 L にした。これを加熱還流させながら水を系中から除いていくと，50 分，100 分，200 分後までに流出してきた水の総重量はそれぞれ，3.09，3.33，3.46 g であった。

　　反応によって生じた水は完全に除去できたものと仮定し，さらに加熱時の体積膨張，反応進行に伴う体積変化と粘度変化も無視できるものと仮定する。さらにモノマー，ポリマー中の官能基の反応性は分子量に依存しないものとする。

（1）この反応によって得られる高分子化合物の構造を式で記せ。

（2）200 分後の反応率（p）を数値で示し，さらにこの反応における反応時間と反応率との間の関係をグラフで示せ。

（3）200 分後の数平均重合度（DP）を数値で示し，さらにこの反応における反応時間と重合度との関係をグラフで示せ。また，重合度 200 のポリマーの生成にはどれほどの反応時間が必要とされるか，計算せよ。

問 8　以下のような条件下で種々の重合実験を行ったが，いずれも失敗に終わった。期待していたポリマーの構造を式で示し，どのような望ましくない事態が起こったかを予想して簡略に述べよ。また，期待していたポリマーを得るためにどのように重合条件を変えるべきか記せ。

（1）アクリル酸メチルのラジカル重合を 0.5 mol% の AIBN を用いて CBr_4 溶媒中 70℃ で行った。

（2）スチレンのカチオン重合を 2 mol% の濃塩酸を用いて無溶媒，−78℃ で行った。

（3）イソブチルビニルエーテルのカチオン重合を 1 mol% の CF_3SO_3H を用いて THF 溶媒中，−40℃ で行った。

（4）MMA のアニオン重合を 1 mol% の n-ブチルリチウムを用いて THF 溶媒中，−78℃ で行った。

（5）ポリウレタンを得るために，厳密に等モル量の 1, 6 - ヘキサメチレンジイソシアナートと 1, 4 - ブタンジオールを少量のトリエチレンジアミンの存在下で水中還流下反応させた。

問 9　環状の硫黄（斜方硫黄あるいは単斜硫黄，S_8）は加熱するとラジカル機構によって開環重合し，直鎖状のゴム状硫黄となるが，この重合反応は通常の連鎖重合とは全く異なった例外的な挙動を示す。この重合が具体的にどのような異常さを示すか，ΔH と ΔS の値を基に考察せよ。また，通常ゴム状硫黄は S_8 の結晶を 160℃ 以上で加熱融解した後に水中に注いで急冷してつくられる。この製法

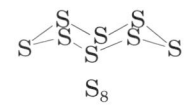

を検証せよ。

標準状態における重合エンタルピーとエントロピー

	モノマー	ΔH (kJ mol^{-1})	ΔS (J K^{-1} mol^{-1})
(参考)	硫黄（S$_8$）	+9.5	+27
	スチレン	−73	−104
	エチレンオキシド	−94.5	−174

第3章 高分子の化学反応

　高分子として存在している分子は，高分子性を保ったまま，さらに種々の反応を起こすことができる場合が少なくない。ポリプロピレンのメチル基やポリビニルアルコールの水酸基のように，高分子性を発現する基本になる「主鎖」についている（ぶら下がっている）グループを側鎖と呼ぶが，この側鎖部分に化学反応を起こしうる性質を持ったものが多数ある。またゴム（ポリイソプレン）のように，主鎖部分になお化学反応を起こす可能性を持った高分子も少なくない。反応についても，通常の置換反応や付加反応のほか，光や電子線，電気などによる反応も起こりうる。さらに，一度できた高分子を熱や化学反応で小さくする（分解させる）ことも，高分子の起こす化学反応である。

　これらの様々な「反応」は，新しい高分子をつくり出すうえでも，また高分子を利用する際に安定性や環境性を議論するうえでも，非常に重要である。この章では，高分子に起こる反応について基本的な事柄を解説する。

3-1　化学反応による新しい高分子の合成

3-1-1　セルロースの化学反応

　セルロース（cellulose）は主に植物の光合成によりつくられる天然高分子であり，地球上で最も多量に存在する有機物でもある。身の回りで使われている素材では，紙や天然繊維である綿や麻の主成分はセルロースである。セルロースはD-グルコースがβ-1,4-グリコシド結合で直鎖状に繋がった高分子であり，1つの繰り返し単位あたり3つの水酸基（2, 3, 6位：2, 3位は二級，6位は一級アルコール）を持っている。この水酸基間の水素結合による強い自己会合性のために，セルロースは水や多くの有機溶媒に不溶であり，加熱しても溶融しない。このため，フィルムや成型品への加工が難しく用途が限られている。この欠点を克服するために，水酸基の化学反応によ

り種々の誘導体を合成し，溶解性などの化学的性質を変える試みが古くからなされている。

溶解性の変化を利用する代表的な例として，再生セルロース[1]の製法を挙げることができる。この方法では，まず，セルロースを水酸化ナトリウムで処理して6位の水酸基がナトリウム塩になったアルカリセルロースをつくる。

$$[C_6H_7O_2(OH)_3]_n + n\, NaOH \longrightarrow [C_6H_7O_2(OH)_2(ONa)]_n + n\, H_2O$$

これに二硫化炭素を反応させるとセルロースキサントゲン酸ナトリウムが生成する。

$$[C_6H_7O_2(OH)_2(ONa)]_n + n\, CS_2 \longrightarrow [C_6H_7O_2(OH)_2(OCSSNa)]_n$$

この誘導体化により自己会合力が低下してアルカリ水溶液に可溶になる。その溶液を硫酸水溶液中へ押し出すと，二硫化炭素が脱離してセルロースが再生され，分子間水素結合の形成により再び凝固する。

$$2\,[C_6H_7O_2(OH)_2(OCSSNa)]_n + n\, H_2SO_4 \longrightarrow 2\,[C_6H_7O_2(OH)_3]_n + 2n\, CS_2 + n\, Na_2SO_4$$

細孔から押し出して繊維状に加工したものが再生繊維（regenerated fiber）のレーヨンであり，狭いすき間から押し出してフィルム状にしたものがセロファンである。

セルロースの化学反応で誘導体を合成する方法としては，脂肪酸や，硫酸，硝酸との反応によるエステル化反応（酢酸セルロース，ニトロセルロース，硫酸セルロースなど）とハロゲン化物との反応によるエーテル化反応（メチルセルロース，カルボキシメチルセルロースなど）が重要である。このような反応において3種類の水酸基の反応性は異なる。例えば，アセチル化反応では一級アルコールである6位が最も反応性が高く，次いで2位，3位の順に反応性が低くなるという位置選択性（site specificity）[2]がある。また，セルロース誘導体の性質は置換基の構造だけでなく，グルコース環1個当たりの水酸基の平均置換数で表される置換度（degree of substitution，最大値：3）にも依存する。さらに，セルロースは溶媒に溶けにくいので不均一な状態で反応が行われることが多い。この場合，非晶部分から先に反応が起こるので，分子間あるいは同じ分子鎖でも位置によって置換度に差（置換度分布）が生じる場合もある。

セルロースと無水酢酸または塩化アセチルとの反応で合成される酢酸セルロースは，アセトンに溶解した後に湿式紡糸法（wet spinning）で繊維化されてアセテート繊維として用いられるほか，写真フィルムにも使われてい

---

1) 「再生」という言葉が使われるのは，途中で溶媒に可溶な誘導体に変換されるが，最終的にはセルロースに戻されるためである。数段階の工程を経てセルロースからセルロースを製造することは意味のないことのように思われるかも知れないが，もともと材料として使いにくい低品位のセルロースも原料とすることができるという利点がある。実際に，主に木材からつくられるパルプ（綿より低価格）が原料とされる。

アルカリセルロース

セルロースキサントゲン酸ナトリウム

2) 反応の位置選択性はNMRを用いて解析することができる。

る。また，海水の淡水化に使われる逆浸透膜や，人工腎臓や血漿分離などで使われる中空糸膜にも使用される。ニトロセルロース[3]は濃硫酸を触媒とする硝酸との反応でつくられる。置換度の高いニトロセルロースが爆薬として使われていることからもわかるように，ニトロセルロースは非常に燃えやすい高分子である。ニトロセルロースとショウノウからつくられるセルロイド（第1章参照）は成型品や写真フィルムのベースとして多量に使用されていたが，最近ではポリエステルなど燃えにくい他の高分子にとってかわられている。エーテル化で得られるカルボキシメチルセルロースはアニオン性高分子であり，水に良く溶ける。無味無臭で安全性が高いため，食品や医薬品など環境や人体への安全性が問われる用途で使われる一方で，負電荷間の反発により水中で広がった形態をとり低濃度でも高い粘性を示すため増粘剤としても使用されている。

[3] C. F. Schönbein（スイス，1799-1868）によるセルロースのニトロ化反応の発見はserendipityに満ちている。ある日，彼は床にこぼした硫酸と硝酸を綿のエプロンで拭いた。そのエプロンを水で洗い，乾かすためにストーブの前に掛けたところ，一瞬のうちに燃え上がって跡形もなくなってしまったという。綿布のセルロースがニトロ化されていたのである。

酢酸セルロース

ニトロセルロース

硫酸セルロース

メチルセルロース

カルボキシメチルセルロース

3-1-2 ポリスチレンの化学反応

ポリスチレンは無色透明で成型加工性の良い高分子であり，汎用樹脂として日用品に広く用いられるが，ベンゼン環への置換反応により種々の誘導体を作ることができるため様々な機能性材料の原料ともなっている。工業的に重要なのは，懸濁重合で得られるポリスチレンビーズに官能基を導入することで合成されるイオン交換樹脂やキレート樹脂である。イオン性の不純物を除いて純水をつくったり，金属イオンを分離精製したりするために用いうれる。負の固定電荷を持つ陽イオン交換樹脂は，濃硫酸あるいはクロロスルホン酸との反応で，スルホ基を導入することによってつくられる（図3-1）。また，正の固定電荷を持つ陰イオン交換樹脂の合成では，まずFriedel Crafts触媒存在下でクロロメチルエーテルと反応させることでクロロメチル化し，次いでトリメチルアミンなどのアミンと反応させて第四級アンモニウム基にする。イオン交換基としてカルボキシル基を持つ弱酸性陽イオン交

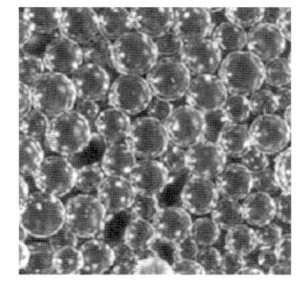

イオン交換樹脂

図 3-1 ポリスチレンの化学反応

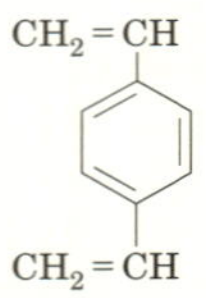

換樹脂、第三級アミンなどを持つ弱塩基性陰イオン交換樹脂などもつくられている。多数のイオン交換基を導入すると樹脂自体の水溶性が増すので、ビーズを作る際に架橋剤のジビニルベンゼンを共重合して架橋ゲルにすることで、水を吸収して膨潤するが溶解はしないようにされている。また、重合時に有機溶媒を希釈剤として加えておくと、揮発させた跡が孔として残るため、多孔性（porous）構造を持つイオン交換能が高い樹脂をつくることができる[4]。

1つの金属イオンに2つ以上の配位原子を含む多座配位子が結合して形成される環状構造をキレート（chelate）[5]といい、単座で配位した金属錯体に比べて安定性が高い。このような多座配位子を含む高分子をキレート樹脂といい、選択性の高い金属イオン捕集剤として、特に二価以上の金属イオンを分離するのに用いられる[6]。一例として、イミノ二酢酸型のキレート樹脂[7]はクロロメチル化したポリスチレンから誘導することができる。

ポリスチレン誘導体の微粒子は、担体として、その表面に試薬を固定して固液界面で合成を行う場としても利用される。この方法では、生成物を副生成物や溶媒から容易に分離することができる。特に、同種の反応を繰り返し行う逐次反応で合成されるポリペプチドやポリヌクレオチドの場合には、分離精製の手間の軽減や自動化が可能になる。ポリペプチドの合成ではMerrifield樹脂[8]と呼ばれるクロロメチル化ポリスチレンを担体とする固相法が用いられる（図3-2）。この方法では、まずN末端を保護したアミノ酸のカルボキシル基を樹脂に結合させる。次に、保護基をはずしてアミノ基を遊離させ、そこへ2番目のN末端保護アミノ酸を結合させる。この反応を順次行うことでポリペプチドを合成し、最後にC末端のエステル結合を加水分解することで生成物を遊離させる。

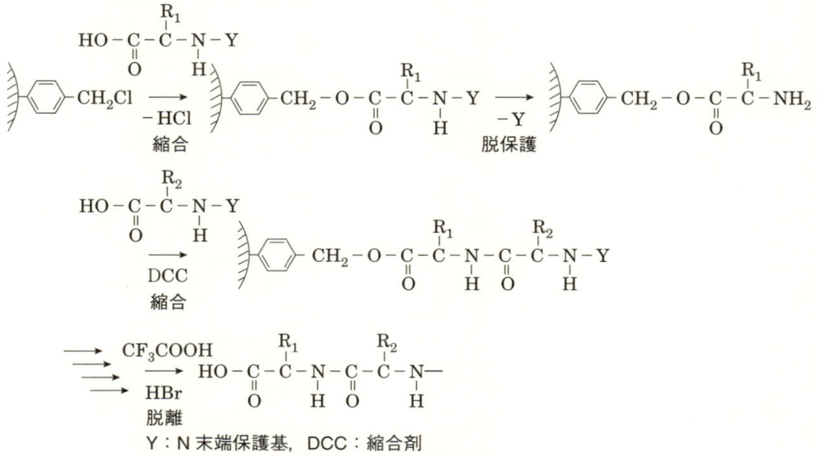

ジビニルベンゼン

4) 交換容量（樹脂1gあたりのイオン交換基数（mmol g^{-1}））で性能を評価する。

5) chelate：ギリシア語の'カニのはさみ'に由来する。

6) キレート樹脂の吸脱着性能は分配係数（K_d =（樹脂に吸着された金属イオン量 [mol g^{-1}]）/（溶液中に残存する金属イオン量 [mol cm^{-3}]））で評価される。

7) 代表的なイミノ二酢酸型キレート樹脂のイオン選択性：$Fe^{3+}>Cu^{2+}>Ni^{2+}>Zn^{2+}>Co^{2+}>Fe^{2+}>Mn^{2+}>Ca^{2+}\gg Na^+$

8) 固相反応によるペプチド合成法の開発で1984年にノーベル化学賞を受賞したR.B. Merrifield（アメリカ、1921-2006）に由来する。1964年にブラジキニン（9アミノ酸残基）、1970年にリボヌクレアーゼA（124残基）の合成に成功している（7-2-2項参照）。

図3-2 固相法（Merrifield法）によるペプチド合成

3-1-3 ポリビニルアルコールの合成と反応

比較的構造が単純な高分子でも重合反応で直接つくることが難しい場合には，化学反応により別の高分子から合成されることがある。例えば，ポリビニルアルコールはビニルアルコールの重合体に相当する構造を持っているが，重合反応により直接合成することはできない。それは，モノマーのビニルアルコールがアセトアルデヒドとケト-エノール互変異体の関係にあり，ケト体のアセトアルデヒド側に大きく平衡が片寄っているためである[9]。すなわち，ビニルアルコールはほとんど存在しないのである。このためポリビニルアルコールは酢酸ビニルを重合して得られるポリ酢酸ビニルを塩基触媒でケン化することによりつくられている。

[9] ビニルアルコールとアセトアルデヒドの平衡反応

$$CH_2=CH\text{-}OH \rightleftarrows CH_3\text{-}C(=O)\text{-}H$$

$$\begin{array}{c}-CH_2-CH-CH_2-CH-CH_2-\\ \quad\quad\quad | \quad\quad\quad\quad | \\ \quad\quad\quad O \quad\quad\quad\quad O \\ \quad\quad\quad | \quad\quad\quad\quad | \\ \quad\quad\quad C=O \quad\quad C=O \\ \quad\quad\quad | \quad\quad\quad\quad | \\ \quad\quad\quad CH_3 \quad\quad CH_3 \end{array}$$

ポリ酢酸ビニル

$$\xrightarrow{OH^-} \begin{array}{c}-CH_2-CH-CH_2-CH-CH_2-\\ \quad\quad\quad | \quad\quad\quad\quad | \\ \quad\quad\quad OH \quad\quad OH \end{array}$$

ポリビニルアルコール

工業的にはメタノールを溶媒とし水酸化ナトリウムを触媒としてエステル交換反応で合成されている。この場合，副生成物として酢酸メチルと酢酸ナトリウムが生じる。図3-3に回収工程を含めたポリビニルアルコールの製造工程の例を示す。副生成物が原料や溶媒に再生されて有効に再利用されていることがわかる。

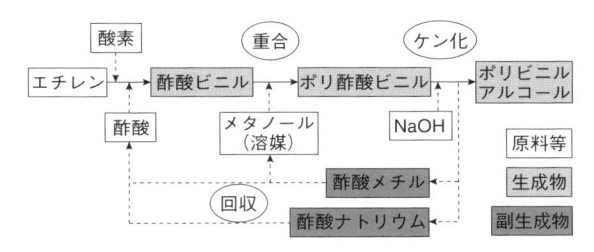

図3-3 ポリビニルアルコールの製造工程

ポリ酢酸ビニルを完全にケン化すると純粋なポリビニルアルコールが得られるが，部分的にケン化したもの（ケン化度，degree of saponification[10]：70％程度以上，酢酸ビニルとビニルアルコールのランダム共重合体に相当する）も生産され，重合度とケン化度に応じて様々な用途で使用されている。ケン化度の上昇により親水性の水酸基が多くなるのではあるが，ケン化度が100％に近い領域では水酸基間の水素結合形成のためにむしろ低温の水には

[10] ケン化度(mol%) = (水酸基) ÷ (水酸基 + 酢酸基の数) × 100

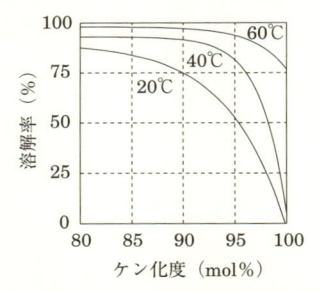

図3-4 ポリビニルアルコールのケン化度と溶解性の関係（重合度1750のPVA4%を30分間溶解）

溶け難くなる（図3-4）。ポリビニルアルコールは，水に溶解し接着剤や界面活性剤，乳化剤として使われ，固体状態ではフィルムや包装材として使われる。また，ポリビニルアルコールにヨウ素や有機色素などを吸着させて高度に延伸すると，高分子鎖の配向に伴って色素が一方向に並び，一定方向に振動する光（直線偏光）のみを透過させる偏光フィルムをつくることができる[11]。また，ポリビニルアルコールはポリ酢酸ビニル以外の高分子のケン化により誘導することもできる。最近，耐水性の向上のためにシンジオタクティシティー（syndiotacticity）の高いポリピバリン酸ビニルなどからの合成が試みられている。

ポリビニルアルコールは水溶性であるため，そのままで繊維（特に衣料用）として用いられることはない。ホルムアルデヒドで水酸基の一部をアセタール化することで不溶化したうえで繊維化する（図3-5）。これが，櫻田一郎らにより開発された日本で最初の合成繊維「ビニロン」である。

[11) 偏光フィルムは液晶ディスプレーの重要な部材になっている。

ポリピバリン酸ビニル

図3-5 ビニロンの合成

3-1-4 ブロック共重合体とグラフト共重合体

ここまでは，主に側鎖の化学反応を通して新しい高分子をつくる方法について述べてきた。次に，すでに存在する高分子に別の高分子を結合させたり，新たなモノマーを付加させたりすることでつくられるブロック共重合体（block copolymer）やグラフト共重合体（graft copolymer）について述べる。2種類のモノマーを共存させて重合することにより得られる共重合体（得られるのは主にランダム共重合体）については第2章で述べられているが，ここで扱う共重合体では両モノマーが高分子鎖上で分離して存在しているの

が特徴である（図3-6）。ブロック共重合体は2種類以上のモノマーの連鎖が直鎖状に連結された構造を持つ。グラフト共重合体は幹になる高分子に別種のポリマーの枝がついた分枝構造を持つ。このため，ランダム共重合体が2つの成分の平均的な性質を示すのに対して，ブロックやグラフト共重合体では両方のブロックの性質を併せ持ち，二面性を示す。わかりやすい例として，親水性のブロックと疎水性のブロックを持つブロック共重合体が水中でつくる会合体を挙げることができるだろう。ちょうど界面活性剤が水中でミセルをつくるように，疎水性ブロックが核になり，その回りを親水性ブロックが取り囲んだいわゆる高分子ミセル（polymer micelle）をつくる。また，固体状態では，それぞれのブロックは混じり合わずにAブロックとBブロックがそれぞれ同種のもの同士で集まろうとするが，互いに共有結合で繋がれているため完全に離れることはできない。結果として両ブロックが分子鎖長のレベルで空間的に分離したミクロ相分離構造と呼ばれる秩序ある高次構造が形成される。

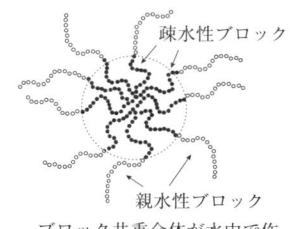

ブロック共重合体が水中で作る高分子ミセルの概念図（実際には球状の形態をとる）

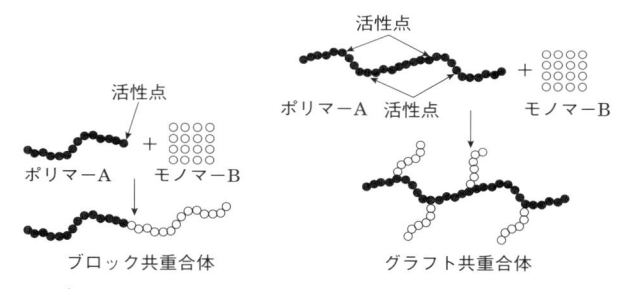

図3-6 ブロック共重合体とグラフト共重合体の構造と重合法による合成

　ブロック共重合体は，すでに存在している2種類の高分子を結合させる（カップリング法）か，すでにある高分子に他のモノマーを付加する（宣合法）ことによりつくられる。後者にはリビング重合法が利用されることが多い。すなわち，第一段階でモノマーAがなくなるまで重合を続けて活性を維持した生長末端を持つポリマーAをつくる。そこへ，新たにモノマーBを加え，続けて重合を行うとポリマーAにモノマーBが付加して，理想的には各ブロックの重合度が均一に揃ったブロック共重合体が得られる。工業的に生産されている例にリビングアニオン重合で合成されるスチレン(S)-ブタジエン(B)-スチレン(S)-トリブロック共重合体（SBS）がある。この場合，開始剤としてナフタレンナトリウムやジリチウム化合物が用いられるため，二方向に高分子鎖の成長が進む（2-5-2項参照）。第一段階で合成されたポリブタジエンジアニオンにスチレンを加えて重合を続けると両端にポリスチレンブロックが結合したトリブロック共重合体になる。固体状態では

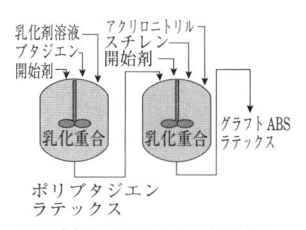

ABS樹脂の製造工程の概念図

SブロックとBブロックが分離してミクロ相分離構造が観察される（図3-7）。

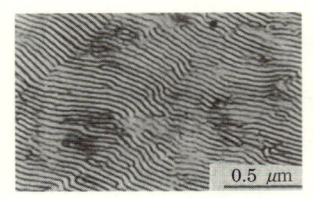

図3-7　SBSの相分離構造（透過電子顕微鏡像，黒い部分がポリブタジエンブロック）

　グラフト共重合体もカップリング法または重合法で合成することができる[12)]。重合法では末端ではなく高分子鎖の途中に重合開始点を生じさせ，そこから第二の高分子の枝を生長させる。例えば，ポリブタジエンは多くの二重結合を持つのでラジカルによりアリル位（炭素二重結合に隣接した炭素）の水素が引き抜かれてポリマーラジカルを生じる。ここを起点としてラジカル重合が起こるとグラフト共重合体が得られる。このようにしてポリブタジエン(B)の幹にアクリロニトリル(A)とスチレン(S)のランダム共重合体の枝を付けたグラフト共重合体がABS樹脂である。ただし，この場合には二段階目の重合で開始剤ラジカルから生長したポリブタジエンに結合していないAS共重合体もできる。ABS樹脂の固体は図3-8に示したようにポリブタジエン部分がサラミ状に相分離した構造をとる。'樹脂'と呼ばれることからわかるように，全体としては連続相を形成しているAS部分の性質である熱可塑性（thermoplastic）樹脂として振舞うが，衝撃を受けたときにゴム状のポリブタジエンの島がエネルギーを吸収するので均一なAS樹脂に比べて割れにくい。

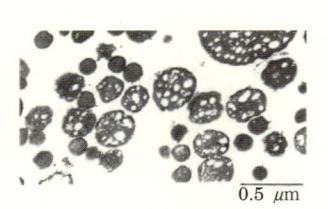

図3-8　ABS樹脂の相分離構造（透過電子顕微鏡像，黒い部分がポリブタジエン部分）

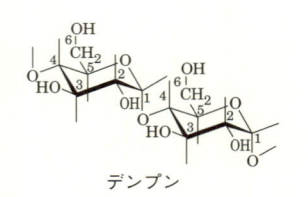

　セルロースやデンプン[13)]，ポリビニルアルコールのように多数の水酸基を持つ高分子は，セリウム(IV)イオン[14)]と反応してOH基の隣の炭素から水素が引き抜かれてラジカルが生じる。ここを開始点としてグラフト重合を行うことが可能である（図3-9）。この方法でつくられるデンプン-アクリル酸ナトリウムグラフト共重合体は，イオン性高分子であるポリアクリル酸ナトリウム鎖の吸水性と，デンプンの水酸基間の水素結合が架橋点になって

12) ガラスや金属などの表面から高分子鎖を生長させる場合にもグラフト重合という用語が使われる。例えば，金に結合するチオール化合物やガラスに結合するシラン化合物を介してモノマーや開始点となる官能基を表面に結合させて，そこから高分子鎖を生長させる方法が知られている。

デンプン

13) グルコースが α-1,4-グリコシド結合でつながれた多糖。α-1,6-グリコシド結合による分岐がある。

14) Ce^{4+}/Ce^{3+}の酸化還元電位は1.61 VでありCe^{4+}は強力な酸化剤である。

保持される網目構造のために，多量の水をゲルの内部に貯えることができる。このため，高吸水性高分子材料として利用されている。セリウム(IV)イオンを用いる同様な反応で，末端に水酸基を持つポリマーからブロック共重合体をつくることもできる。

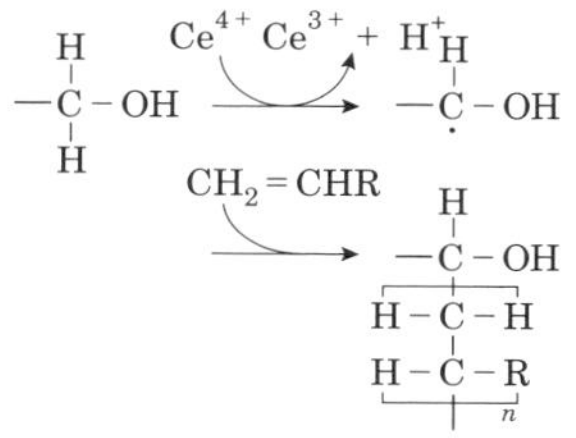

図3-9 セリウム（IV）によるグラフト重合

グラフト重合の開始点となる官能基は，幹になる高分子の重合時にコモノマーとして導入したり，重合後に化学反応により導入したりすることもできる。例えば，幹になる高分子に適当な炭素-ハロゲン結合が存在すれば，炭素-ハロゲン結合の切断によりアルキルラジカルを生成させる原子移動ラジカル重合（ATRP）(2-5-3項参照) を使ってグラフト重合を行うことができる（図3-10）。ポリスチレンを幹とするグラフト重合体を合成する場合には，スチレンと少量のクロロメチルスチレンを共重合して開始点となるC-Cl結合を導入する。また，Friedel Crafts反応を使えば重合後にクロロメチル基を導入することもできる（図3-2参照）。ATRPはリビング重合の一種なので，この方法を使うと枝の長さが揃ったグラフト共重合体が得られるという特徴がある。

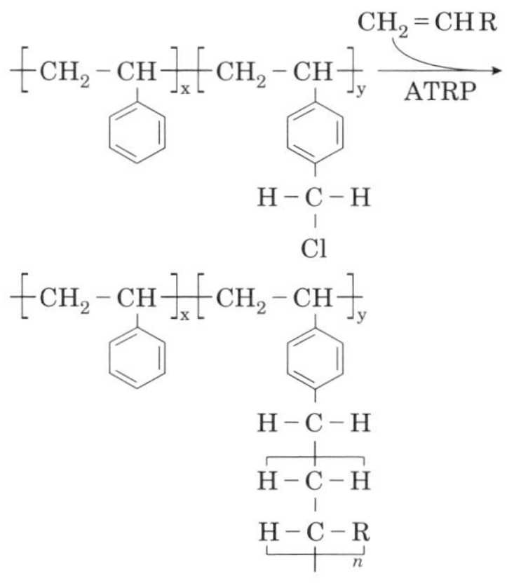

図3-10 ATRPによるグラフト共重合体の合成

ここまでは，主にビニルモノマーの付加重合でブロック共重合体やグラフト共重合体を得る方法について述べてきたが，開環重合や縮合重合を使って

ポリマーアロイとブロック・グラフト共重合体

別種の高分子を機械的に混合することにより得られるポリマーアロイは，それぞれの成分の優れた性質を併せ持つ高分子材料を得る簡便な方法として多用されている。しかし，一般的に異種高分子（例えばAとB）を混合すると分子レベルでは混じり合わずに相分離するため強度が著しく低下する。そこで，AとBのブロック共重合体やグラフト共重合体を共存させると，AとBの界面が安定化されて1μm以下の微視的なレベルでの相分離構造（ミクロ相分離構造）をつくる。ちょうど，界面活性剤が水と油の界面を安定化させて乳化するのと同様な働きである。このような働きをする物質を相溶化剤と呼んでいる。A，Bを機械的に混合する過程で，ラジカル反応などで両者の一部を共有結合でつなげて共重合体をつくるリアクティブプロセッシングも行われている。

合成することもできる。例えば、オクチル酸スズを用いるラクトン類の開環重合では、共開始剤として末端や鎖中に水酸基を持つ高分子を用いるとスズアルコキシドが生じそこから新しいポリマー鎖が成長する（2-7-4項参照）。

3-2 高分子の架橋反応

架橋反応は、高分子鎖間に橋かけ（架橋：crosslinking）構造を導入して3次元的な網目構造をつくる反応である。高分子を実際に材料として使用する際に要求される力学的性質や熱的性質を付与するために行われる重要な化学反応である。特に、エラストマー（弾性体）材料では、架橋反応はゴム弾性を実現するために必要不可欠な反応である。また、樹脂系の材料においても、架橋することにより、強度と耐熱性が向上する。しかし、架橋高分子は3次元的な網目構造を有するために良溶媒を加えても膨潤するが溶解することはなく（不溶）、また、高温にしても流動性を持たない（不融）ので、成型加工が著しく困難になる。このため、流動性のある鎖状高分子やプレポリマーを金型に充填したり、押し出し機で加工したりして、実際に使用される形状に成型してから架橋反応が行われる。

3-2-1 ゴムの架橋反応

ゴム材料は、ゴム弾性と呼ばれる特異な力学的挙動を示す。すなわち、大きく変形させることができて、しかも力を除くと瞬間的に元の形状に戻る。このような性質を示すためには、その高分子がガラス転移温度（glass transition temperature）以上のゴム状態（rubbery state）にあることが必要である（5-3-1項参照）。しかし、直鎖状の高分子のままでは、大きく変形させると分子間ですべりが起こってしまい力を除いても元の形には戻らない。元の形に戻るようにするためには高分子鎖間に橋かけ（架橋）をつくり3次元の網目構造を持たせることが必須である（図3-11）。

未架橋の天然ゴム（natural rubber）に硫黄を混ぜて加熱することで分子間に橋かけが起こりゴム弾性を示すようになることが、アメリカのC.Goodyear（1800-1860）により1839年に見いだされた。ゴムの架橋反応は加硫（vulcanization）とも呼ばれる。この反応では、加熱により通常は8員環構造をとっている硫黄分子が解裂してジラジカルが発生し、これが天然ゴム（ポリイソプレン）の二重結合の隣の炭素（アリル位）から水素を引き抜いて高分子鎖上にラジカルを発生させる（図3-12）。次いで、2か所の高分子ラジカルに硫黄ラジカルが付加する形で橋かけが形成される。実際には硫黄

網目構造の特性

架橋ゴムの力学的性質は未架橋ゴムの分子量やその分布よりも架橋によりつくられる網目の構造に大きく依存する。網目構造は、① 架橋密度（単位体積中の架橋点の数）、② 架橋の官能数（1つの架橋点から出る高分子鎖の数）、③ 架橋点間分子量（架橋点に挟まれた部分鎖の分子量）とその分布、④ 末端自由鎖数（未架橋ゴムの末端に相当する片側が固定されていない部分鎖の数）などで特徴付けられる。ゴム弾性の理論については5-6-4項を参照すること。

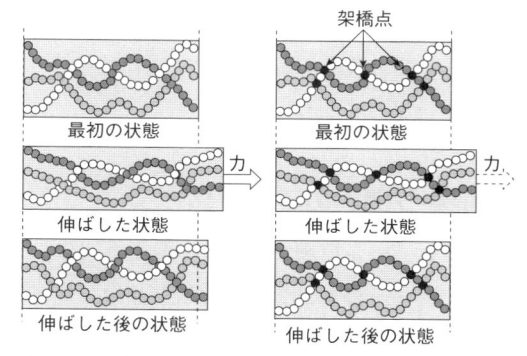

図3-11 未架橋ゴム（左）と架橋ゴム（右）の伸張

だけでは反応が遅いので、加硫促進剤などを添加して反応を加速している。ポリブタジエン[15]やスチレンブタジエンゴム、エチレン-プロピレン-ジエン三元共重合体（EPDM）[16]のように、主鎖または側鎖に二重結合を持つ合成ゴムでも同様な反応で架橋することができる。硫黄による架橋反応では、架橋された高分子鎖間に1～7個の硫黄原子が入ることができるが、この数が架橋ゴムの性質を決める重要な要因になる。硫黄の数が多いほど、架橋点の運動性が増し柔軟性の高いゴムになる一方、使用中に高温に曝された場合に、架橋点から脱離した硫黄ラジカルにより起こる2次的な架橋反応のために力学的な性質が変化しやすい。このため、耐熱性が要求される用途では、次に述べる過酸化物を用いる架橋反応が用いられることもある。

過酸化ジクミルなどの有機過酸化物を加熱すると、分解してラジカルが発生し、次いでこのラジカルが高分子鎖上の水素を引き抜き、高分子ラジカルを生じさせる。2つの高分子ラジカルが再結合反応を起こせば架橋が生じる（図3-12）。この場合は2つの炭素原子間に直接、共有結合ができるので、

図3-12 硫黄による天然ゴムの架橋反応（上）と過酸化ジクミルによるポリエチレンの架橋反応（下）

15) ブタジエンの重合で得られるポリブタジエンには3種類の結合様式がある。1位と4位が結合すれば主鎖に二重結合が残り*cis*または*trans*の配置をとる。1位と2位が結合すれば側鎖に二重結合が残る。ゴムとして用いられるのは*cis*-1,4-polybutadieneである。

cis-1,4

trans-1,4

1,2

16) エチレンとプロピレンに非共役ジエンであるエチリデンノルボルネンまたはジシクロペンタジエンを共重合させる。側鎖にC=Cを持つため主鎖にC=Cを持つゴムよりも耐熱性、耐光性などが優れる。

使用中に高温に曝された場合でも，2次的な反応は起こりにくく，耐熱性が優れた架橋ゴムが得られる。また，この方法では，ポリエチレンのように官能基のない高分子を架橋することもできる。

3-2-2　エポキシ樹脂の架橋反応

エポキシ樹脂は，フェノール樹脂やメラミン樹脂と同様に3次元網目構造を持つ熱硬化性樹脂である。優れた耐熱性，耐薬品性，電気絶縁性，接着性のために，塗料や電気・電子材料，接着剤として使用されている。ビスフェノールAとエピクロロヒドリンからつくられるプレポリマーとアミン類を含む硬化剤の混合により架橋反応を起こして硬化するエポキシボンドについては，第2章で学んだ。LSIの絶縁封止剤として用いる場合には，はんだ付けの際に高温（260℃程度）になるので耐熱性と耐吸湿性などで高度な性能が要求される。そのため，分子中に多数のエポキシ基を持つノボラック型，特にオルトクレゾールノボラック型エポキシ樹脂が多く用いられる（図3-13）。また，硬化剤としては多価フェノールが用いられる。アミンやカルボン酸を硬化剤として使う場合に見られる金属の腐食（未反応の官能基のイオン化が原因）が起こらないうえに，吸湿性を低くすることもできる。

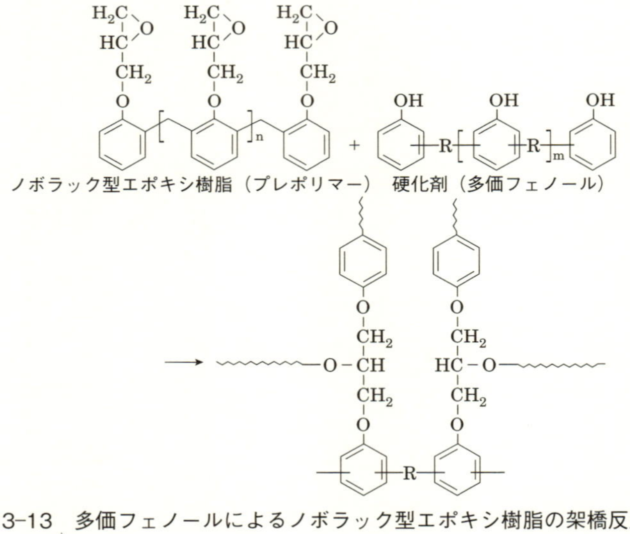

図 3-13　多価フェノールによるノボラック型エポキシ樹脂の架橋反応

3-2-3　水架橋反応

加水分解により生じる反応性基間の縮合反応で架橋を行う水架橋性高分子も実用化されている。共重合またはグラフト重合により高分子に導入されたアルコキシシリル基は水の存在下で加水分解されてシラノール基に変わり，続く縮合反応で高分子間に橋かけをつくる（図3-14）。この方法で高強度

の水架橋ポリエチレンが製造され，産業用電線，パイプなどの強度や耐久性が求められる用途に使用されている。また，アルコキシシリル基変成シリコーンゴムは空気中の水分を吸収して室温でも架橋反応を起こすため，シール剤として建築用途などに使用されている。この材料の利点は，非水条件では長期間の保存が可能でありながら，容器から外に出せば，他の薬剤を混ぜなくても，空気中の水分を吸収して自然に架橋反応が起こるという使い勝手の良さにある。

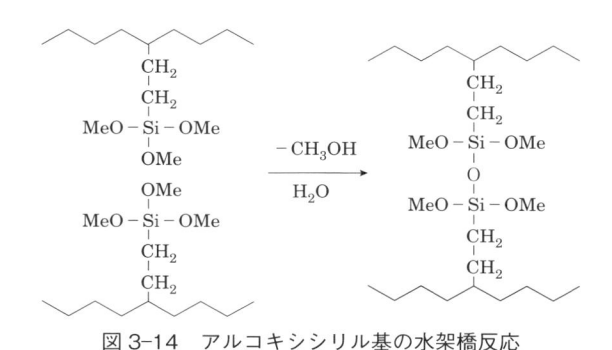

図3-14　アルコキシシリル基の水架橋反応

3-3　高分子の分解反応

　熱や光による高分子の主鎖の切断は高分子の分子量を低下させ，強度などの力学的性質を劣化させるため，好ましい反応ではない。材料の寿命や物性の経時変化を考える際にはこのような分解反応を考慮しなければならないし，必要に応じて酸化防止剤などを添加して防止する手立てを打たなければならない。しかし，制御された分解反応は，フォトレジストや生体吸収性医用高分子の場合のように，高分子材料の利用の範囲を広げることにもつながる。また，使用後に放置された高分子材料がもたらす環境への悪影響が社会問題となっているため，微生物などの作用で無害な物質にまで分解される生分解性高分子が最近，注目されている。さらに，限りある資源を有効に再利用するという観点から，使用後の高分子を，分解反応を使ってモノマーに戻して再利用するケミカルリサイクルの技術開発も進められている。

3-3-1　熱分解

　高分子を高温に曝すと，主鎖の切断や側鎖の脱離や環化などの反応が起こる。主鎖の切断には末端から順にモノマーが脱離する解重合（depolymerization）と，任意の個所で切断が起こるランダム分解（random degradation）がある。解重合は連鎖末端あるいは弱い結合部で主鎖が1か所切断す

ると，そこを起点として，重合の生長反応の逆反応により，モノマーが次々に外れることで進行する。したがって，分解の進行とともに徐々に分子量の低下が起こり，分解生成物は主にモノマーとなる。ポリメタクリル酸メチルやポリ（α-メチルスチレン）の熱分解は末端にラジカルが生成する解重合で進み，ほぼ100%の収率でモノマーを回収することができる。

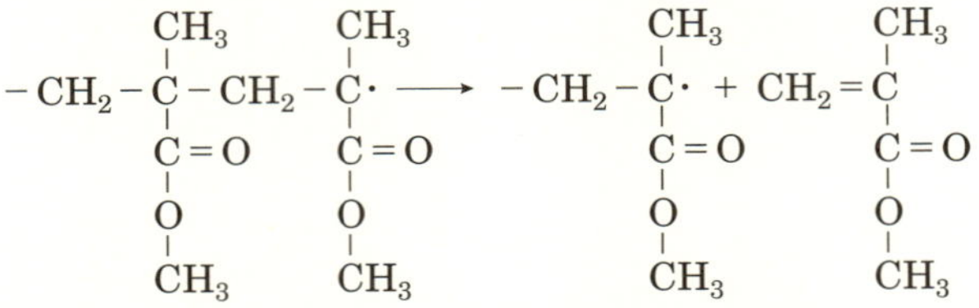

$$-CH_2-\underset{\underset{\underset{CH_3}{|}}{\underset{O}{|}}{\overset{CH_3}{\underset{|}{C}}}}{\overset{CH_3}{\underset{|}{C}}}-CH_2-\underset{\underset{\underset{CH_3}{|}}{\underset{O}{|}}{\overset{CH_3}{\underset{|}{C}}}}{\overset{CH_3}{\underset{|}{C}}}\cdot \longrightarrow -CH_2-\underset{\underset{\underset{CH_3}{|}}{\underset{O}{|}}{\overset{CH_3}{\underset{|}{C}}}}{\overset{CH_3}{\underset{|}{C}}}\cdot + CH_2=\underset{\underset{\underset{CH_3}{|}}{\underset{O}{|}}{\overset{CH_3}{\underset{|}{C}}}}{\overset{CH_3}{\underset{|}{C}}}$$

一方，ランダム分解では主鎖が任意の点で切断するために，分子量が急激に低下する。また，種々の大きさの低分子分解物を生じるが，その中のモノマーの割合は少ない。このような熱分解の機構はC-C結合の切断により生じたラジカルの反応性およびラジカルの転移反応を起こしやすい活性水素の有無によって決まる。また，分解残分の分子量と揮発性分解生成物の量の関係から，分解機構を推定することができる。

3-3-2　熱酸化分解反応

酸素が存在するときに起こる高分子の熱酸化反応はラジカル連鎖反応で進むため，無酸素状態の熱分解に比べて進行が速い（図3-15）。熱酸化反応では，まず高分子からポリマーラジカルR・が生じ，これが酸素と反応して過酸化ラジカルROO・を形成する（開始反応）。ROO・ラジカルは非常に反応性が高く，すぐに高分子鎖から水素を引き抜いてヒドロ過酸化物ROOHとポリマーラジカルR・を生成する。このR・が再び酸素と反応してROO・ラジカルを再生することで，反応が繰り返される（生長反応）。一方，ヒドロ過酸化物ROOHからは新たにポリマーラジカルR・が生じる（分枝反応）。最後に，ラジカル同士が反応すると安定な生成物になる（停止反応）。

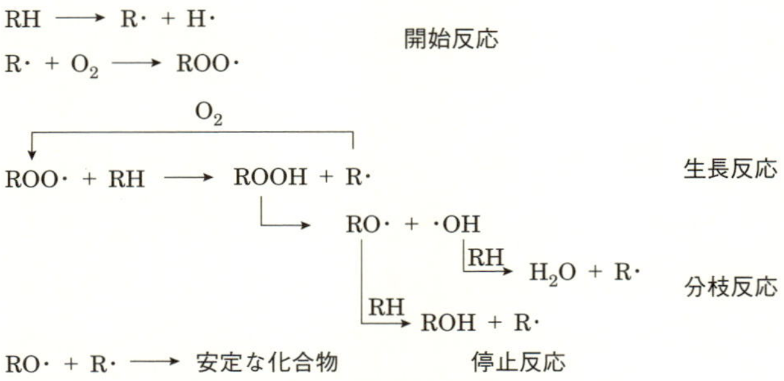

$$\begin{array}{ll}
RH \longrightarrow R\cdot + H\cdot & \\
R\cdot + O_2 \longrightarrow ROO\cdot & \text{開始反応}
\end{array}$$

$$\begin{array}{l}
\quad\quad\quad\quad O_2 \\
\downarrow \\
ROO\cdot + RH \longrightarrow ROOH + R\cdot \quad\quad\quad \text{生長反応}\\
\quad\quad\quad\quad\quad\quad\quad\quad \longrightarrow RO\cdot + \cdot OH \\
\quad\quad\quad\quad\quad\quad\quad\quad\quad\quad \xrightarrow{RH} H_2O + R\cdot \quad \text{分枝反応}\\
\quad\quad\quad\quad\quad\quad\quad\quad\quad \xrightarrow{RH} ROH + R\cdot \\
\\
RO\cdot + R\cdot \longrightarrow \text{安定な化合物} \quad\quad \text{停止反応}
\end{array}$$

図3-15　熱酸化反応の反応機構

酸素の功罪

多くの生物の生存に欠くことのできない酸素は，活性酸素という形に変わると反応性が非常に高くなり，様々な生体分子を酸化してガンや老化，生活習慣病の原因となっていると考えられている。生体内では有害な活性酸素を消滅させる抗酸化剤としてビタミンC（アスコルビン酸）やビタミンE（トコフェノール）などが働いている。（ただし，活性酸素には重要な生理活性もあるため，抗酸化剤をサプリメントとして過剰に摂取することは良くないとも言われている。）BHTの有害性が議論されるなかで，食品用の酸化防止剤としても使用されているビタミンCやEを，医療や食品用プラスチックに使用することが検討されている。

この反応の律速段階は過酸化ラジカルによる高分子からの水素引き抜き反応であるので，反応速度は過酸化ラジカルの反応性とC–H結合の強度によって決まる。C–H結合の強度はアリル位＜三級＜二級＜一級の順なので，酸化反応の受けやすさはこの逆順になる。

　高分子の熱酸化を防ぐためにはフェノール系，アミン系などの酸化防止剤（antioxidant）が添加される。代表的なフェノール系の酸化防止剤であるジブチルヒドロキシトルエン（BHT）は2つの過酸化ラジカルROO・と反応してラジカルを消滅させる。

3-3-3　生分解反応

　高分子材料の大量生産と大量消費に伴い，その廃棄物の処理や放置された高分子による環境破壊が問題になっている。そのため，加水分解や微生物の作用により，コンポスト中で生ゴミといっしょに分解されたり，土壌や水の中で分解されたりする，いわゆる生分解性高分子（biodegradable polymer）が注目されている。生分解性高分子とは，使用状態では製品の使用目的に必要とされる十分な機能を保ち，廃棄後には，微生物の働きにより，はじめは，モノマー単位に，最終的には水や二酸化炭素などにまで分解される高分子である。特に，使用量が多く成型加工が容易な熱可塑性樹脂，すなわちプラスチックとして使用できる生分解性高分子が求められている。（7-5節参照）

　微生物による分解反応において，高分子はまず，菌体外に放出された加水分解酵素や酸化酵素，還元酵素によるランダム分解を受けてある程度分子量が小さくなってから，菌体内に取り込まれて資化されると考えられている。酵素によらない酸，塩基触媒作用による加水分解が重要な場合もある。

　生分解性高分子は，① 天然物系，② 化学合成系，③ 複合材料系に大別することができる。天然高分子のうち多量に使用できるものには多糖類が多

17) β-1,4-グリコシド結合を加水分解する酵素で,生物界に広く存在する。分子内部から切断するエンドグルカナーゼと,糖鎖の還元末端と非還元末端のいずれから分解し,セロビオースを遊離するエキソグルカナーゼに分類できる。

キチン　　：R = -NHCOCH$_3$
キトサン　：R = -NH$_2$

3HB　　　3HV
3HB/3HV 共重合体

　　　加水分解　加水分解
ポリ乳酸（＊印は不斉炭素を表す。1-4-3項参照。）

ポリ（ε-カプロラクトン）

18) $E = h\nu = hc/\lambda$ （λ：波長, c：光速 $(2.997 \times 10^8 \text{ ms}^{-1})$, $h = 6.626 \times 10^{-34}$ Js）

い。植物のつくるセルロースやデンプン（アミロース），カニやエビの殻から取れるキチンとその誘導体のキトサン，微生物がつくるバクテリアセルロース，プルラン，カードランなどである。これらの多糖類に対してセルラーゼ[17]やアミラーゼ，キチナーゼなどの加水分解酵素が存在することが知られている。しかし，これらをプラスチックすなわち加熱により溶融する材料として使用することは難しい。水素細菌のつくるバイオポリエステルである，3-ヒドロキシ酪酸（3HB）/3-ヒドロキシ吉草酸（3HV）共重合体は，培養時の炭素源の組成を調整することにより，人為的に共重合組成を制御することができる。この高分子はプラスチックとして用いるのに十分な特性を備えており，しかもある程度の範囲で物性をコントロールすることができる。

化学合成でつくられる高分子でも，ポリカプロラクトン，ポリブチレンサクシネート，ポリ乳酸などの脂肪族ポリエステルはエステラーゼにより加水分解される。このうちポリ乳酸は，汎用プラスチックに代わることができるような優れた特性を持つ材料である。また，重合は化学反応で行われるが，原料の乳酸は生物由来であることから，再生可能な材料という点でも注目されている（2-7-4項参照）。ポリビニルアルコールはビニルポリマーの中では例外的に微生物によりよく分解されるが，アルコールオキシダーゼの一種によって酸化されて分解されると考えられている。

3-4　高分子の光化学反応

光が関わる化学反応は，分子が光を吸収することから始まる。振動数 ν の光量子1個の持つエネルギー E は $h\nu$（h：プランク定数）に等しく[18]，この値が分子の持つ固有のエネルギー準位間のエネルギー差（ΔE）に等しいときに，光の吸収が起こる。紫外光や可視光の場合には，光エネルギーの吸収により分子中の1個の電子がエネルギーの低い分子軌道から高い軌道へ移動し（電子遷移），その分子は基底状態（ground state）から励起状態（excited state）になる（図3-16）。このとき入射された光の強度のうち分子に吸収される強度は，その分子の分子吸光係数（absorption coefficient；ε）で決

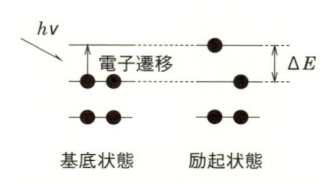

図3-16　光吸収による電子遷移

まる。励起状態の分子はエネルギーを熱や，蛍光，燐光として放出して基底状態に戻る場合もあるが，励起状態から様々な化学反応を起こすこともある。吸収された光量子数に対する，目的とする反応を起こした分子数の比を量子収率（quantum yield；ϕ）[19]と呼んでいる。したがって，光反応の効率を考える時には，光の振動数と強度，そして材料の吸光係数と量子収率が重要になる。

[19] ϕ＝（反応を起こした分子の数）/（吸収された光量子の数）

表 3-1　電磁波のエネルギーと分子のエネルギー

	波長	エネルギー	
	nm	eV	kJ mol^{-1}
可視光（赤）	700	1.77	170
可視光（紫）	420	2.95	284
紫外光	200	6.20	596
X線	0.1	12,400	1,190,000
C＝Oのn→π*遷移	280	4.43	426
C-H結合エンタルピー（平均）			412
C-C結合エンタルピー（平均）			348
C 第一イオン化エネルギー			1086

　励起状態と基底状態では，電子配置が異なるため安定性や反応性も異なり，基底状態の分子では起こりにくい反応が励起状態では容易に起こることがある。また，光による反応には，(1) 室温で温和な条件で起こる，(2) 反応の on-off を容易に制御できる，(3) 数 100 nm 程度の空間分解能（実際には回折限界により使用する光の波長程度が分解能の限界）で反応を制御できるなどの利点がある。

3-4-1　光分解反応

　紫外光による光分解反応においては，二重結合を持つ分子に見られる π→π*遷移と，カルボニル（C＝O）基を持つ分子に見られる n→π*遷移（270 – 300 nm）による光吸収が重要である（図3-17）。ポリメタクリル酸メチル（PMMA）はカルボニル基の光吸収により側鎖の脱離が起こり，

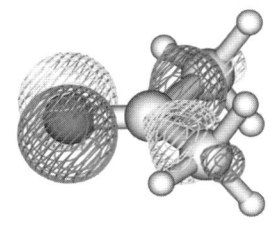

図 3-17　アセトンの HOMO（近似的に n 軌道）と LUMO（近似的に π*軌道）

主鎖に三級ラジカルが生成する。その後，β解裂により主鎖が切断され，アシル基で安定化された三級ラジカルが生成する。

$$-CH_2-\underset{\underset{\underset{CH_3}{O}}{\underset{|}{C=O}}}{\overset{CH_3}{\underset{|}{C}}}-CH_2-\underset{\underset{\underset{CH_3}{O}}{\underset{|}{C=O}}}{\overset{CH_3}{\underset{|}{C}}}- \xrightarrow{h\nu} -CH_2-\underset{\underset{\underset{CH_3}{O}}{\underset{|}{C=O}}}{\overset{CH_3}{\underset{|}{C}}} \curvearrowright CH_2-\underset{\underset{\underset{CH_3}{O}}{\underset{|}{C=O}}}{\overset{CH_3}{\underset{|}{C}}}- \longrightarrow$$

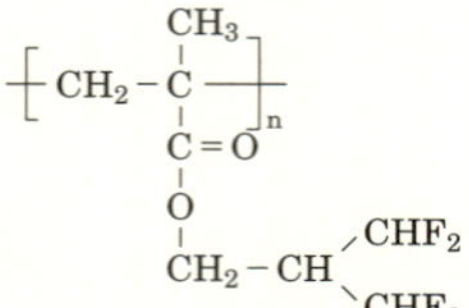

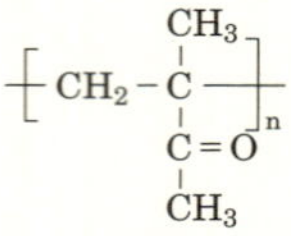

$$-CH_2-\overset{CH_3}{\underset{}{C}}=CH_2 \ + \ \cdot \underset{\underset{\underset{CH_3}{O}}{\underset{|}{C=O}}}{\overset{CH_3}{\underset{|}{C}}}-$$

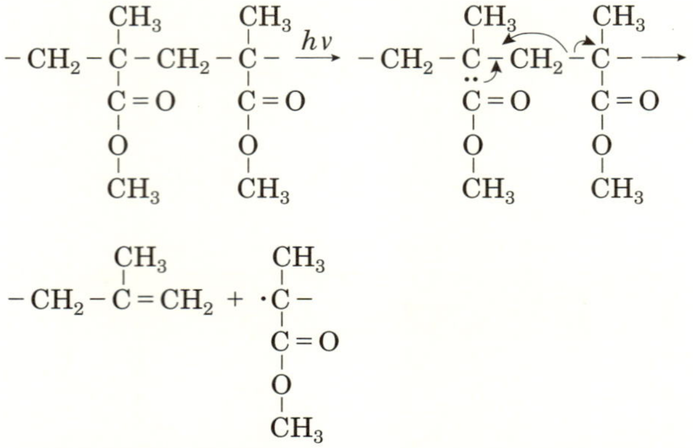

低分子量の生成物として：$CO, CO_2, \cdot CH_3, CH_3O\cdot$

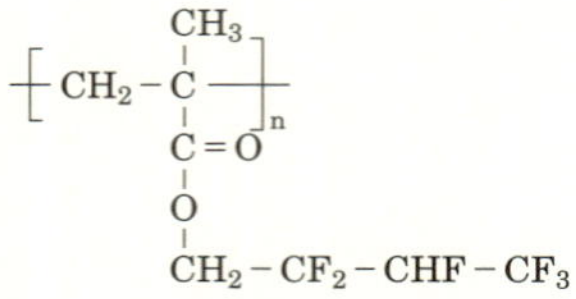

PMMAは主鎖切断による分子量の低下とガス状分子の発生による細孔構造の形成により溶解性が増すため，主鎖切断ポジ型フォトレジストとしてフォトリソグラフィーに応用されたが，感度が低いという欠点があった。感度向上のために，エステル基にフッ素を導入したポリメタクリル酸ヘキサフルオロブチル（**FBM**）や，ポリメタクリル酸ジメチルテトラフルオロプロピル（**FPM**）が，その後開発された。また，300 nm付近に吸収を示すポリケトンも主鎖切断型感光性高分子として利用されており，紫外線に対しPMMAより高い感度で反応する。ポリメチルイソプロペニルケトン（**PMIPK**）では，増感剤として安息香酸誘導体を加えることで，さらに感度の向上が図られている。

ポリエチレンなどの飽和炭化水素系の高分子は本来，紫外光を吸収しないので光反応は起こさないはずであるが，実際には微量に含まれるカルボニル基[20]を反応点として，ケトンの光解裂反応と同様なNorrish反応を起こすことが知られている（図3-18）。2つの反応経路がありNorrish I型反応ではアルキルラジカルとアシルラジカルに分解した後に，2次的な反応を起こして安定な生成物となる。Norrish II型反応では，六員環構造の中間体を経

[20] 重合時や熱酸化反応でできることがある。

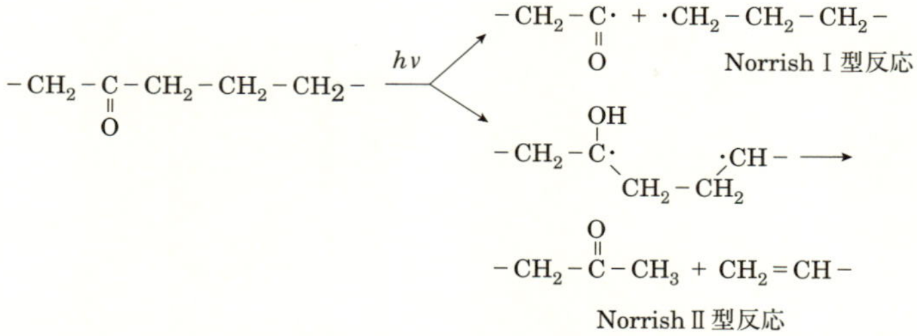

図3-18 カルボニル基を反応点とするポリエチレンの光分解反応（Norrish反応）

てカルボニル基がγ位の水素を引き抜いた後に，β位のC-C結合が切断される。

このような光分解反応を抑制するためには，ベンゾフェノン誘導体などの紫外線吸収剤が添加される。これらは高分子が劣化を受けやすい波長の光を吸収し，無害な振動エネルギーや熱エネルギーに変換することで，紫外線から守る働きをする（図3-19）。また，フェノール類や，アミン類のラジカル捕捉剤の添加も有効である。

図3-19 2-ヒドロキシベンゾフェノンの光反応

3-4-2 光架橋反応

ケイ皮酸は300 nm付近の光を吸収して環状二量体を作る。したがってケイ皮酸を側鎖に持つ高分子は光により架橋反応（crosslinking reaction）を起こす。光架橋反応により溶媒に不溶になるため，このような材料はネガ型のフォトレジスト（詳細については6-2-2項を参照）として使うことができる。

先の例は，高分子自体が光を吸収する発色団を持つ場合であるが，あらかじめ混合しておいた低分子化合物の光反応を利用して高分子の光架橋を行うこともできる。例えば，アジドは光反応により極めて活性が高く種々の反応を引き起こすナイトレンを生じる。ナイトレンはC-H結合に挿入したり，C=C二重結合に付加したりして高分子を架橋する。

光電子移動反応

光励起状態では基底状態に比べて高いエネルギーレベルの軌道に電子が詰まっているため，基底状態よりも電子供与性が高くなる。また，基底状態に比べて低いエネルギーレベルに空軌道が存在するために，電子受容性も高くなる。したがって，光励起を引き金とした他の分子との電子の授受（光電子移動）が起こりやすい。この過程は，光合成の初期段階で重要である。光合成を担うタンパク質である光合成活性中心では，クロロフィル類の光吸収で励起された電子の移動により生じる電荷分離が反応の駆動力となっている。

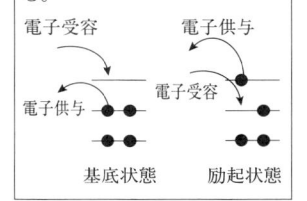

$$N_3\text{-}R\text{-}N_3 \xrightarrow[-N_2]{h\nu} \cdot\dot{N}\text{-}R\text{-}\dot{N}\cdot \nearrow \begin{array}{c} \text{—}CH_2\text{—} \\ \\ \text{—}CH=CH\text{—} \end{array} \begin{array}{c} HC\text{-}N\text{-}R\text{-}N\text{-}CH \\ |\;\;\;|\;\;\;\;\;\;\;\;|\;\;\;| \\ \;\;\;H\;\;\;\;\;\;\;\;H \\ HC \\ |\;\;\;>N\text{-}R\text{-}N<\;| \\ HC\;\;\;\;\;\;\;\;\;\;\;\;\;\;\;CH \end{array}$$

ビスアジド化合物による光架橋反応

3-5　電子線照射による反応

　図 3-20 に示したような電子線照射装置を使って，フィラメントから放出される熱電子を真空中の静電場で加速した後に，物質に照射することで様々な化学反応を起こすことができる。電子線照射により化学反応を起こすには，一般に数 10 kV の電位差で加速された電子が使われる。このように加速された電子線は，化学の世界で考える限り非常に大きなエネルギーを持っているといえる。例えば 10 kV の電圧で加速された電子の持つエネルギー 10 keV は 9.6×10^5 kJ mol^{-1} に相当するが，これは炭素のイオン化エネルギー 1.09×10^3 kJ mol^{-1} よりはるかに大きい。このような電子線は電離放射線と呼ばれるように，原子に衝突すると電子を弾き出して，イオンやラジカルを生成させる。さらに，飛び出した 2 次電子も充分なエネルギーを持つため，別の原子に衝突して電離や電子励起を引き起こすことができる。

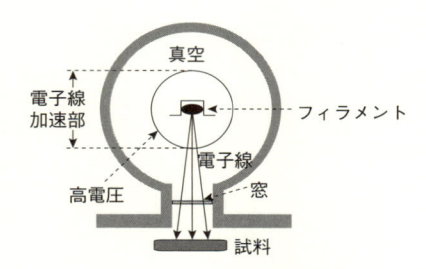

図 3-20　電子線照射装置

　この過程で生じた高分子ラジカルが再結合すれば，架橋が生じる。この方法では，高分子に添加物を加えることなく架橋することができる。また，電子ビームは極めて細く絞ることができる（0.1 nm 以下も可能）ため，解像度の高いリソグラフィーが可能である。フォトリソグラフィーではマスクを通して光を照射することでパターンを描画するが，電子線リソグラフィーでは電子線の走査により直接パターンを描画する方法がとられる。エポキシ基は電子線照射により高感度で架橋するため，アクリル酸エチルとメタクリル

酸グリシジルの共重合体がネガ型レジストとして用いられている。また，ポリスチレンにクロロメチル基，塩素，ヨウ素を導入すると電子線に対する感度が大幅に上昇するため，電子線用ネガ型レジストとして用いられている。

3-6 高分子の電気化学反応

ポリアセチレンなどの全π電子共役系高分子が電子伝導性を示すことは第6章で学ぶが，これらの高分子の中には，可逆的な酸化還元反応を電気化学的に行えるものがあり，電極活物質として2次電池（secondary cell，蓄電池，バッテリ）で使われている。例えば，ポリアセチレンやポリチオフェンは，酸化剤によるp型ドーピング（高分子が正電荷を持つ）も，還元剤によるn型ドーピング（高分子が負電荷を持つ）も可能である。そこで，2枚のポリアセチレン膜を過塩素酸リチウムの水溶液に浸して電圧をかけると，負極がリチウムイオンでドーピング（n型ドーピング）され，正極が過塩素酸イオンでドーピング（p型ドーピング）されることで充電されて，約3Vの電位差を生じる。放電では逆にそれぞれのイオンが脱ドープされることで，電子の授受が起こり，電流が流れる。

trans-ポリアセチレン

ポリチオフェン

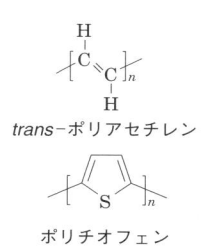

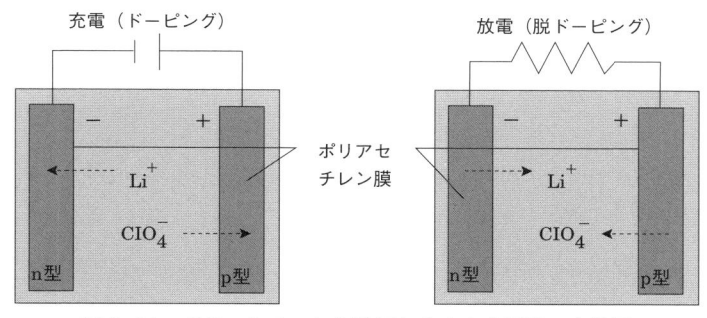

図3-21　ポリアセチレンを電極とする2次電池の充放電

また，ポリピロールやポリアニリン[21]はアニオンによるp型ドーピングのみが可能であるが，これらを正極として用いてリチウムを負極とすることで，2次電池にすることができる（リチウム2次電池）。この場合，高分子正極材は充電により酸化されてp型導電体となり，放電により還元されて中性に戻る。

[21] ポリピロールやポリアニリンは，モノマーであるピロールやアニリンに酸化剤を加えて酸化的に重合することで得られる。また，電極反応で酸化（モノマーから正極への電子移動）させても重合が起こる。このような重合法を電解重合と呼んでいる。

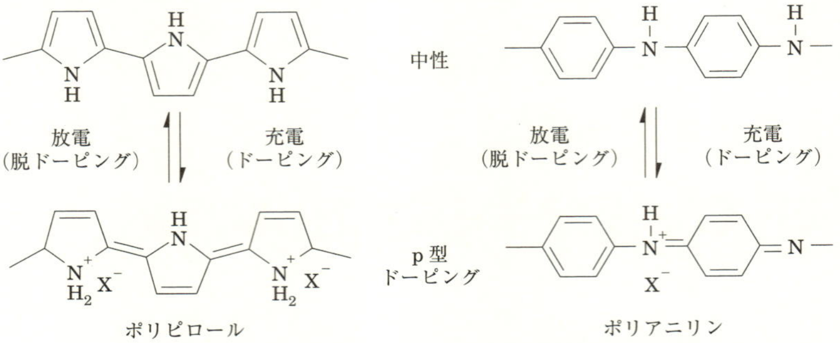

図3-22 ポリピロール，ポリアニリンの酸化還元反応

参考文献

1) Herman F. Mark，「ライフ／人間と科学シリーズ 高分子の化学」，タイムライフブックス（1975）
2) 高分子学会編，「高分子新素材便覧」，丸善（1989）
3) 市村国宏，「光機能化学」，産業図書（1993）

章末問題

問1 セルロースのアセチル化反応で得られた重合度1,000，置換度2.0の酢酸セルロースにおいて，2, 3, 6位の水酸基の反応性比が0.6:0.4:1であったとする。このとき，2, 3, 6位の水酸基は酢酸セルロース1分子あたりそれぞれ何個置換されていると期待されるか。

問2 セルロースのグラフト共重合体を得る方法を3つ示せ。

問3 280 nmの出力1 Wの光源を使って，ある高分子に全部の光量子が吸光される条件で量子収率が0.1の光化学反応を10秒間行うときの反応数を求めよ。

問4 Merrifield樹脂を使った固相法でアミノ酸一残基あたりの平均収率が結合，回収を含めて98%であるとする。リボヌクレアーゼA（124残基）を合成するとき，全反応の収率の期待値を求めよ。

問5 高分子の熱分解においてポリメタクリル酸メチルは高い収率でモノマーを与えるが，ポリエチレンではほとんど得られない。この相違を説明せよ。

問6 テレビなどのブラウン管では，約20 kVの電位差で電子が加速されている。この電子線と同じエネルギーを持つ電磁波の波長を求めよ。その波長の電磁波は何と呼ばれる領域（紫外光，X線‥）にあるか。

問7 図3-21に示した2次電池において，ドーピングされていないポリアセチレンに0.1 Aの電流を1時間流して充電した後に，負極側のポリアセチレンにドーピングされているLi^+の物質量（mol）を求めよ。

問8 ポリスチレンを原料として，そのベンゼン環の10%にスルホ基を導入したイ

オン交換樹脂を合成するとき，交換容量の上限を求めよ．

問 9 1 g のポリ酢酸ビニルをメタノールに溶解させた後に，1 M（mol L^{-1}）水酸化ナトリウム水溶液 10 mL を加えて加水分解（ケン化）を行った．1 時間反応させた後に，反応溶液に 1 M 塩酸を加えて中和滴定を行ったところ，当量点は 1 mL であった．この反応で得られたポリビニルアルコールのケン化度を求めよ．

第4章 高分子の溶液

　高分子材料を利用するにあたり，高分子が溶媒に溶解するかどうかは，重大な問題である。高分子が溶媒に溶解するかどうかは，高分子と溶媒分子の相互作用によって決まり，溶解した高分子鎖の形態や拡がり具合は，高分子と溶媒分子の相互作用や，1本の高分子鎖内部の原子間相互作用によって決まる。これらの相互作用の強さは，溶液の温度等によって変化し，高分子鎖の拡がり具合に応じて，粘度などの溶液の性質・性状が変化する。

　この章では，希薄溶液中の高分子鎖の形態や拡がり具合を表す方法と溶液の性質・性状の関係について解説する。

4-1　高分子鎖の大きさ

　一般に，モノマーが多数結合して鎖状構造をとる高分子は，熱運動により単結合回りに回転することができるため，伸びた形態や縮んだ形態をとり，屈曲性高分子と呼ばれる（図4-1）。

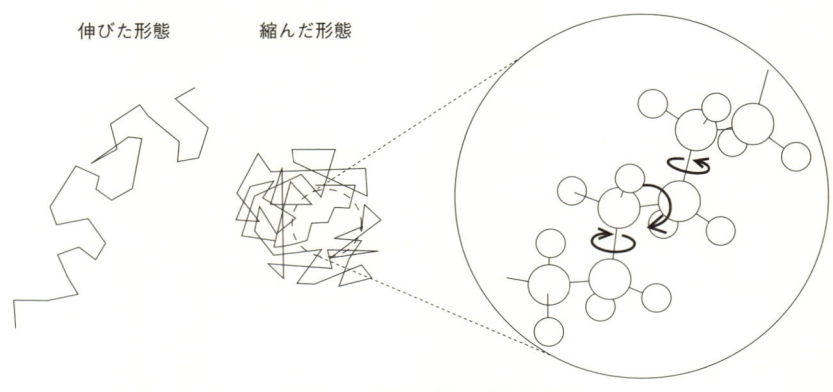

図4-1　高分子鎖の形態変化

　分子の形態が常に変化しているため，形態に依存しない分子の大きさ（拡がり具合）を定義し，その平均値を高分子鎖の大きさとする。このような大

きさの定義として，平均二乗両末端間距離と平均二乗回転半径がある。

本節では，高分子鎖の拡がり具合に及ぼす溶媒や温度の影響等について解説する。

4-1-1 平均的な大きさの定義

(1) 平均二乗両末端間距離 $\langle R^2 \rangle$

高分子鎖の拡がり具合を表す指標として，高分子鎖の一方の端からもう一方の端までの直線距離である両末端間距離 R が考えられる。図 4-2 に示したように，高分子鎖の個々の結合をベクトル $\boldsymbol{b}_i$ で表すと，両末端を結ぶベクトル $\boldsymbol{R}$ は $\boldsymbol{R} = \sum_{i=1}^{n} \boldsymbol{b}_i$ と定義できる。

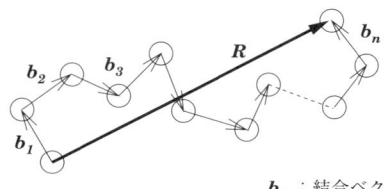

図 4-2 両末端間ベクトル

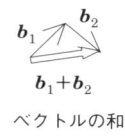

$\boldsymbol{b}_i$：結合ベクトル
n：結合数
$\boldsymbol{R}$：両末端間ベクトル

ベクトルの和

R は，式（4-1）のように $\boldsymbol{R}$ 自身の内積（スカラー積）の根をとることで計算できるが，R^2 の値をそのまま高分子鎖の大きさを表す指標とする。（二乗両末端間距離）

$$\boldsymbol{R} \cdot \boldsymbol{R} = |\boldsymbol{R}|^2 = R^2 \tag{4-1}$$

上式に $\boldsymbol{R}$ の定義を代入すると，R^2 は式（4-2）のように，結合の長さ $|\boldsymbol{b}_i| = b_i$ に関する項と，結合 $\boldsymbol{b}_i$ と $\boldsymbol{b}_j$ の内積 $\boldsymbol{b}_i \cdot \boldsymbol{b}_j$ に関わる項の和になる。

$$R^2 = \left(\sum_{i=1}^{n} \boldsymbol{b}_i\right) \cdot \left(\sum_{i=1}^{n} \boldsymbol{b}_i\right) = \sum_{i=1}^{n} b_i^2 + 2\sum_{i=1}^{n-1} \sum_{j=i+1}^{n} \boldsymbol{b}_i \cdot \boldsymbol{b}_j \tag{4-2}$$

$\boldsymbol{b}_i \cdot \boldsymbol{b}_j = |\boldsymbol{b}_i||\boldsymbol{b}_j|\cos\theta_{ij}$

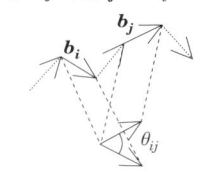

ベクトルの内積

時々刻々と形が変化する高分子鎖に対して，R^2 の時間平均を考える。形が変化しても b_i は変化しないため，第一項を平均する必要はないが，第二項は，$\boldsymbol{b}_i$ と $\boldsymbol{b}_j$ のなす角度 θ_{ij} の関数であり，形の変化とともに θ_{ij} が変わるため，時間平均をとる必要がある。平均操作を $\langle \ \rangle$ で表すと，平均二乗両末端間距離 $\langle R^2 \rangle$ は，次式で表すことができる。

$$\langle R^2 \rangle = \sum_{i=1}^{n} b_i^2 + 2\sum_{i=1}^{n-1} \sum_{j=i+1}^{n} \langle \boldsymbol{b}_i \cdot \boldsymbol{b}_j \rangle \tag{4-3}$$

全ての結合の長さが等しい場合（$b_i = b \quad i = 1, 2, \cdots n$），式（4-3）は次式になる。

$$\langle R^2 \rangle = nb^2 + 2b^2 \sum_{i=1}^{n-1} \sum_{j=i+1}^{n} \langle \cos\theta_{ij} \rangle \tag{4-4}$$

$\langle R^2 \rangle$ の値を計算するには，個々の結合の長さ b や θ_{ij} の分布を知る必要がある。

(2) 平均二乗回転半径 $\langle S^2 \rangle$

直鎖状の高分子ではなく，大きな側鎖が結合した高分子や枝分かれのある高分子の場合，必ずしも R が分子の拡がり具合に対応しているとは限らない。より複雑な形状の高分子鎖の大きさを表すため，高分子鎖の重心と分子鎖を構成する原子 i を結ぶベクトルを s_i と定義し，その長さ s_i の二乗を，分子内の全ての原子について平均して，高分子鎖の拡がり具合の指標 S^2 とする（式 (4-5)，図 4-3）。

$$S^2 = \frac{1}{n+1} \sum_{i=0}^{n} s_i^2 \tag{4-5}$$

● ：重心
原子間ベクトル $R_{ij} = s_j - s_i$

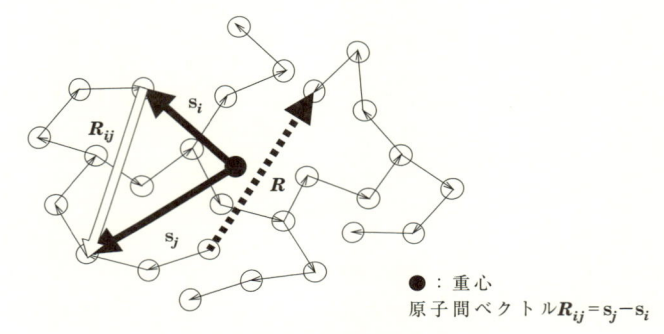

図 4-3 非直鎖状高分子の拡がり

R^2 と同様，時々刻々と変形する高分子鎖に対して S^2 の時間平均をとった値 $\langle S^2 \rangle = \frac{1}{(n+1)^2} \sum_{i=0}^{n-1} \sum_{j=i+1}^{n} \langle R_{ij}^2 \rangle$ を，平均二乗回転半径と呼ぶ。$\langle S^2 \rangle$ を具体的に計算するには，重心周りの原子の分布（R_{ij} の分布）を知る必要がある。また $\langle S^2 \rangle$ は，後節で説明する光散乱法で測定することができる。

4-1-2 高分子鎖モデルと実在鎖

高分子鎖の大きさを表す $\langle R^2 \rangle$ や $\langle S^2 \rangle$ を計算するには，結合間の角度や重心周りの原子の分布を知る必要がある。隣接する結合のとりうる角度や，結合軸周りの回転しやすさなどが異なるいくつかの高分子鎖モデルについて，具体的に計算する方法を検討してみよう。

(1) 自由連結鎖 (freely jointed chain)

隣接する結合間の角度 $\theta_{i,i+1}$ が，$-\pi \leq \theta_{i,i+1} \leq \pi$ の範囲で任意の値をとることができるモデルを自由連結鎖（またはランダムフライト鎖，ランダム

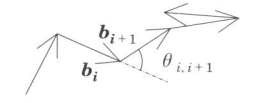

$\theta_{i,i+1}$：隣接結合間の角度
$-\pi \leq \theta_{i,i+1} \leq \pi$

図4-4　自由連結鎖

コイル鎖）と呼ぶ（図4-4）。

熱運動により$\theta_{i,i+1}$がランダムに変化すると，θ_{ij}は$-\pi \leq \theta_{ij} \leq \pi$の範囲で一様に分布するため，式（4-4）の第2項が0となり，$\langle R^2 \rangle$は次式で計算できる。

$$\langle R^2 \rangle = nb^2 \tag{4-6}$$

また，nが十分大きいとき，$\langle R^2 \rangle$と$\langle S^2 \rangle$の間に次の関係が成立する。

$$\langle S^2 \rangle = \frac{1}{6} \langle R^2 \rangle \tag{4-7}$$

(2) 自由回転鎖 (freely rotating chain)

隣接する結合間の角度$\theta_{i,i+1}$がすべて等しく（$\theta_{i,i+1} = \theta$　$i = 1, 2, \cdots n$），一定の値を保ったまま，結合軸周りに自由に回転できる鎖を，自由回転鎖と呼ぶ。（図4-5）

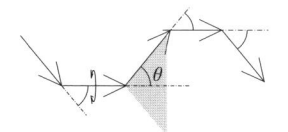

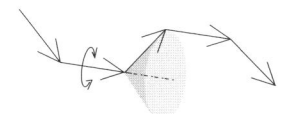

θ：隣接結合間の角度

図4-5　自由回転鎖

このモデルでは，$\langle \cos \theta_{ij} \rangle = (\cos \theta)^{j-i}$となるため，$\langle R^2 \rangle$は式（4-8）で計算することができる。

$$\langle R^2 \rangle = nb^2 \left\{ \frac{1 + \cos \theta}{1 - \cos \theta} - \frac{2\cos \theta}{n} \frac{1 - (\cos \theta)^n}{(1 - \cos \theta)^2} \right\} \tag{4-8}$$

$$\approx nb^2 \frac{1 + \cos \theta}{1 - \cos \theta} \quad (n\text{が大きい時})$$

ポリエチレン鎖のC−C単結合の場合，$\theta = 180° - 109.5°$（$\cos \theta \approx 1/3$）であるため，$\langle R^2 \rangle = 2nb^2$となる。また，自由連結鎖の場合と同様に，$n$が十分大きいとき，$\langle R^2 \rangle$と$\langle S^2 \rangle$の間に式（4-7）の関係が成立する。

(3) 束縛回転鎖

自由回転鎖は，結合軸周りに自由に回転できることを想定したモデルであるが，実在する高分子鎖は，第1章の図1-3に描いたように，同一分子内の原子が近づきすぎないような形態をとっていることが多い。例えば，ブタ

平均値の求め方

一般に x の平均値 $\langle x \rangle$ は次式で計算できる。

$$\langle x \rangle = \frac{\Sigma x \cdot p(x)}{\Sigma p(x)}$$

ここで $p(x)$ は，値が x になる確率を表す関数である。

例：サイコロを 1,200 回振った時の出目の平均値 $\langle N \rangle$

$$\langle N \rangle = \frac{5+4+2+\cdots+4+3+1}{1200}$$
$$= \frac{(1+\cdots+1)+\cdots+(6+\cdots+6)}{(200)+\cdots+(200)}$$
$$= \frac{1\times(200/1200)+\cdots+6\times(200/1200)}{(200/1200)+\cdots+(200/1200)}$$
$$= \frac{1\times(1/6)+2\times(1/6)+\cdots+6\times(1/6)}{(1/6)+\cdots+(1/6)}$$

Boltzmann 因子

熱運動する原子・分子が，特定の状態 x においてエネルギー $E(x)$ を保有するとき，$x \sim x+dx$ の状態である確率は次式に比例する。

$$\exp\left\{-\frac{E(x)}{kT}\right\}dx$$

ここで k は Boltzmann 定数，T は絶対温度。

例：質量 m の気体分子が高さ $h \sim h+dh$ にいる確率は次式に比例する。

$$\exp\left(-\frac{mgh}{kT}\right)dh$$

ンの場合，回転角 ϕ は $0°$，$\pm 120°$ をとることが多く，$\pm 60°$，$\pm 180°$ であることは少ない。ϕ の分布を考慮したモデルを束縛回転（hindered rotation）鎖と呼ぶ（図 4-6）。

束縛回転鎖の $\langle R^2 \rangle$ は式（4-9）で計算できる。

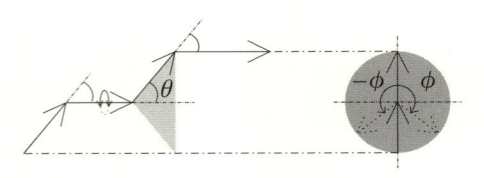

図 4-6　束縛回転鎖

$$\langle R^2 \rangle = nb^2 \left(\frac{1+\cos\theta}{1-\cos\theta}\right)\left(\frac{1+\langle\cos\phi\rangle}{1-\langle\cos\phi\rangle}\right) \tag{4-9}$$

ここで，$\langle\cos\phi\rangle$ は ϕ の分布を考慮して求めた $\cos\phi$ の平均値であり，次式を用いて計算できる。

$$\langle\cos\phi\rangle = \frac{\int_{-\pi}^{\pi}\cos\phi\exp\left\{-\frac{E(\phi)}{kT}\right\}d\phi}{\int_{-\pi}^{\pi}\exp\left\{-\frac{E(\phi)}{kT}\right\}d\phi} \tag{4-10}$$

$E(\phi)$ は，高分子鎖が回転角 ϕ の時に保有しているエネルギーで，図 1-3 に相当する関数である。その指数関数値に $d\phi$ をかけ算した項は，熱運動によって分子が回転した際に，回転角が ϕ から $\phi+d\phi$ である確率を表している。

(4) みみず鎖（worm-like chain）

大きな側鎖が結合していたり，分子内で水素結合していたりして，あまり大きく折れ曲がることのできない高分子を，半屈曲性高分子と呼ぶ。このように，比較的伸びた形態をとる高分子鎖に対応するモデルとして，みみず鎖（Kratky-Porod または KP 鎖）がある。

このモデルでは，両末端間ベクトル $\boldsymbol{R}$ の第 1 結合ベクトル $\boldsymbol{b}_1$ 方向成分の平均値 $\langle \boldsymbol{R}\cdot\boldsymbol{b}_1/b \rangle$ を，鎖の伸び具合の指標とする（図 4-7）。

自由回転鎖の場合，次式で計算できる。

$$\left\langle \boldsymbol{R}\cdot\frac{\boldsymbol{b}_1}{b}\right\rangle = (1/b)\sum_{i=1}^{n}\langle\boldsymbol{b}_i\cdot\boldsymbol{b}_1\rangle = b\frac{1-(\cos\theta)^n}{1-\cos\theta} \tag{4-11}$$

n が充分大きいとき（$n\to\infty$）の値を持続長 q と定義する。

$$q \equiv \lim_{n\to\infty}\left\langle \boldsymbol{R}\cdot\frac{\boldsymbol{b}_1}{b}\right\rangle = \frac{b}{1-\cos\theta} \tag{4-12}$$

q と高分子鎖の長さ $L=nb$ が一定の条件下で $n\to\infty$（$b\to 0$，$\theta\to 0$）の

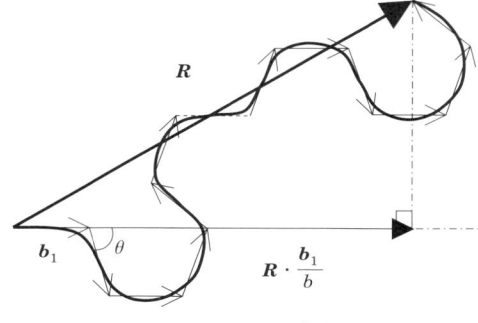

図 4-7 みみず鎖

極限を考えたとき,高分子鎖は滑らかな曲線と見なすことができる。これをみみず鎖と定義する。みみず鎖の $\langle R^2 \rangle$ および $\langle S^2 \rangle$ は次式で与えられる。

$$\langle R^2 \rangle = 2qL - 2q^2 \left\{ 1 - \exp\left(-\frac{L}{q}\right) \right\} \tag{4-13}$$

$$\langle S^2 \rangle = \frac{qL}{3} - q^2 + \frac{2q^3}{L} - \frac{2q^4}{L^2} \left\{ 1 - \exp\left(-\frac{L}{q}\right) \right\} \tag{4-14}$$

(5) 理想鎖 (ideal chain)

自由連結鎖は,隣接結合角が任意の値をとることができるうえ,原子の大きさを考慮していないため,原子の重なりを許容していることになる。自由回転鎖や束縛回転鎖は,隣接結合角や近接原子間相互作用を考慮しているため,近接原子は重ならないが,より距離の離れた原子同士の重なりを許容している。原子の大きさや遠隔相互作用を考慮していないこれらのモデルを,理想気体になぞらえて理想鎖または非摂動鎖と呼ぶ。

近接相互作用の影響がおよぶ複数の連続した結合をひとまとめにして,仮想的な結合単位(セグメント)とみなし,1 本の高分子鎖をセグメントが連結したものであると考えると,隣接セグメント間の角度 $\theta'_{i,i+1}$ は $0 \leq \theta'_{i,}$

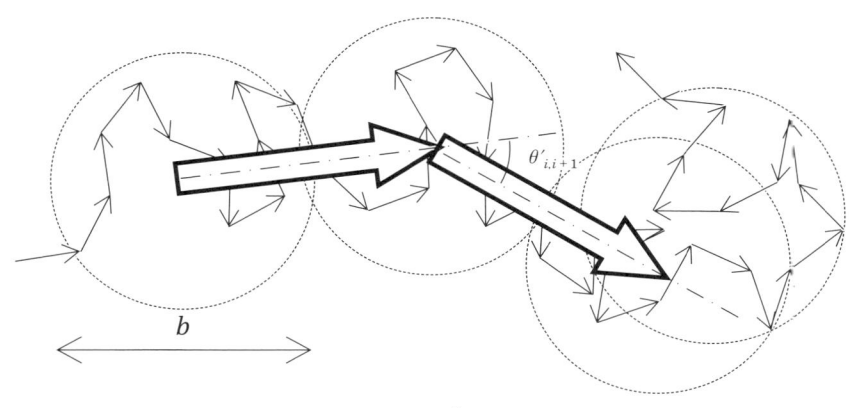

図 4-8 セグメント

$_{i+1} \leq \pi$ の範囲で任意の値をとることができる。セグメントの大きさを b, 結合数を n とすると, 有効結合長 b, 有効結合数 n の自由連結鎖モデルを用いて理想鎖の拡がり具合を解析することが可能となる（図 4-8）。

自由連結鎖では, R の分布 $P(R)$ を統計的に求めることができる。$P(R)$ は, 高分子鎖の一方の端を原点に置いたとき, もう一方の端が R の先端にある微小単位体積中に存在する確率（確率密度）で, 次式のように Gauss 分布関数で近似できる（図 4-9）。

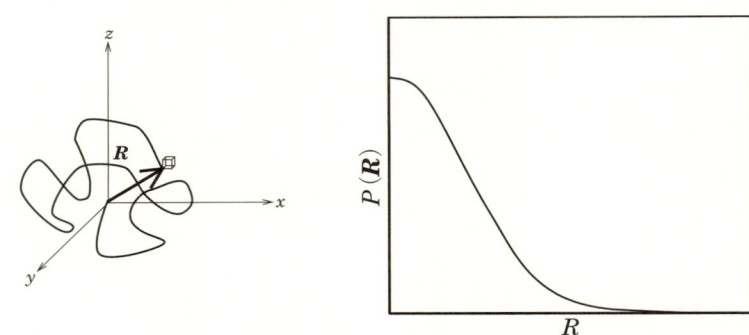

図 4-9 R の分布 $P(R)$

$$P(\boldsymbol{R}) = \left(\frac{3}{2\pi nb^2}\right)^{3/2} \exp\left(-\frac{3R^2}{2nb^2}\right) \qquad [m^{-3}] \qquad (4-15)$$

式（4-15）は, 空間内を歩幅 b で任意の方向に歩く 3 次元酔歩において, n 歩後に R に到達する確率密度と等しい。

常に形態が変化する高分子鎖の R は, 全ての方向に等しい確率で出現する。したがって, 同じ長さを持つ R の先端は, 半径 R の球面上に均等に分布する（球対称分布, 図 4-10）ため, R の長さが $R \sim R+dR$ である確率は, （確率密度）×（球殻の体積）$= P(\boldsymbol{R}) \times 4\pi R^2 dR$ で計算できる。

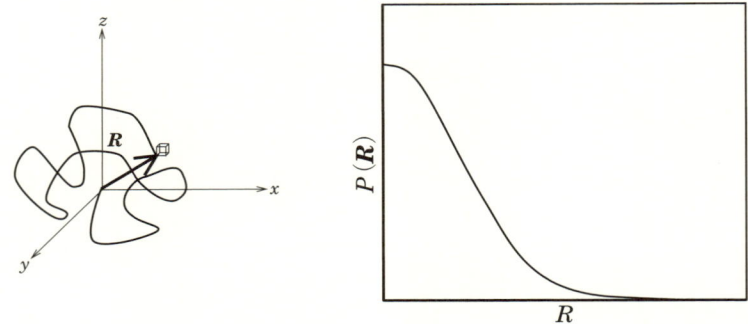

---

3 次元酔歩

x 軸上を歩幅 b_x で, 正または負の方向に等しい確率で移動する人が, n_x 歩後に x に到達する確率 $p(x)$ は, 次式で与えられる。

$$p(x) = \left(\frac{1}{2\pi n_x b_x^2}\right)^{1/2} \exp\left(-\frac{x^2}{2n_x b_x^2}\right)$$

3 次元空間を歩幅 $b = \sqrt{3} b_x$ で, 任意の方向に n 歩移動する場合, n 歩後に $R = \sqrt{x^2+y^2+z^2}$ に到達する確率 $P(R)$ は, 次式で与えられる。

$$P(R) = p(x)p(y)p(z)$$
$$= \left(\frac{3}{2\pi nb^2}\right)^{3/2} \exp\left(-\frac{3R^2}{2nb^2}\right)$$

半径 R の球　半径 $R+dR$ の球
球殻の体積 $4\pi R^2 dR$

$4\pi R^2 P(\boldsymbol{R})$

$\left(\frac{2}{3}nb^2\right)^{1/2}$ R

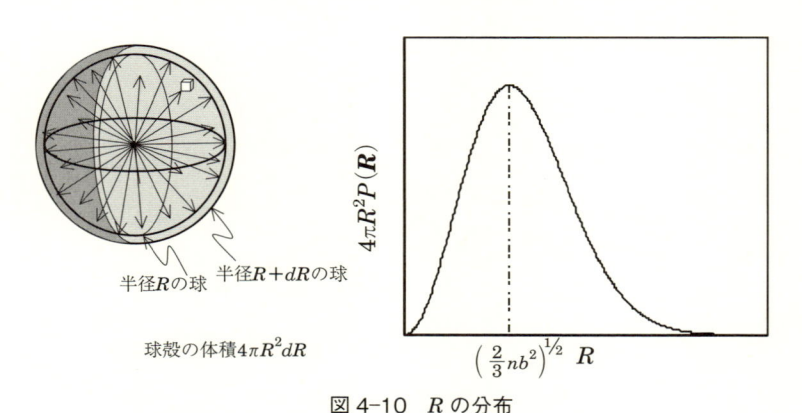

図 4-10 R の分布

$4\pi R^2 P(\boldsymbol{R})$ のグラフは, $R = (2nb^2/3)^{1/2}$ にピークを持つことから, この

大きさの高分子鎖が最も多いことが予想され，鎖が完全に伸びた時の大きさより，かなり縮んだ状態で存在する傾向があることがわかる。

(6) 実在鎖（real chain）

実在する高分子鎖（実在鎖）の原子やセグメント同士は重なり合うことができないため，理想鎖とは大きさが異なることが予想される。そこで，実在鎖の大きさ $\langle R^2 \rangle$ および $\langle S^2 \rangle$ を理想鎖の大きさ $\langle R^2 \rangle_0$ および $\langle S^2 \rangle_0$ を用い，α_R, α_S を膨張因子として次のように表す。

$$\langle R^2 \rangle = \alpha_R^2 \langle R^2 \rangle_0, \quad \langle S^2 \rangle = \alpha_S^2 \langle S^2 \rangle_0 \tag{4-16}$$

一般に，高分子鎖をよく溶かす良溶媒中では，セグメントと溶媒分子との親和性が高く，セグメント同士が互いに排除しようとする効果（排除体積効果：exclusion volume effect）があるため，実在鎖は理想鎖より拡がった形態をとっていると考えられる。したがって膨張因子は1より大きな値をとる。一方，高分子鎖を溶かしにくい貧溶媒中では，セグメント同士および溶媒分子同士の方が高い親和性を示すため，セグメント同士が集合し，より縮んだ形態をとり，膨張因子は1より小さくなる。貧溶媒中でも，温度を高くするとセグメントと溶媒分子の熱運動が激しくなって互いに混じり合う傾向が強まるため，膨張因子の値が徐々に大きくなり，1と等しくなる温度がある（θ 温度）。すなわち，理想鎖と同じ大きさになり，遠隔相互作用が無視できる状態と等価になる。さらに温度を高くすると1より大きな値をとる。Flory 理論では，膨張因子 α と温度の関係は M を高分子の分子量として次式で表される。

$$\alpha^5 - \alpha^3 \propto \left(1 - \frac{\theta}{T}\right) M^{1/2} \tag{4-17}$$

より詳細に排除体積効果の大きさを評価する目的で，セグメント間相互作用ポテンシャルエネルギー $\varphi(\boldsymbol{R}_{ij})$ を考える。一般に $\varphi(\boldsymbol{R}_{ij})$ は，球対称であるため，R_{ij} の関数として表すことができ，次式の Lennard–Jones ポテンシャルがよく用いられる。

$$\varphi(R_{ij}) = 4\varepsilon\left\{(\sigma/R_{ij})^{12} - (\sigma/R_{ij})^{6}\right\} \tag{4-18}$$

上式は図4-11のような形をしており，セグメント間距離が σ より短かいときには正のエネルギーを，より長いときは負のエネルギーを持つ。また，エネルギーは $R^* = 2^{1/6}\sigma$ で最小値 $-\varepsilon$ を示し，R^* より近づくと斥力を及ぼし合い，遠ざかると引力が作用するため，R^* はセグメント同士が最も安定に存在する距離となっている。

相互作用によって特定の距離を保とうとする傾向と，熱運動により互いに遠ざかろうとする傾向が適度に釣り合っている条件下では，あるセグメント

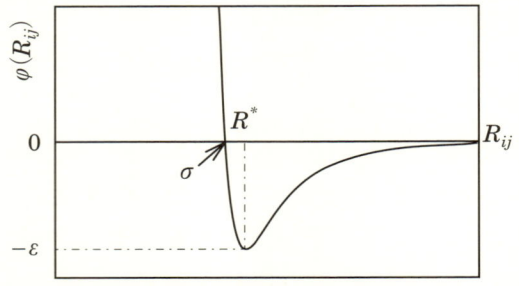

図 4-11　セグメント間相互作用ポテンシャルエネルギー $\varphi(R_{ij})$

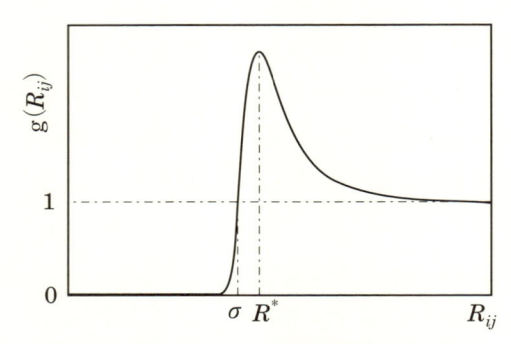

図 4-12　隣接セグメント間距離の分布 $g(R_{ij})$

から隣接するセグメントまでの距離に分布があり，その分布関数 $g(R_{ij})$ は次式で表すことができる（図 4-12）。

$$g(R_{ij}) = \exp\left\{-\varphi(R_{ij})/kT\right\} \tag{4-19}$$

図 4-11 と図 4-12 を比較すると，$\varphi(R_{ij}) > 0$，すなわち他のセグメントを排除する領域で $g(R_{ij}) < 1$ となり，セグメントがそれより近づくことができない距離で $g(R_{ij}) \approx 0$ となることがわかる。他のセグメントを誘引する $\varphi(R_{ij}) < 0$ の領域では $g(R_{ij}) > 1$ となり，セグメント同士が最も存在しやすい距離 R^* で最大値を示す。

図 4-13 に示すように $1 - g(R_{ij})$ のグラフを描いてみると，排除領域（$0 \leq R_{ij} < \sigma$）の値は正，誘引領域（$\sigma < R_{ij}$）の値は負となり，

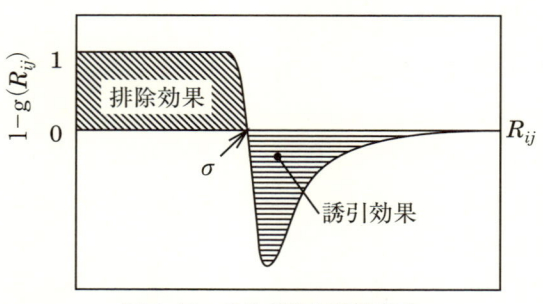

図 4-13　排除効果と誘引効果

$\int_0^\infty \{1-g(R_{ij})\}dR_{ij}$ を計算すると，符号を含めた両効果の和が求まる。

一般に，排除体積効果の大きさを表す指標として次式のように β を定義する。

$$\beta = \int \{1-g(\boldsymbol{R}_{ij})\}d\boldsymbol{R}_{ij}$$
$$= \int_0^\infty 4\pi R_{ij}^2 \{1-g(R_{ij})\}dR_{ij} \quad (g(\boldsymbol{R}_{ij}) \text{ が球対称の場合}) \quad (4\text{-}20)$$

β は体積の単位を持ち，セグメントが直径 b の剛体球であるとするモデルでは，$4\pi b^3/3$ になる。

$\varphi(R_{ij})$ を用いて膨張因子を計算する式はいくつか提案されているが，いずれも1本の実在鎖の全排除体積 $\propto \beta n^2/2$ と理想鎖の体積 $\propto \langle R^2 \rangle_0^{3/2}$ の七に比例する値 z（排除体積パラメーター）の展開式として与えられている。

$$z = (3/2\pi b^2)^{3/2} \beta n^{1/2} = (3/2\pi \langle R^2 \rangle_0)^{3/2} \beta n^2 \quad (4\text{-}21)$$

4-2 高分子溶液の性質

前節では，高分子鎖1本の性質として，その拡がり具合について紹介した。対象とした実在鎖も，溶解した高分子鎖が互いに相互作用しないほど希薄な溶液中に存在していることが前提となっている。

本節では，その希薄溶液の物理量と高分子鎖の分子量や拡がり具合との関係，および溶質と溶媒を混合した際の溶解・分離挙動（相変化）について解説する。

4-2-1 溶液の熱力学

高分子溶液に限らず，溶質と溶媒を混合した際，溶質が溶解して均一な溶液になるかどうかは，ギブスの自由エネルギー変化 ΔG_{mix} で判断できる。

溶質 ＋ 溶媒 $\rightleftarrows$ 溶液 　ΔG_{mix}

$\Delta G_{mix} < 0$ のとき自発的に溶解し，$\Delta G_{mix} > 0$ のとき溶質と溶媒は分離する。また，ΔG_{mix} の符号は次式のように，ΔH_{mix} と $T\Delta S_{mix}$ の大小で決まる。

$$\Delta G_{mix} = \Delta H_{mix} - T\Delta S_{mix} \quad (4\text{-}22)$$

温度一定で混合するとき，ΔH_{mix} と ΔS_{mix} は，混合前後における分子間相互作用エネルギーの和の変化量と状態数の変化量から計算できる。

(1) 格子モデル

高分子のセグメントと溶媒分子を等価な粒子として扱い，格子状の容器に粒子を配置する簡単なモデルを用いて，混合前後の ΔH_{mix} と ΔS_{mix} を計算

する方法がある。これを，Flory – Huggins の格子モデルと呼ぶ。

　高分子と溶媒分子の混合を図 4-14 のようにモデル化し，隣接粒子間相互作用エネルギーの和と粒子の配置数（状態数）を具体的に計算する。

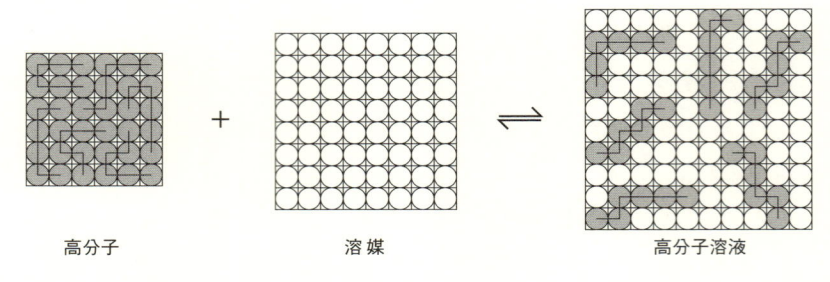

高分子　　　　　　溶媒　　　　　　　高分子溶液

N_P：高分子数　　　　N_S：溶媒分子数　　　$N_{PS}=nN_P+N_S$：溶液分子数
n：セグメント数

図 4-14　高分子と溶媒分子の混合モデル

1）　ΔH_{mix} の計算

　混合前は，全粒子が同種の粒子と隣接（●●，○○）している。混合により同種粒子の隣接が部分的に解消され，新たに異種粒子との隣接（●○）が発生する。混合後も同種粒子と隣接したままの粒子は，エネルギー変化に寄与しないため，相互作用エネルギーの和の変化量は，高分子溶液中の●○の数に比例すると考えられ，●○の数は以下のように計算することができる。図 4-14 に示したような正方格子の場合，ある粒子周辺の最大隣接数（配位数）Z は 4 になるが，溶液中に存在する高分子鎖のあるセグメントに隣接する Z 個の粒子のうち，2 個は同じ高分子鎖内の他のセグメント（同種粒子）であることが多い。残りの $Z-2$ 個は異種粒子（溶媒分子）である確率が高く，その確率が溶媒分子の体積分率 $\phi_s = N_s/N_{ps}$ に等しいとすると，溶液中に存在する●○の数は，次式で計算できる。

$$（全セグメント数）×（隣接溶媒分子数）= nN_p×(Z-2)\phi_s \quad (4-23)$$

　隣接する同種粒子間，異種粒子間相互作用エネルギーをそれぞれ φ_{pp}, φ_{ss}, φ_{ps} とすると，●○ 1 個当たりのエネルギー変化 $\Delta\varphi$ は，次式で計算できる。

●● + ○○ ⟶ 2 ●○　　　$2\Delta\varphi = 2\varphi_{ps}-(\varphi_{pp}+\varphi_{ss})$
φ_{pp}　　φ_{ss}　　$2\varphi_{ps}$

$$\Delta\varphi = \varphi_{ps}-\frac{\varphi_{pp}+\varphi_{ss}}{2} \quad (4-24)$$

式（4-23），式（4-24）より ΔH_{mix} は，次式で与えられる。

$$\Delta H_{mix}=nN_p(Z-2)\phi_s\Delta\varphi = kT\chi nN_p\phi_s = kT\chi N_s\phi_p \quad (4-25)$$

ここで，$\chi = \dfrac{(Z-2)\Delta\varphi}{kT}$ とした。χ は，セグメント1個当たりの，混合に伴うエネルギー変化量を表し，カイパラメーターと呼ばれる。正の値をとるとき，値が大きいほど溶解が起こりにくく，負の値のとき，溶けやすくなる。

2) ΔS_{mix} の計算

S は，格子への分子の配置数 W を用いて，次式で計算できる。

$$S = k\ln W \tag{4-26}$$

また，混合前後の変化量は $\Delta S_{mix} = S_{ps} - (S_p + S_s)$ にしたがって求めることができる。混合前の高分子のエントロピー S_p を計算するには，N_p 本の高分子を，nN_p 個の格子に配置する方法の数 W_p を求める必要がある。すでに $i-1$ 本の高分子が配置されているとき，i 本目の高分子の n 個のセグメントを順番に配置する方法の数 w_i を求め，この操作を N_p 回繰り返して $W_p = (1/N_p!)\prod_{i=1}^{N_p} w_i$ を計算する。

$$\prod_{i=1}^{N_p} w_i = w_1 \times w_2 \times \cdots \times w_{N_p}$$

図4-15に示したように，i 本目の高分子の第1番目のセグメントを配置する方法は，空いている格子数 $nN_p - n(i-1)$ 通りある。各配置法に対して第2番目のセグメントを配置する方法は，第1番目のセグメントの Z 個の隣接格子のうち，空いている格子の数（配位数 × 空いている確率 = $Z[\{nN_p - n(i-1)\}/nN_p]$）通りある。第3番目以降のセグメントを配置する方法は，$Z-1$ 個の隣接格子のうち空いている格子数

$(Z-1)[\{nN_p - n(i-1)\}/nN_p]$ 通りある。これらの積をとると w_i が計算できる。

| 第1セグメントを配置可能な格子 | 第2セグメントを配置可能な格子 | 第3セグメントを配置可能な格子 |

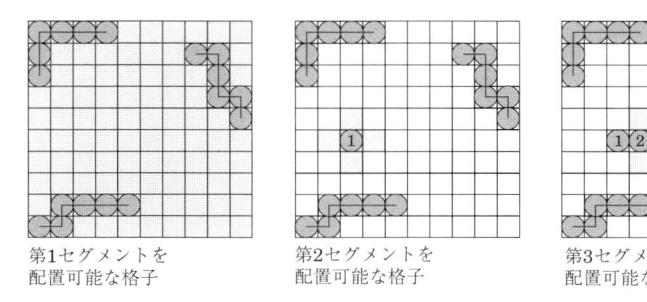

図4-15　i 本目の高分子を配置する方法の数

w_i から W_p を計算し，式(4-26)に代入して S_p を求めると次式のようになる。

$$S_p = k\left[N_p \ln n - nN_p + N_p \ln\{Z(Z-1)^{n-2}\}\right] \tag{4-27}$$

溶媒分子は互いに区別がつかないため，混合前の配置数は1となり，$S_s =$

0 である。

格子数を nN_p+N_s として溶液の S_{ps} を求めると，次式になる。

$$S_{ps}=k\left[-N_p\ln(N_p/N_{ps})-N_s\ln(N_s/N_{ps})-nN_p+N_p\ln\{Z(Z-1)^{n-2}\}\right] \tag{4-28}$$

式（4-27）および式（4-28）より，次式が得られる。

$$\Delta S_{mix}=-k\left(N_p\ln\phi_p+N_s\ln\phi_s\right) \tag{4-29}$$

ここで，$\phi_p=\dfrac{nN_p}{nN_p+N_s}$，$\phi_s=1-\phi_p$ である。

3） ΔG_{mix} の計算

式（4-22）に式（4-25），式（4-29）を代入すると，ΔG_{mix} は次式のようになる。

$$\begin{aligned}\Delta G_{mix}&=kT\left\{\chi N_s\phi_p+\left(N_p\ln\phi_p+N_s\ln\phi_s\right)\right\}\\&=RT\left\{\chi n_s\phi_p+\left(n_p\ln\phi_p+n_s\ln\phi_s\right)\right\}\end{aligned} \tag{4-30}$$

ここで，$n_p=\dfrac{N_p}{N_A}$，$n_s=\dfrac{N_s}{N_A}$ とした。（N_A：アボガドロ数）それぞれ，高分子および溶媒分子のモル数である。

理想溶液の G は，次式のように溶液の各成分 i の化学ポテンシャル μ_i の和で表される。

$$G=\sum_i n_i\mu_i \tag{4-31}$$

したがって，高分子と溶媒の混合による ΔG_{mix} は次式で表すことができる。

$$\Delta G_{mix}=n_p(\mu_p-\mu_p^*)+n_s(\mu_s-\mu_s^*)=n_p\Delta\mu_{p\,mix}+n_s\Delta\mu_{s\,mix} \tag{4-32}$$

ここで，μ_p^* および μ_s^* は，純高分子および純溶媒の化学ポテンシャルである。

また，μ_i は G の部分モル量として定義される。

$$\mu_i=(\partial G/\partial n_i)_{T,P,n_j} \tag{4-33}$$

したがって，次の関係が成立する。

$$\Delta\mu_{p\,mix}=(\partial\Delta G_{mix}/\partial n_p)_{T,P,n_s}=RT\left\{\ln\phi_p-(n-1)\phi_s+n\chi\phi_s^2\right\}$$

$$\Delta\mu_{s\,mix}=(\partial\Delta G_{mix}/\partial n_s)_{T,P,n_p}=RT\left\{\ln\phi_s+\left(1-\dfrac{1}{n}\right)\phi_p+\chi\phi_p^2\right\} \tag{4-34}$$

式（4-30）のように，分子の量や性質を表すパラメーターを使って ΔG_{mix} が計算できると，蒸気圧 p_i や浸透圧 π などの溶液の物理量と各パラメーターの関係を明らかにすることができる。

(2) 蒸気圧と浸透圧

1) 蒸気圧

純溶媒および溶液中における溶媒の化学ポテンシャルを μ_s^*, μ_s, その蒸気圧を p_s^*, p_s とすると，それぞれの間には次式の関係が成立する。

$$\mu_s = \mu_s^* + RT\ln\left(\frac{p_s}{p_s^*}\right) \tag{4-35}$$

上式を変形して，格子モデルから求めた $\Delta\mu_{s\,mix}$ を代入すると，次式が得られる。

$$\ln\left(\frac{p_s}{p_s^*}\right) = \frac{\mu_s - \mu_s^*}{RT} = \frac{\Delta\mu_{s\,mix}}{RT}$$
$$= \ln\phi_s + \left(1 - \frac{1}{n}\right)\phi_P + \chi\phi_P^2 \tag{4-36}$$

$n=1$ および $\chi=0$ のとき $p_s/p_s^* = \phi_s$ となり，理想溶液に対して p_s/p_s^* と溶媒のモル分率 x_s の間に成立するラウールの法則 $p_s/p_s^* = x_s$ と類似した直線関係が得られる。n および χ が大きくなるにしたがって直線関係からのズレが大きくなり，実在する高分子溶液の示す傾向と良く一致する。

2) 浸透圧

溶媒は透過できるが高分子は透過できない半透膜を隔てて純溶媒と高分子溶液を接触させたとき，溶媒分子が自発的に溶液側に流れ込もうとする。全体積が一定の条件下では，溶媒に押されて溶液の圧力が増加する。この増加圧力を浸透圧（π）と呼ぶ（図4-16）。

> **溶媒が溶液側に流れ込もうとする理由**
>
> 理想溶液の場合，式（4-35）にラウールの法則を代入すると，$\mu_s = \mu_s^* + RT\ln x_s$ が成立し，$x_s \leq 1$ より，常に $\mu_s < \mu_s^*$ の関係が成り立つため，溶媒分子が溶液側に移動したほうが自由エネルギーが低下する。純溶媒に溶質が混入するとエントロピーが増大するためである。実在溶液では，分子間相互作用に由来するエンタルピーの増加や，分子集合体の形成などによるエントロピーの減少を伴うなど，溶液の生成により自由エネルギーが増加することもある。

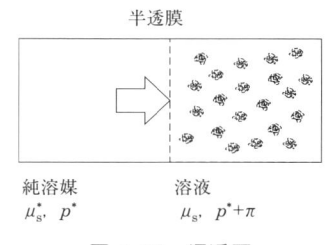

図4-16 浸透圧

（半透膜を隔てた純溶媒 μ_s^*, p^* と溶液 μ_s, $p^*+\pi$）

溶液の圧力が高い状態で，溶媒の流れが静止している場合，その状態で平衡に達していると考えられるため，$\mu_s^*(p^*) = \mu_s(x_s, p^*+\pi)$ が成立し，浸透圧は次に示す van't Hoff の式で与えられる。

$$\pi = -\frac{1}{V_s}RT\ln x_s = -\frac{1}{V_s}\Delta\mu_{s\,mix} \approx \frac{cRT}{M} \tag{4-37}$$

ここで，V_s は溶媒分子のモル体積，c および M は高分子の濃度および分子量である。

実在溶液の場合，高分子鎖間の相互作用が無視できないため，π は c に関

する複雑な関数となることが予想される。一般に，次式に示すように c の累乗の和で表されると仮定して，π の実験値に合うように係数を決める方法がとられる。

$$\frac{\pi}{RT} = \frac{1}{M}c + A_2 c^2 + A_3 c^3 + \cdots \tag{4-38}$$

このような展開をビリアル展開とよび，A_n を第 n ビリアル係数と呼ぶ。A_2 は，c^2 の係数であるため，2 分子間相互作用の強さを表している。

式（4-37）に，式（4-34）を代入すると次式が得られる。

$$\frac{\pi}{RT} = \frac{1}{M}c + \left(\frac{1}{2} - \chi\right)\left(\frac{n^2 V_s}{M^2}\right)c^2 + \cdots \tag{4-39}$$

式（4-38）の A_2 と（4-39）の c^2 の係数を比較すると，次式の関係が得られる。

$$A_2 = \left(\frac{1}{2} - \chi\right)\frac{n^2}{M^2}V_s \tag{4-40}$$

χ は T の逆数の関数であることから，式（4-40）は次のように変形することができる。

$$A_2 = \psi\left(1 - \frac{\theta}{T}\right)\frac{n^2}{M^2}V_s \tag{4-41}$$

ψ は χ と T の関数で，その値と符号は，セグメントと溶媒分子の親和性によって決まる。$T = \theta$ のとき $A_2 = 0$ となり，2 分子間相互作用が無視できる温度が存在することがわかる。

Flory-Huggins の格子モデルにおいて，χ は混合に伴う相互作用エネルギー変化，すなわちエンタルピー変化に関わるパラメーターであったが，改良された格子モデルでは，エントロピー変化の項を含む相互作用パラメーターとして扱われ，ψ はエントロピー変化に関わるパラメーターとして定義されている。

格子モデルは，計算が簡単で理解しやすいという特徴はあるが，いくつかの問題点を含んでいる。セグメントの配置のしかたを計算する際，セグメントの分布関数を用いるなどの方法を採用した，より実在鎖に近いモデルがある。

4-2-2 相変化と相平衡

溶質が溶媒に均一に溶解するかどうかは ΔG_{mix} の符号によって決まり，その値は溶液の組成によって異なる。また，ある組成の溶液温度を変化させると，均一に溶解した状態が，組成の異なる 2 相共存状態に変化したり，その逆の変化を起こす。組成や温度による溶解状態の変化と ΔG_{mix} の関係につい

A_2 が 2 分子間相互作用の大きさである理由

溶液内の全分子間相互作用の強さは，溶質分子対の数に比例する。単位体積中に m 個の分子が存在するとき，m 個の分子の中から 2 個を取り出す方法の数は，$m(m-1)/2 \approx m^2/2$ で，$m^2 \propto c^2$ であることから，c^2 の係数である A_2 は 2 分子間相互作用の強さを表わし，1 分子対当たりのセグメント間相互作用の和の関数として，理論的に求められている。

Flory-Huggins 格子モデルの問題点の例

セグメントが空いている確率を求める式として，全格子数から既に存在するセグメント数を引いて，全格子数で割り算した結果を用いているが，これは，セグメントが高分子鎖として繋がっていることを考慮していないことになる。

$\Delta\varphi$ が負の大きな値をとるほど，●○の数が多くなる傾向などが考慮されていない。

高分子の分子量の分布が考慮されていない。

(1) 相　図

温度 T_0 において，高分子が自発的に溶媒に溶解してできた溶液（体積分率 ϕ_{p0}）の温度を徐々に下げていくと，特定の温度 T_1 で溶液が白濁する現象が観測されたとき，この温度を曇点と呼ぶ。さらに温度を T_2 まで低下させると，組成の異なる2相（ϕ_{p1} および ϕ_{p2}）に分離する。高分子の初期体積分率 ϕ_{p0} が異なると，白濁する温度は異なる。白濁する温度を体積分率に対してプロットした例を模式的に図4-17に示す。曇点を通るように引いた曲線を曇点曲線と呼ぶ。曇点曲線より上側の領域で均一に溶解し，下側では2相に分離することがわかる。一般に，溶解状態を変化させる温度などのパラメーターと溶質濃度を軸にしたグラフに，均一に溶解した状態と複数の相に分離した状態の境界線（共存曲線）を描いたものを相図と呼ぶ。図の例では，温度を降下すると2相に分離するが（UCST型：upper critical solution temperature），温度を上昇させると分離する溶液もある。（LCST型：lower critical solution temperature）

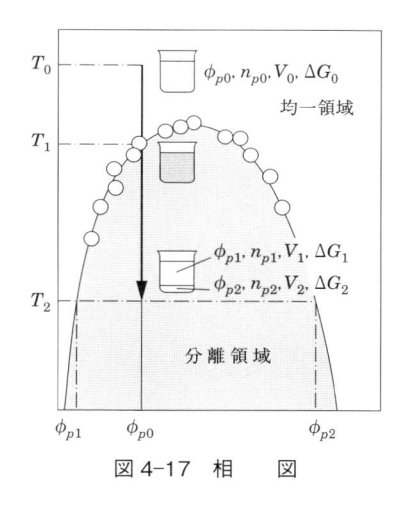

> **溶液が白濁する理由**
>
> 曇点における溶液中では，均一に溶解した領域と，組成の異なる微視的領域が共存しており，両者の屈折率が異なることから，光を散乱し，白濁して見える。2相に分離した後の各相では，各相の屈折率が均一になるため，多くの場合透明に戻る。

図4-17　相　図

体積分率 ϕ_{p0} の均一溶液の温度を T_0 から T_2 に降下したとき，ϕ_{p0} よりわずかに体積分率の低い ϕ'_{p1} とわずかに高い ϕ'_{p2} に相分離したとすると，各相のモル数の間には，物質量保存則（$n_{p0} = n'_{p1} + n'_{p2}$）が成り立ち，次式が得られる。

$$n_{p0}\phi_{p0} = n'_{p1}\phi'_{p1} + n'_{p2}\phi'_{p2} \tag{4-42}$$

上式より，各相の高分子量の比を求めると，次のようになる。

$$\frac{n'_{p1}}{n'_{p2}} = \frac{\phi'_{p2} - \phi_{p0}}{\phi_{p0} - \phi'_{p1}} \tag{4-43}$$

相分離した溶液全体の自由エネルギーを $n_{p0}\Delta G'_{1+2}$ とすると，各相のモル

当たりの自由エネルギー $\Delta G'_1$, $\Delta G'_2$ との関係は次式のようになる。

$$\Delta G'_{1+2} = \frac{n'_{p1}}{n_{p0}} \Delta G'_1 + \frac{n'_{p2}}{n_{p0}} \Delta G'_2$$

$$= \Delta G'_1 + \frac{\phi_{p0} - \phi'_{p1}}{\phi'_{p2} - \phi'_{p1}} \left(\Delta G'_2 - \Delta G'_1 \right) \tag{4-44}$$

高分子1モル当たりに換算した溶液全体の自由エネルギー $\Delta G'_{1+2}$ と ϕ_p の関係を，曲線が上に凸，および下に凸の場合について，図4-18に示す。式(4-44)は，図中に破線で描いた相似三角形の底辺の比 $(\phi_{p0} - \phi'_{p1})/(\phi'_{p2} - \phi'_{p1})$ から，小さい方の三角形の高さ $(\Delta G'_{1+2} - \Delta G'_1)$ を求め，$\Delta G'_1$ に足して $\Delta G'_{1+2}$ を計算している。すなわち，図上の2点 $(\phi'_{p1}, \Delta G'_1)$, $(\phi'_{p2}, \Delta G'_2)$ を結ぶ直線の ϕ_{p0} における値として $\Delta G'_{1+2}$ を幾何学的に求めることができることを示している。

図4-18 $\Delta G'_{1+2}$ の計算

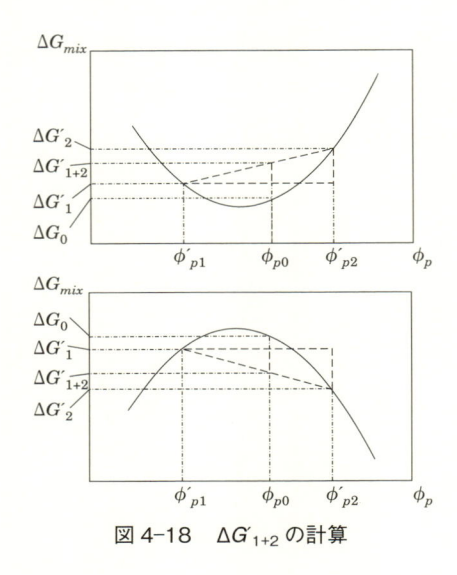

図から明らかなように，ΔG_{mix} の曲線が下に凸の場合，熱ゆらぎにより偶発的に ϕ_{p0} より体積分率が高い相 ϕ'_{p2} と低い相 ϕ'_{p1} が発生すると，溶液全体のエネルギーが増加 $(\Delta G'_{1+2} - \Delta G_0) > 0$ するため，均一溶解状態 ϕ_{p0}, ΔG_0 に戻ることがわかる。また，上に凸の場合，溶液全体のエネルギーが減少 $(\Delta G'_{1+2} - \Delta G_0) < 0$ するため，自発的に相分離が進行する。

(2) ΔG_{mix} と相図

温度 T_2 における溶液の ΔG_{mix} の例を図4-19上部に示す。ΔG_{mix} が上に凸の領域に ϕ_{p0} があるとき，分子が自発的に移動して，体積分率の異なる2相に分離することが予想される。体積分率が ϕ_{p0} より低くなった相ではさらに体積分率の値が低下し，もう一方の相では増加することで，溶液全体の自由エネルギー $\Delta G'_{1+2}$ が低下し続け，2相の体積分率が図に示した ϕ_{p1}, ϕ_{p2}

の組み合わせのとき，最低値となる．ϕ_{p1}，ϕ_{p2} は，ΔG_{mix} に引いた複接線（二重接線）との接点の値であることから，各接点における曲線の傾き（$\partial \Delta G_{mix}/\partial \phi_p$）$_{T,P,\phi_s}$ すなわち μ_p は等しく，両相は平衡状態にあることがわかる．したがって，両相間の分子の移動は見かけ上停止する．

　ΔG_{mix} の形状は温度によって変化するため，異なる温度における ϕ_{p1}，ϕ_{p2} を結ぶことで共存曲線を描くことができる．図 4-19 の例では，共存曲線は上に凸で，特定温度以上において，すべての ϕ_p の領域で均一に溶解することがわかる．その温度 T_c を臨界点と呼ぶ．

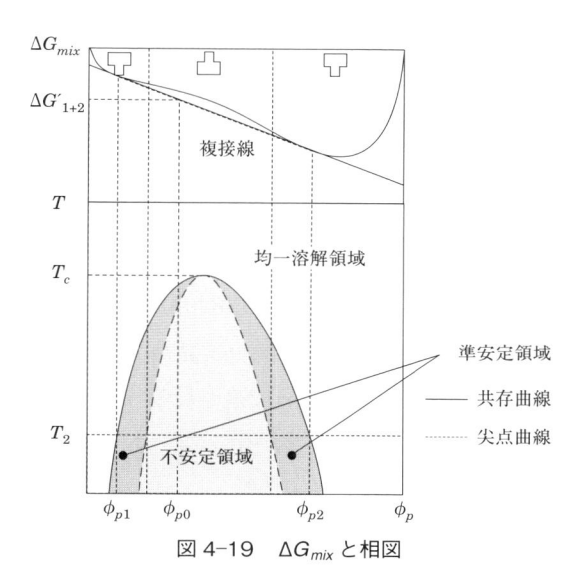

図 4-19　ΔG_{mix} と相図

　ΔG_{mix} の凸の上下が入れ替わる 2 つの変曲点と ϕ_{p1}，ϕ_{p2} で挟まれた領域では，曲線が下に凸になっているため，相分離は起こらないことが予想されるが，熱ゆらぎによって偶発的に ϕ_{p0} より体積分率の高い相と低い相が発生し，体積分率の差が特定の値以上のときに限って，自発的に相分離する．異なる温度における変曲点を結んだ曲線を，尖点曲線またはスピノーダル曲線と呼び，共存曲線との間に挟まれた領域を準安定領域と呼ぶ．また，尖点曲線で囲まれた領域を不安定領域と呼び，均一溶解状態にある溶液をこの領域内に移動すると，直ちに溶液全体のいたるところで体積分率の異なる相が発生し，それらが合一して大きな 2 相に分離する．

4-3 平均分子量とその測定法

第1章で述べたように,高分子の分子量には分布があり,分子量は平均値で表される。分子量の値や分布の幅の広さによって高分子溶液や溶融液の性質,例えば,浸透圧や粘度などの値が異なってくる。逆に,これらの値から分子量やその分布を求めることができる。

4-3-1 平均分子量と分子量分布

平均分子量には,平均のとりかたや測定方法によっていくつかの定義が存在する。分子量 M_i の分子が N_i 本(N_i/N_A モル,N_A:Avogadro数)存在する場合(図4-20),数平均分子量 $\overline{M_N}$ は,分子量の数分布関数 $f_N(M)$ を用いて,次式のように求めることができる。

$$\overline{M_N} = \sum_i \left(M_i \frac{N_i}{\sum_i N_i} \right) = \frac{\sum_i N_i M_i}{\sum_i N_i} \equiv \frac{\int_0^\infty M f_N(M) dM}{\int_0^\infty f_N(M) dM} \tag{4-45}$$

また,重量平均分子量 $\overline{M_w}$ およびZ平均分子量 $\overline{M_z}$ は,重量分布関数 $f_w(M)$ およびZ分布関数 $f_z(M)$ を用いて,次式で表される。

$$\overline{M_w} = \sum_i \left(M_i \frac{(N_i/N_A) M_i}{\sum_i (N_i/N_A) M_i} \right) = \frac{\sum_i N_i M_i^2}{\sum_i N_i M_i} \equiv \frac{\int_0^\infty M f_w(M) dM}{\int_0^\infty f_w(M) dM} \tag{4-46}$$

$$\overline{M_z} = \frac{\sum_i N_i M_i^3}{\sum_i N_i M_i^2} \equiv \frac{\int_0^\infty M f_z(M) dM}{\int_0^\infty f_z(M) dM} \tag{4-47}$$

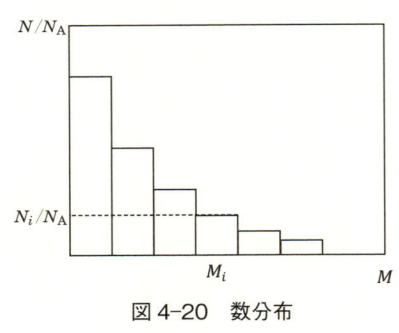

図4-20 数分布

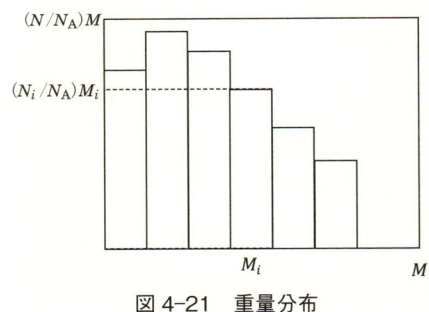

図4-21 重量分布

具体的な分布関数の形は,重合機構によって異なる。例えば,ラジカル重合における,重合度 x の最も確からしい分布 $f_{N,mp}(x) = p^{x-1}(1-p)$ (式(2-44))や,リビング重合におけるポアソン分布 $f_{N,Poisson}(x) = \dfrac{x_N^{x-1}}{(x-1)!} \exp(-x_N)$ ($x_N = \overline{M_N}/M_0$:数平均重合度,M_0:モノマーの分子量)の式に $x = M/$

平均分子量の計算

分子量が M_i である確率を $p(M_i)$ とすると,平均分子量は $\overline{M} = \Sigma M_i p(M_i)$ で計算することができる。$p(M_i)$ として数(モル)分率 $n_i = N_i/\Sigma N_i$ や重量分率 $\omega_i = M_i N_i/\Sigma M_i N_i$ などが適用できる。

分子量分布関数

高分子の重合度が整数であるため,本来,M はとびとびの値しかとることができないが,M の値が充分大きいとき,連続的に変化する値として取り扱うことができる。したがって,M は積分を用いた式で計算することができ,数平均分子量は式(4-45)のようになる。$f_N(M) dM$ は,分子量が $M \sim M+dM$ である確率であり,$\int_0^\infty f_N(M) dM = 1$ を満足する。$f_N(M)$ を数分布関数と呼ぶ。

M_0 を代入して $f_N(M)$ を求めることができる。また，$f_N(M)$ から $f_W(M)$, $f_Z(M)$ が求まる。

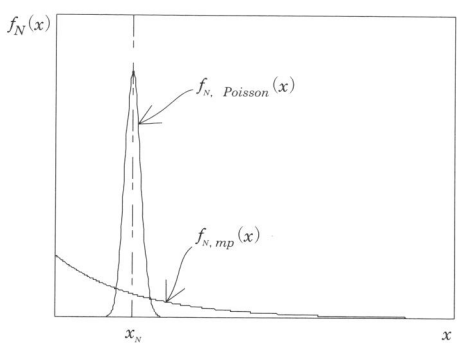

図 4-22 重合度の分布

一般に，正規分布における分布の幅は，σ を標準偏差とすると $\sigma/\overline{M}$ で表すことができる。数平均分子量について計算すると次式が得られる。

$$\sigma_N/\overline{M_N} = \left(\frac{\overline{M_W}}{\overline{M_N}} - 1\right)^{1/2} \tag{4-43}$$

上式より，$\overline{M_W}/\overline{M_N}$ が 1 に近いほど分子量分布の幅が狭いということができる。

4-3-2 測定方法

溶液の性質から平均分子量や分布の拡がりなどを測定する代表的な方法について説明する。

(1) 数平均分子量：浸透圧測定法

不揮発性溶質が溶解した希薄溶液において，溶質の種類によらずモル数のみに依存して変化する性質を束一的性質と呼ぶ。蒸気圧，凝固点，沸点，浸透圧は，溶質のモル数によって決まるため，これらの値を測定することで，数平均分子量が求まる。

高分子が溶液中で孤立して存在する無限希釈溶液では，式 (4-37) が成立するため，π を測定することで M が一意的に決まる。有限濃度溶液では，分子間相互作用の影響で c の複雑な関数となるため，π を式 (4-38) のように展開し，いくつかの異なる c に対して π を測定して π/cRT をプロットし，y 軸切片から M，傾きから A_2 を求める。

代表的な π の測定方法を図 4-23 に示す。

(a) の方法では，溶媒の浸透が止まって平衡状態に達したとき，高さ h の液柱が溶液を押す圧力 $\rho g h$ (ρ：溶液の密度，g：重力加速度) と浸透圧

図4-23　浸透圧測定法

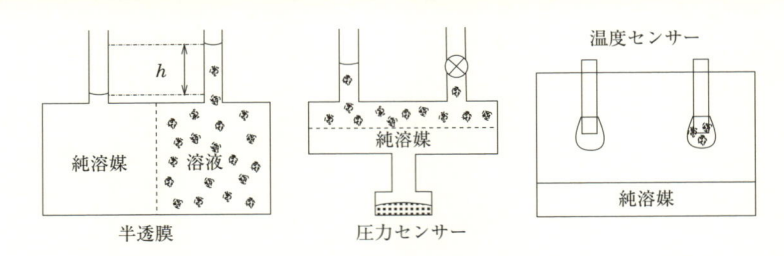

(a) 液面高低差測定法　(b) 膜浸透圧法　(c) 蒸気圧浸透圧法

π が等しくなっているため，平衡時における液柱高さの差 h を測定して，π を求める。(b)の方法では，溶媒の浸透によって減少した溶媒槽の圧力を，圧力センサーで直接測定する。(c) の方法では，溶媒蒸気で満たされた密閉容器内の溶媒滴と溶液滴の温度差 ΔT から，両液の蒸気圧差 $\Delta p_s = p_s^* - p_s$ を求め，分子量を計算する。温度差 ΔT は，溶媒蒸気の溶液滴表面における凝縮に由来して発生する。分子量の計算には理想溶液に対するラウールの法則より求めた次の関係を用いる。

$$\frac{\Delta p_s}{p_s^* V_s c} = \frac{1}{M} \tag{4-49}$$

> **Δp_s と M の関係**
>
> 理想溶液に対する Raoult の法則 $p_s = p_s^* x_s = p_s^*(1-x_p)$ より，$\Delta p_s = p_s^* - p_s = p_s^* x_p$ が得られ，
> $x_p = (c/M)/\{(c_s/M_s) + (c/M)\}$
> $\approx (c/M)/(c_s/M_s) = V_s c/M$
> より，式 (4-49) が得られる。

p_s^*，V_s は純溶媒の蒸気圧およびモル体積，c は高分子の濃度である。実在溶液では，Δp_s が c の関数となるため，異なる c に対して測定し $c \to 0$ に補外して M を求める。

(2) 重量平均分子量：光散乱測定法

光やX線に代表される電磁波は，電場と磁場が直交方向に振動しながら空間を進行する波である。原子に電磁波を照射すると，電子が電場方向に振動され，電磁波を二次的に放射（散乱）する。強度 I_0 の入射光を照射した単位体積の高分子溶液から，振動（y 軸）方向となす角 θ_y 方向に散乱される光の強度 $I(\theta_y)$ は，次式で表される（図4-24）。

$$\begin{aligned}I(\theta_y) &= \frac{16\pi^4 \alpha^2 (\sin\theta_y)^2}{\lambda^4 r^2} \cdot \frac{N_A c}{M} I_0 \\ &= \frac{4\pi^4 n_0^2}{\lambda^4 r^2}\left(\frac{\partial n}{\partial c}\right)^2 \cdot \frac{Mc}{N_A}(\sin\theta_y)^2 I_0\end{aligned} \tag{4-50}$$

ここで，n_0 は溶媒の屈折率，n は溶液の屈折率である。

式 (4-50) を次式のように整理して得た，散乱光強度と入射光強度の比を Rayleigh 比と呼ぶ。

$$\begin{aligned}R(\theta_y) &= \frac{I(\theta_y) r^2}{I_0 (\sin\theta_y)^2} = \frac{\{2\pi n_0 (\partial n/\partial c)\}^2}{N_A \lambda^4} cM \\ &= K_{\theta_y} cM\end{aligned} \tag{4-51}$$

> **光散乱強度 $I(\theta_y)$**
>
> $I(\theta_y)$ は，単位体積中の高分子数 $N_A c/M$ に比例する。
> 観測される電磁波の強度は，振幅の二乗に比例し，高分子の持つ電子の電場方向への偏りやすさ α（分極率）の二乗に比例する。
> また，散乱する方向から電子の振動を眺めると，θ_y によって振幅が異なって見えるため，θ_y の関数となる。さらに，以下の式を代入すると式 (4-50) が得られる。
> $\alpha = \dfrac{n_0}{2\pi}\dfrac{\partial n}{\partial c}\dfrac{M}{N_A}$

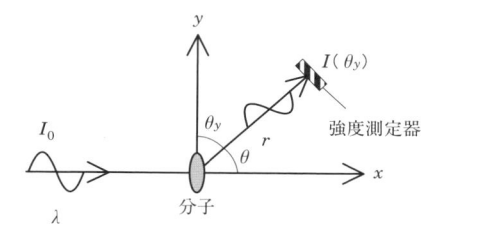

図4-24 分子による光散乱

図4-24のように特定方向に振動する光を偏光と呼ぶ。進行方向を示す軸を中心に回転した無数の偏光の和を非偏光と呼ぶ。非偏光の場合，$R(\theta)$は次式で表される。ただし，θは進行方向と散乱方向のなす角である。

$$R(\theta) = \frac{I(\theta) r^2}{I_0 \{1 + (\cos\theta)^2\}} = \frac{2\pi^2 n_0^2}{N_A \lambda^4}\left(\frac{\partial n}{\partial c}\right)^2 cM \qquad (4\text{-}52)$$
$$= K_\theta cM$$

いずれの入射光の場合も $R(\theta)$ から M を求めることができ，得られた分子量は重量平均分子量となる。

実在溶液では，個々の分子の散乱の和ではなく，濃度ゆらぎによって光が散乱されるとするモデルを用いて，$R(\theta)$ を計算する。

$$\frac{K_\theta c}{R(\theta)} = \frac{1}{M} + 2A_2 c + 3A_3 c^2 + \cdots \qquad (4\text{-}53)$$

さらに，分子内散乱光の干渉効果や分子間散乱光の干渉効果（図4-25）により，特定方向の $I(\theta)$ が強くなることがある。前者を $P(\theta)$，後者を $Q(\theta)$

> **実在溶液の $K_\theta c / R(\theta)$**
>
> 濃度ゆらぎの大きさは，$\partial\mu_s/\partial c \propto \partial\pi/\partial c$ から計算でき，$R(\theta)$ の式に π に関するビリアル展開式（4-38）を代入すると式（4-53）が得られる。

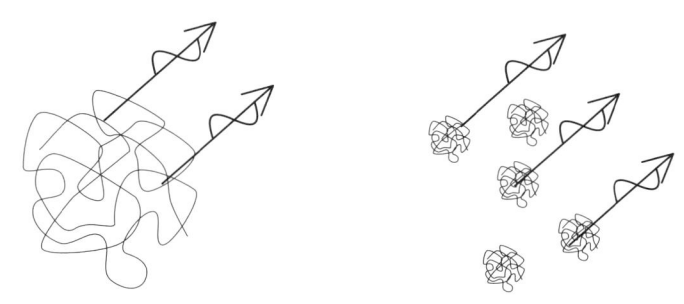

図4-25 分子内・分子間干渉効果

で表すと式（4-53）は次のようになる。

$$\frac{K_\theta c}{R(\theta)} = \frac{1}{M}\frac{1}{P(\theta)} + 2A_2 Q(\theta) c + \cdots \qquad (4\text{-}54)$$

$P(\theta)$ は，分子の形状や拡がり具合 $\langle S^2 \rangle$ によって決まり，$\theta \approx 0$ において式（4-55）が得られる。

$$\frac{K_\theta c}{R(\theta)} = \frac{1}{M}\left[1 + \frac{16\pi^2}{3\lambda^2}\langle S^2 \rangle \left(\sin\frac{\theta}{2}\right)^2 + \cdots\right] + 2A_2 Q(\theta)c + \cdots \quad (4\text{-}55)$$

$K_\theta c/R(\theta)$ を $(\sin\theta/2)^2 + kc$（k は任意の定数）に対してプロットし，$c \to 0$ および $\theta \to 0$ における切片から M，$c \to 0$ における $(\sin\theta/2)^2$ の傾きから $\langle S^2 \rangle$，$\theta \to 0$，$Q(\theta) \to 1$ における c の傾きから A_2 を求めることができる（図 4-26）。これを Zimm プロットと呼ぶ。

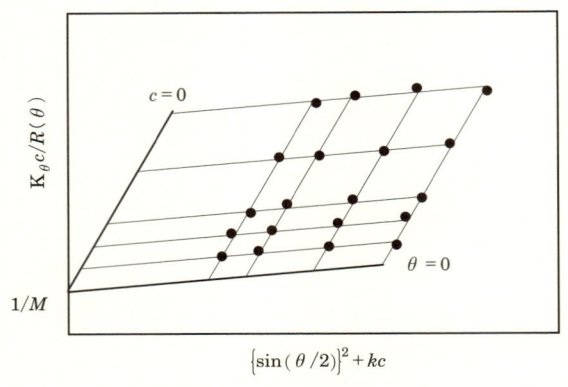

図 4-26　Zimm プロット

(3)　粘度平均分子量：粘度測定法

　液体分子間の摩擦が大きいときや分子間相互作用が強いとき，その液体の粘度は高くなる。粘度は液体を流動させるのに必要な力（仕事エネルギー）の大きさに対応していると考えることができる。液体に溶質を溶解すると，溶質と溶媒分子間の相互作用や溶質間相互作用が付加されるため，粘度が増加することが予想される。溶質が高分子の場合，さらに分子の変形や絡み合いなどの効果が加わるため，一般に粘度は高くなる。

　溶液の粘度を η，溶媒の粘度を η_0 としたとき，$\eta_{rel} = \eta/\eta_0$ を相対粘度，$\eta_{sp} = (\eta - \eta_0)/\eta_0$ を比粘度と呼ぶ。いずれも，溶質の溶解に伴う粘度の増加率を表している。また，η_{sp}/c を還元粘度と呼び，$c \to 0$ の極限における値を極限粘度数（固有粘度）と定義し，$[\eta] = \lim_{c \to 0}(\eta_{sp}/c)$ で表す。$[\eta]$ は，実験により，M との間に次の関係が成立することが明らかにされた。

$$[\eta] = KM^a \quad (4\text{-}56)$$

この式を Mark–Houwink–Sakurada の式と呼ぶ。ここで，K および a は，高分子の種類や溶媒との組み合わせによって決まる定数で，a は 0.5〜2.0 の値をとる。セグメント間相互作用の大きさや高分子の形状に依存して値が変化する。

　平行平板間に溶液を挟み，平板に力を加えて一方向に移動し，力の大きさと移動速度との比から粘度を測定する方法や，微細管の中に溶液を入れ，両

端に加えた圧力差によって溶液を移動し，圧力差と移動速度から粘度を求める方法などがある。

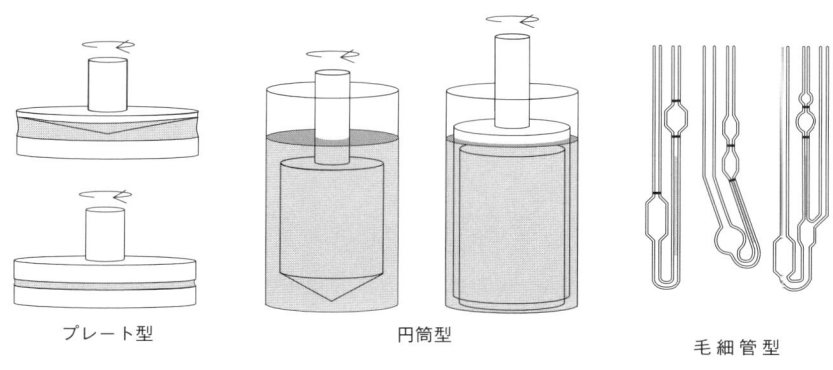

プレート型　　　　　円筒型　　　　　毛細管型

図4-27　粘度測定法

(4) 分子量分布測定法：GPC法

高分子間を架橋して作製した網目状高分子が溶媒を吸収して膨潤したゲルは，分子と同程度のサイズの網目を持つことから，分子篩として応用することが可能である。一定の長さのカラム中で高分子ゲルを作製し，分子量に分布のある高分子溶液をゲル中に浸透させると，分子量が比較的小さい分子は，より細かい網目に入り込むため，カラムから溶出するのに時間がかかり，より大きな分子は大きな隙間だけを通り抜けて速く溶出する傾向がある。溶出液の吸光度や散乱強度を測定することで，相対的な濃度分布を知ることができる。この手法をゲル浸透クロマトグラフィーと呼び，分子量既知の高分子を用いて分子量 M と溶出液量 V_e に関する較正曲線 $V_e = A - B\log M$ の係数 A, B を決め，未知試料の分子量を測定する。標準試料としてポリスチレンや多糖プルラン，ポリエチレンオキシドなどを用いるが，溶媒との組み合わせによって係数が異なることから，使用範囲が限られていた。溶出原理からすると，分子量より，分子の大きさに対して較正曲線を描いた方が良いとされている。Flory-Foxの式に従えば，$[\eta]M = \Phi\langle 6S^2\rangle^{3/2}$（$\Phi$ は係数）の関係があり，$V_e = \alpha - \beta\log[\eta]M$ を用いることで，溶媒との組み合わせに依存しない汎用較正曲線が得られる。

参考文献

1) Hiromi Yamakawa, "Modern Theory of Polymer Solutions", Harper & Row, Publishers, Inc.（1971）
2) 高分子学会編,「基礎高分子科学」,東京化学同人（2006）
3) 綱島良祐,高分子学会編,「高分子の溶液」,共立出版（1993）
4) G.R. ストローブル,深尾浩次ほか訳,「高分子の物理」,Springer（1998）

章末問題

問1 式（4-1）に R の定義を代入すると，式（4-2）になることを確かめよ．

問2 結合長 b_i が一定（$b_i = b$ $i = 1, 2, \cdots n$）の場合，$\langle R^2 \rangle$ が式（4-4）で求められることを示せ．

問3 図4-3に描いたように，原子間を結ぶベクトルを $R_{ij} = s_j - s_i$ とすると，次の関係 $R_{ij}^2 = s_i^2 + s_j^2 - 2s_i \cdot s_j$ が成立する．ij についてこの式の両辺の和をとり，$\sum_{i=0}^{n}\sum_{j=0}^{n} s_i \cdot s_j = 0$ の関係を利用して，$\langle S^2 \rangle$ を R_{ij} で表せ．

問4 結合長が等しい自由連結鎖では，式（4-4）の第2項が0となることを確かめよ．

問5 式（4-6）の関係を $\langle R_{ij}^2 \rangle$ に適用し，問3で求めた関係に代入すると，式（4-7）が得られることを確認せよ．

問6 $j = i+1, i+2$ に対して $\langle \cos \theta_{ij} \rangle = (\cos \theta)^{j-i}$ となることを確かめよ．また，この関係を式（4-4）に代入して，式（4-8）を導け．

問7 式（4-8）の関係を $\langle R_{ij}^2 \rangle$ に適用し，問3で求めた関係に代入すると，式（4-7）が得られることを確認せよ．

問8 式（4-12）より，$\cos \theta = 1 - L/nq$ の関係が得られる．$n \to \infty$ における $(\cos \theta)^n$ の値が下式で計算できるとき，$\langle R^2 \rangle$，$\langle S^2 \rangle$ を q, L で表せ．

$$\lim_{n \to \infty} (\cos \theta)^n = \lim_{n \to \infty} \left(1 - \frac{L}{nq}\right)^n = \exp\left(-\frac{L}{q}\right)$$

問9 歩幅 b_x で，x 軸の正方向に $n_x(+)$ 歩，負の方向に $n_x(-)$ 歩，等しい確率で移動する人が，$n_x = n_x(+) + n_x(-)$ 歩後に $x = \{n_x(+) - n_x(-)\}b_x$ に到達する確率 $p(x)$ は，次式で計算できる．

$$p(x) = \frac{n_x \text{ 歩後に } x \text{ に到達する歩き方の数}}{n_x \text{ 歩あるく歩き方の数}}$$

n_x 歩後に x に到達する歩き方の数が $\dfrac{n_x!}{n_x(+)!\, n_x(-)!}$ で計算できることを示せ．また，n_x 歩あるく歩き方の数が 2^{n_x} になることを示せ．

第 4 章 高分子の溶液

問10 問9で得られた結果に次式を代入して $p(x)$ を求めよ。

$$n_x(+) = (n_x b_x + x)/2b_x, \quad n_x(-) = (n_x b_x - x)/2b_x, \quad \ln n! \approx n\ln n - n$$

問11 剛体球モデル($R_{ij} \leq b$ で $\varphi(R_{ij}) = \infty$, $R_{ij} > b$ で $\varphi(R_{ij}) = 0$)の β を計算せよ。

問12 混合前の高分子の配置数 W_p および S_p を求めよ。

問13 高分子溶液の配置数 W_{ps} および S_{ps} を求めよ。

問14 式(4-30)を n_p, n_s で微分して $\Delta\mu_{pmix}$, $\Delta\mu_{smix}$ を求めよ。

問15 $\mu_s^*(p^*)$ に溶質添加効果(右辺第2項)と圧力増加効果(右辺第3項)を付加した次式に,平衡条件を適用して式(4-37)を導け。

$$\mu_s(x_s, p^* + \pi) = \mu_s^*(p^*) + RT\ln x_s + \int_{p^*}^{p^*+\pi} V_s dp$$

問16 式(4-37)に,格子モデルから求めた式(4-34)を代入して式(4-39)を導け。

問17 $n_{p0} = n'_{p1} + n'_{p2}$, $V_0 = V'_1 + V'_2$, V_0:溶液の体積,V_p:高分子のモル体積とすると,$\phi_{p0} = \dfrac{n_{p0}V_p}{V_0}$, $\phi'_{p1} = \dfrac{n'_{p1}V_p}{V'_1}$, $\phi'_{p2} = \dfrac{n'_{p2}V_p}{V'_2}$ の関係が得られる。これらの式を使って ϕ_{p0} を求め,式(4-42)を導け。

問18 式(4-43)を式(4-44)の第1行目に代入すると,第2行目になることを確認せよ。

問19 相図が図4-19のように上に凸の曲線のとき,T を T_2 から T_c まで上昇させると ΔG_{mix} の形状がどう変化するかを予測せよ。

問20 ϕ_{p0} が準安定領域にあるとき,2相の体積分率がどのような条件を満足したとき,自発的に相分離するのか説明せよ。

問21 Flory-Huggins の格子モデルから求めた式(4-34)を用いて,共存曲線および尖点曲線を描く式を求めよ。

問22 分散の定義 $\sigma^2 = \int_0^\infty (M - \overline{M})^2 f(M) dM$ を用いて,$\sigma_N / \overline{M_N}$ を計算し,式(4-48)を導け。

問23 いま,分子量 M に分布があり,$M = \sum_i M_i(c_i/c)$ であるとすると,$R(\theta)$ から求まる M は,重量平均分子量であることを確かめよ。

第5章 高分子の固体

前章までに高分子のつくり方，特徴的な化学反応とそれを使った新しい分子のつくり方，そして高分子の分子としての特性を学んできた。一方，高分子を利用する立場から言うと，非常に多くの場合高分子は固体として使われている。まさに宇宙船から生体材料までの様々な局面において固体材料としての高分子が多岐にわたる活躍をして現代の生活を支えている。

固体状態である高分子には，金属やセラミックスなどの他の固体材料とは異なる，高分子固体特有の性質が多くある。その性質・特性を理解することは，高分子をより的確に利用することにおいても，また学術的な意味においても非常に重要なことである。この章では，固体としての高分子の構造や性質の基本的な事柄を解説する。

5-1 高分子鎖の凝集構造

溶媒中に溶けている（分散している）高分子鎖の系から溶媒をどんどん取り除いていくと，その過程で高分子鎖どうしは接近して凝集し，溶媒成分がほぼゼロになると高分子鎖のみの凝集構造（condensed structure）ができあがる（図5-1）。ミクロに見ればこの凝集構造は，高分子の種類によって様々な形態をしているが，マクロに見る限り固体状である。このような高分子固体における分子鎖集団の構造や性質などの基本事項を知ることが本章の目的である。高分子固体では，概して実用的なマクロな性質が中心になることが多いが，ここでは原子や分子のミクロな性質がマクロな性質を引き出しているという考えに基づいて説明していく。高分子の中には，温度を上げると溶融して粘調な液体状物質となるものがある。本章では，このような高分子濃厚溶液，あるいはレオロジー的な取り扱いが必要な溶融体については，高分子固体の特殊な場合としてのみ取り扱う。

表5-1には種々の代表的な物質の密度を示した。単純なn-アルカンは，炭素数とともに密度は増えるが，炭素数が数十程度で固体状となる。実際，

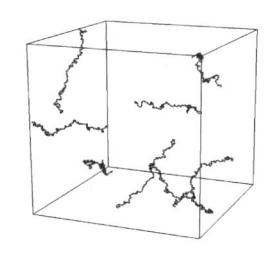

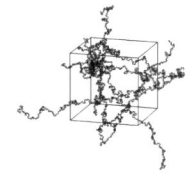

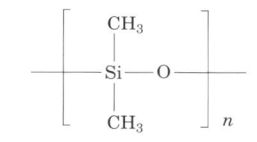

ポリジメチルシロキサン(PDMS)
シリコンゴムとして知られている

図 5-1 希薄濃度における高分子鎖が次第に凝集する様子

分子動力学シミュレーションによる分子量 22400 のポリジメチルシロキサン 8 本鎖の凝集過程で，密度はそれぞれ，(左) 0.06 g cm^{-3}，(中) 0.26 g cm^{-3}，(右) 1.05 g cm^{-3}。周期境界条件により，セルを x, y, z の 3 方向に次々に積み重ねた状態で，実在の凝集系モデルとなっている。(筆者，未発表データ)

炭素数が 60 では蝋状固体となり融点は約 100℃ である。この程度の分子量では高分子とはいえないが，密度はすでに低密度ポリエチレンの 0.92 g cm^{-3} に近い。ポリエチレン鎖が最も密に充填した状態である結晶構造でも，密度はたかだか 1.00 g cm^{-3} である。多くの高分子固体は，水素，炭素，酸素，窒素のわずか 4 種が主要な構成原子である。このような組成の高分子固体の密度は，約 0.8 から 1.6 g cm^{-3} の間にある。塩素やフッ素などの原子数の大きい原子を含む場合でも，たかだか 2.4 g cm^{-3} 以下であり，金属や無機材料に比べると「軽い」という特徴が明らかである。現代のように省エネ対策があらゆる製品に求められる時代では，この軽いという特徴が断然長所になることが，自動車のプラスチック化を見るまでもなく明らかであろう。一方で，軽くても材料として程度の差はあれ，丈夫でなければいけない。これは，高分子鎖のもつ共有結合を極力利用することで達成できる。さらに，後章で説明するように光学的に優れた材料，特殊な電気特性を示す材料，生体適合性の材料など，高分子鎖が有する様々な凝集構造を利用した高分子固体製品が我々の豊かな現代生活を維持している。

表 5-1 代表的な物質の密度

材　料		密度 (g cm^{-3})
炭化水素	トリアコンタン ($C_{30}H_{62}$)	0.810
	ポリメチレン (95%結晶)	0.98
含塩素高分子	ポリ塩化ビニリデン (結晶)	1.949
含フッ素高分子	ポリテトラフルオロエチレン	2.347
	ポリフッ化ビニリデン	1.90
有機強化用繊維	炭素繊維	1.7
炭　素	ダイヤモンド	3.52
	グラファイト	2.3
無機強化用繊維	ボロン	2.6
	ガラス繊維	2.5
金　属	鋼鉄 (高張力)	7.8
	ジュラルミン	2.7
	チタン合金	4.4

5-2 結晶性高分子と無定型高分子

5-2-1 結晶性高分子とは

　日常よく経験することであるが，無造作に束ねたひもや電線は嵩張り，しかも自然に絡みあう。しかし，同じ長さで折り返し規則的に束ねた場合は，嵩も少なくもつれあうことはない。我々は経験的に電線コードを束ねて整理するが，これは密度的に最もコンパクトな状態になるからである。分子レベルの世界でも同様であり，何の制御もなく凝集した高分子鎖は絡まりあったランダムコイル状態である。一方，繊維の紡糸口のように一定の方向に引き伸ばされた場合には，高分子鎖は規則正しく並ぶ確率が高くなる。このように見た目は同じ「固まり」であっても，内部の高分子鎖の凝集構造には単純に大きく分類して規則状態（ordered state）かランダム状態（random state）であるかの2通りあるといえそうである。分子鎖が3次元的に規則正しく配置されている場合は結晶構造（crystalline structure），糸まり状にランダムに充填されている場合は非晶構造（noncrystalline structure）といい，この2種類の構造が混ざり合っている高分子固体を結晶性高分子（semicrystalline polymer）と呼ぶ。

　低分子と違って，系のすべての高分子鎖が結晶化することはない。これは，通常の高分子固体では分子鎖の長さに分布があること，すべての分子鎖が規則状態である空間配置では，かえってエネルギー的な不安定さが誘発されることなど，種々の要因がある。このため100％の結晶構造は存在しそうにない。つまり，高分子固体は3次元的に規則正しく配置された結晶構造と，規則性をもたない非晶構造とをある比率で含んでいると考えてよい。実際，多くの高分子材料は，結晶性高分子に分類される。結晶領域が全領域に占める重量分率は結晶化度（degree of crystallinity）と呼ばれる。結晶化度は，熱処理の度合いや延伸の程度によって様々に変化する。結晶化度は，高分子固体材料の物理的・力学的諸性質に大きな影響を与えるので，知っておきたい基本情報である。

実際の結晶化度
実際に測定されている結晶化度（％）の値を示す。 低密度ポリエチレン：55〜75 高密度ポリエチレン：80〜90 ナイロン（繊維）：40〜60 ナイロン（フィルム）：20〜50 ポリエチレンテレフタレート：10〜60 セルロース（綿，麻）：70 itーポリプロピレン：55〜60 アラミド：65〜90 ポリ塩化ビニル：10

5-2-2 無定型高分子とは

　結晶性高分子とは違って，結晶構造を全く含まずすべてが非晶構造である高分子が存在する。代表的な例はポリメチルメタクリレート（PMMA）やポリスチレン（PS）である。いずれも立体規則性のないアタクティックな構造のみが該当する。このような高分子鎖はどのような外部条件を与えても

規則的な構造をとることができないため、無定型高分子（amorphous polymer）と呼んでいる。結晶性高分子と無定型高分子の分子鎖の凝集状態を模式的に図 5-2 に示した。無定型高分子と非晶性高分子とは、しばしば区別なく使われている場合もあるが、厳密には区別すべきものである。例えば、ポリエチレンテレフタレート（PET）は、溶融状態から一気に 0℃ 以下に急冷する（この操作をクエンチ（quench）するという）と、100% に近い非晶構造を含む高分子となる。この試料は非晶性高分子ではあるが、熱処理や延伸によって容易に結晶化するので無定型高分子とはいわない。

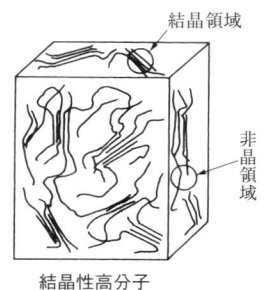

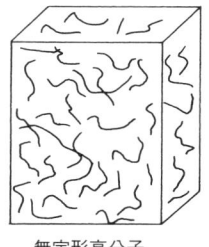

図 5-2 結晶性高分子と無定型高分子の微細構造を示す模型図

高分子材料の多くを占めるビニルポリマーでは一般に、アタクティックな構造は立体的な規則性を持たないため、結晶構造を形成することができず、無定型高分子となる可能性が高い。実用的なアタクティックビニルポリマーとしては、ポリスチレンが最もよく知られている。ポリプロピレン（PP）には、アタクティック、イソタクティック、シンジオタクティックの 3 種類が使用されているが、立体規則性であるイソタクティック PP が、力学的性質が断然優れているため生産量の大半を占めており、アタクティック PP の使用量はごくわずかである。その他、ポリメチルメタクリレートのような非対称のビニリデンポリマーも無定型高分子である。側鎖に嵩高い基を持つビニルポリマーやビニリデンポリマー以外では、主鎖に嵩高い基を導入することによっても、無定型高分子となることがある。例えば、環状ポリオレフィンは、分子内に脂環式炭化水素基を含有する高分子の総称であり、5 員環や 6 員環がよく用いられる。これらの多くは非晶構造であり、光学透明性もよい。

以前は、アタクティックだけで立体規則性の合成が難しかったビニルポリマーでも、近年の合成技術の進歩によって利用価値のある材料として知られているものもある。対象とする高分子固体がどのような立体規則性を有しているかについては、固体 NMR 測定により決定できる場合が多いので（5-4 節参照）、結晶化度とともに知っておくべき情報である。

透明なプラスチック（その 1）

一般に結晶性高分子は不透明である。これは、光の波長よりも大きい微結晶のため、屈折率に不均一性が起こり、試料内を進む光があらゆる方向に散乱されるためである。それに比較して、無定型高分子や非晶性の高分子は、不均一性を誘発する原因がないので透明である。

最近の包装用のポリプロピレン袋は、2 軸延伸により作成されており、高い結晶化度にかかわらず、透明性は極めて高い。これは、微結晶のサイズが小さく、ランダムに配置しているためである。

透明なプラスチック（その 2）

ポリメチルメタクリレートは、高分子材料の中でも安価で透明性に優れているため、光ファイバーに用いられている。アクリル板と称して市販されているものは、メタクリル酸メチルとアクリル酸メチルのランダム共重合体である。

最近の水族館は大型の水槽が要求されるが、この水槽に用いられているのは厚さ数 10 cm もあるアクリル板である。その他の透明なプラスチックで汎用されているのは、ポリスチレン、ポリカーボネート、ポリエチレンテレフタレートである。ポリカーボネートは、水泳用のゴーグルや家庭用のガレージ天板に用いられている。またコンパクトディスクの素材として知られている。アモルファスオレフィンも光学メディアに利用される。

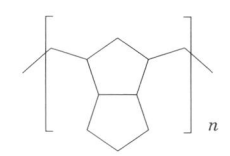

環状ポリオレフィンの構造の一例

5-3 高分子のガラス転移

5-3-1 ゴム状態とガラス状態

長い分子鎖が活発にミクロブラウン運動している状態，これを高分子ではゴム状態（rubbery state）とよび，ある温度以上の非晶構造に特有な分子鎖運動の状態である。ちょうど低分子では液体状態に相当する。このような系を適当な速度で冷却していくと非晶鎖の状態を保持して過冷却状態を経過してガラス状態（glassy state）にいたる。ガラス状態においては，分子鎖セグメントはそのミクロブラウン運動が凍結されており，自由な運動ができない。

輪ゴムやゴムパッキン，タイヤ等，われわれが使用するエラストマーやゴム材料（われわれが普通にゴムとよんでいるもの）は，室温ではゴム状態にある高分子固体である。しかし，ゴムを液体窒素（-196℃）の中に入れ，取り出した直後にハンマーでたたくと，まるでガラスのように粉々に割れる。しかし，10秒間ほど室温に放置しておくと，再びもとのゴムの状態に完全に復元し，即座に大きい弾性を回復する。この変化は完全に可逆的である。室温では丈夫なペットボトルに熱湯を入れた場合には，ボトルがはっきりと柔らかくなることがわかる。

このように高分子固体は著しく性質が異なるゴム状態とガラス状態があり，この2つの状態は，ある温度を境にして変化する。

5-3-2 ガラス転移温度の解釈

ゴム状態とガラス状態が，ある温度を境にして変化する温度をガラス転移温度（glass transition temperature）と呼んでいる。実用的にゴム材料として用いられる高分子は，室温でゴム状態を示す物質であり，ガラス転移温度が-30℃以下の低い温度であることが要求される。ガラス転移温度以下の温度になると大きな弾性変形の能力をなくし，固くもろくなってしまう。

ガラス転移温度以上にある分子鎖は，温度を下げると系の密度が増加するため，分子間の隙間が少なくなり，次第に運動できるスペースが減ってくる。ガラス転移温度以下では，もはや分子鎖がミクロブラウン運動する隙間は残されていないのである（5-7節参照）。ガラス転移温度の前後で系の不連続な構造変化は現れないが，粘性や分子運動の緩和時間をはじめ，種々の力学的・物理的諸性質が劇的な変化を示す。それゆえ，ガラス転移は物理化学で定義される明確な相転移ではなく，一種の緩和現象と考えられている。「ガ

ミクロブラウン運動

ある温度以上では，高分子固体といっても長い高分子鎖を構成する個々の結合まわりの回転運動に注目すると，その局所形態を時々刻々変化させている。これをミクロブラウン運動と呼んでいる。ブラウン運動は植物学者 Robert Brown が1800年代はじめに花粉微粒子が水中で不規則に動き回る様子を顕微鏡で見て，水分子の熱運動によると考えたことによって知られている。（ブラウン運動を証明したのは20世紀初頭，アインシュタインをはじめとする物理学者たちであった。）

相転移

エーレンフェストによる相転移の分類では，化学ポテンシャル（Gibbsの自由エネルギーでもよい）の$(n-1)$次の微分係数までは連続で，n次の微分係数で始めて不連続が現れる相転移をn次の相転移と呼んでいる。高分子では，結晶の融解は1次転移である。ガラス転移は，見かけ上は2次転移の性質を示すが，多くの研究者はそのようにみなしていない。典型的な2次転移としては，定温における金属の常伝導-超伝導転移がある。

表 5-2　ゴム材料のガラス転移温度

ゴム材料	T_g (℃)
イソプレンゴム（cis-polyisoprene）	$-69 \sim -79$
ブタジエンゴム（cis-polybutadiene）	$-95 \sim -110$
スチレン-ブタジエンゴム	$-44 \sim -55$
クロロプレンゴム	$-43 \sim -45$
アクリロニトリル-ブタジエンゴム	$-22 \sim -47$
ブチルゴム（polyisobutylene）	$-67 \sim -75$
エチレン-プロピレンゴム	$-50 \sim -58$
シリコンゴム（PDMS）	$-118 \sim -132$
フルオロシリコンゴム	-60

ラス転移は物性科学のミステリー」であるともいわれる所以である。

上記の説明からも推察されるように，ガラス転移という現象は，高分子の結晶構造には無関係であり，非晶構造あるいは無定型高分子に直接関係することがわかる。しかし，先に述べたように結晶化度100％の高分子は存在しないという理由で，ガラス転移という現象は，一部の剛直高分子（5-4節参照）を除いてすべての高分子に適用できるといえる。

5-3-3　ガラス状態の本質

ガラス転移温度は厳密な相転移ではない故に，個々の高分子固体に絶対的な温度ではない。ガラス状態は一般にエネルギー最安定の平衡状態ではないため，ガラス転移温度以下に放置しておくと非常に緩やかな緩和が起こり，平衡状態へと移行していく。ガラス転移は，系が過冷却状態を経て起こるので，冷却の速度に依存する。我々の日常の生活は秒，分，時間という単位であるため，実験的あるいは実用的な冷却もこのような時間オーダーで観察している。もし冷却をナノ秒やマイクロ秒オーダーで瞬時に冷却すれば，ガラス転移温度は高い方向に移動するであろうし，数十年もかけてゆっくりと冷却すれば，ガラス転移温度は低い方向に移動する。現実にはこのようなことは不可能であるので，我々がガラス転移温度として認めている温度は，生活時間のオーダーで示している温度にすぎないのである（図5-3）。

例えば，生産後まもない発泡スチロール板に熱を加えるとポリスチレンのガラス転移温度である100℃を経過しても形態は変化せず数度以上の高い温度でようやく変化する。しかし，製造後しばらくの間室温で放置した製品では，100℃になると急激に収縮する（図5-4）。一方，生産後まもない発泡スチロール板でも約80℃で数時間熱処理した場合には，通常の100℃で収縮するようになる。これは物理的エージング（physical aging）の効果である。効率的な物理的エージングとは，より安定したガラス状態をつくるために，ガラス転移温度よりも10℃〜20℃低い温度下で，数時間熱処理をする

> **最も T_g の低い高分子**
>
> シリコーン系の高分子には，T_g の低いものが多いが，ポリジエチルシロキサン（PDES）は，PDMSよりもさらに T_g が低く，-143℃〜-147℃というデータがある。現在知られている T_g としては最も低いようである。しかし，さらに低い T_g をもつ高分子が今後見つかるかもしれない。

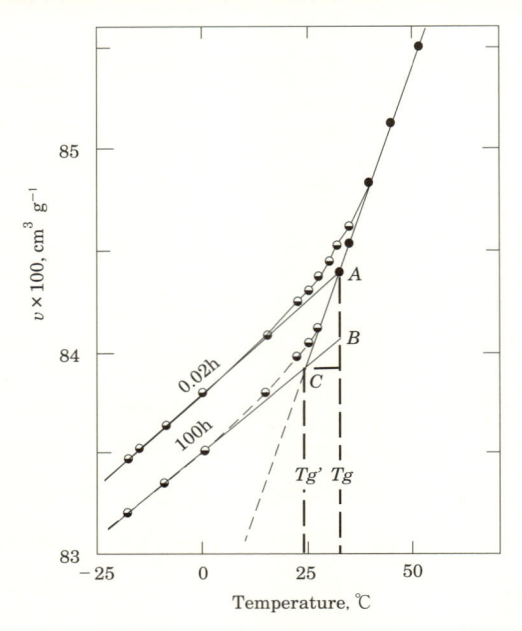

図 5-3　ポリ酢酸ビニルの冷却速度の違いによる比体積の変化

0.02 時間で急冷した試料は，100 時間かけてゆっくり冷却した場合に比べ，ガラス転移温度が数℃高く観察される。急冷試料は，室温に長く放置することにより，次第に T_g が低下するので見かけ上，固くなる。(A. Kovacs, *J. Polym. Sci.*, 30, 131 (1958))

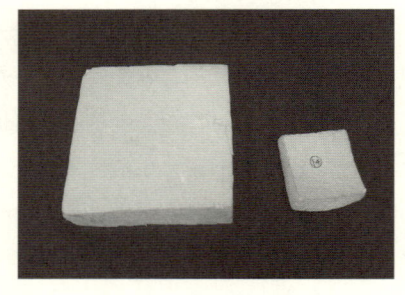

図 5-4　通常の発泡スチロール板（左，厚さ3cm）を100℃下に放置した場合（右）の見かけの変化

ポリスチレンのガラス転移温度（100℃）以下で空気を含んで凍結されていた分子鎖運動が，100℃で開放されミクロブラウン運動が活発化するため，空気層を追い出して分子鎖が凝集する結果，見かけ上の体積は減少する。しかし，ポリスチレン成分としての体積減少ではないので，変化の前後で重量変化はない。（筆者による撮影）

ことにより実現できる。ガラス状高分子を製品として用いる場合には，しばしば物理的エージングが行われる。

5-3-4 ガラス転移温度を変化させるには

分子鎖の動きをわざと抑制することによってガラス転移温度を上げることができる。この例として，分子間架橋（ネットワーク化）がある。生ゴムは加硫によってガラス転移温度が10℃以上も上昇する。逆に分子鎖を動きやすくすることによって，ガラス転移温度を下げることができる。この例として，可塑剤（plasticizer）の添加がある。ポリ塩化ビニルのガラス転移温度は，87℃であるが，フタル酸エステルのような溶解性の良い可塑剤を加えることによって，室温以下にまでガラス転移温度は低下する。これは軟質塩ビと呼ばれており，レザー製品として広く用いられている。可塑剤が分子鎖の隙間に入り込み，潤滑剤のような働きをするので分子鎖間相互作用が減少し，流動化が促進されるのである。衣類の洗濯で，柔軟剤処理するのも同じ原理である。

室温で十分ゴム状態であるポリエチレンやポリプロピレンには可塑剤は不要であるし，また逆にガラス状高分子として優れた性質をもつポリスチレンやポリエチレンテレフタレート，ポリメチルメタクリレートなどにも可塑剤を用いる必要はない。現実には，可塑剤の用途はその8割〜9割がポリ塩化ビニル用であり，残りは種々のゴム材料や接着剤，ポリ酢酸ビニル（PVAc），ポリ塩化ビニリデン（PVDC），セルロース用である。可塑剤が揮発すると高分子は柔軟性を失い，もろくなるので不揮発性の低分子を用いるのが望ましい。

親水性の高分子は，空気中の水分を吸収することによって分子鎖間の相互作用が弱くなり，ガラス転移温度が低下する。木綿やレーヨンなどのセルロース系繊維，ナイロン，ポリビニルアルコールなどが代表的なものである（図5-5）。

可塑剤

ダイオキシン問題ですっかり悪者扱いされた感のあるポリ塩化ビニルであるが，フタル酸エステル系の可塑剤も環境ホルモン問題やシックハウス問題で規制される運命にある。すでに，フタル酸エステル以外の可塑剤も開発されており子供の玩具などに使用されている。また，ポリ塩化ビニルそのものの代替物としてポリエチレン製になった製品も多くある。

生活の中のガラス転移温度

日常生活で経験する高分子のガラス転移現象の1つにアイロンがけがある。アイロンには通常，材質による温度設定が表示されている。これはまさしくその物質のガラス転移温度に関係している。しわの寄った衣類にガラス転移温度以上に熱を加えることによって繊維を可塑化し，プレスによってしわを取る。ウール製品や綿製品はガラス転移温度が乾燥時に200℃以上であるので，本来ならアイロンがけもこの温度以上の高温に設定しないといけない。しかし，水分によってガラス転移温度は低下するので（1%の水分率で約10℃ガラス転移温度は低下すると言われる），スチームや霧吹きを用いることによって合繊と同程度の温度でアイロンがけができるのである。

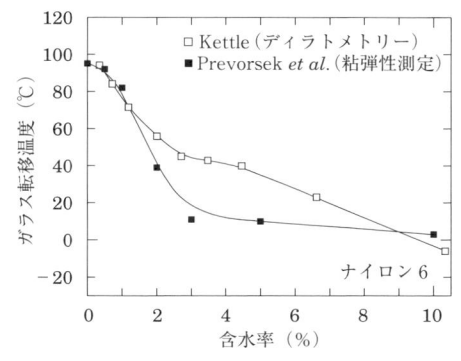

図5-5 ナイロン6の吸湿によるガラス転移温度の低下

ディラトメトリーによる結果と粘弾性測定による結果を同時に示した。（G. J. Kettle, *Polymer*, 18, 742（1977），と D. C. Prevorsek, R. H. Butler and H. K. Reimschuessel, *J. Polym. Sci.*, Part A-2, 9, 867（1971）から筆者が図示化。）

5-4 高分子の結晶

5-4-1 高分子の結晶構造の確認

　物質の結晶性を判断する最も基本的かつ重要な方法は，X線回折実験であろう．X線回折実験は，入射X線に対してBraggの反射条件を満足する反射X線が，回折現象を起こすことにより，ある特定の位置に強い反射X線が感知できるという原理に基づく．

　いま(a)無定形高分子，(b)未延伸の結晶性高分子，および(c)十分に延伸した結晶性高分子の3種類の試料それぞれにX線を入射させ，その前方数センチのところに写真乾板（あるいはイメージングプレート）を置く（図5-6）．得られた写真像は，図5-7(a)～(c)のように，それぞれの特徴を表す．このような回折像は繊維図形（fiber diagram）と呼ばれ，一目でその高分子の結晶状態を把握することができる点で便利である．

　(a)の無定形高分子では，ぼんやりしたハローを示している．ガラスや液

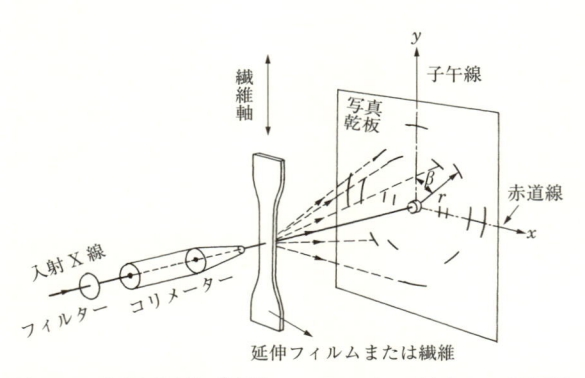

図5-6　高分子固体（繊維，フィルム）に対するX線回折

写真乾板（イメージングプレート）上に試料の回折像ができるが，繊維軸と平行方向を子午線方向，それと直角な方向を赤道方向という．また図中のβは方位角と呼ばれる．

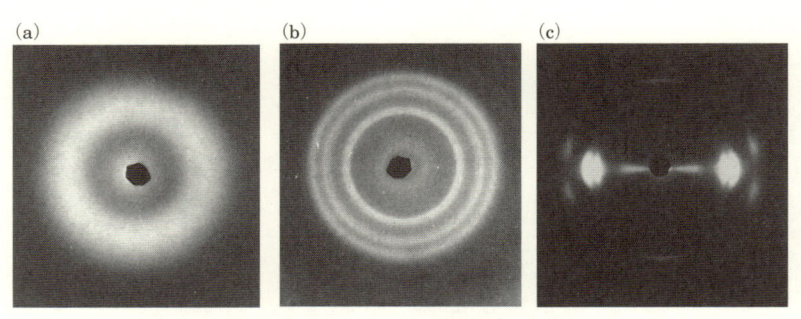

図5-7　高分子固体からのX線回折写真の例

(a)無定型あるいは非結晶性高分子．(b)結晶構造をもつが無配向の高分子．未延伸のフィルムに多く観察される．(c)繊維あるいは延伸フィルムのように分子鎖が一定方向に配向している場合にみられる（筆者の測定による）．

体のX線回折像もこのようなものである。(b)の延伸していない結晶性高分子は，結晶内の分子軸がランダムであるため，どの方位にも均等にリング状の像ができる。(c)の延伸した結晶性高分子は，結晶内の分子軸が延伸方向に配向した試料なので，規則正しい斑点が観察できる。図5-6と図5-7のx軸方向は赤道線と呼ばれ，試料の引っ張り方向に対して垂直方向の規則性，すなわちミラー指数で示せばhとkを1以上の整数として，$(hk0)$，$(h00)$，$(0k0)$の回折点が現れる。一方，y軸は子午線と呼ばれ，引っ張り方向（繊維軸方向ともいう）である$(00l)$の規則性が現れる（斜方晶の場合）。それ以外の部分の斑点は，結晶系（立方晶，正方晶，六方晶，三方晶，斜方晶，単斜晶，三斜晶）によって厳密には異なるが，引っ張り方向と垂直，平行いずれでもない空間の規則性を示す。

5-4-2 高分子結晶のすがた

凝集構造の中で，長い鎖状分子1本のエネルギー最小のコンホメーションを予測することは，意外と難しい。しかし，高々モノマーが二，三量体のモデル分子に対しては簡単に評価できる。例えば，ポリエチレンの結晶構造を考える前に，ブタンを対象モデル分子とすると，1つの二面角が回転することによる回転障壁を計算することにより，トランス配置がエネルギー最小を与えることは容易にわかる（図5-8）。この考えを発展させると，直鎖アルカンにおいても，オールトランス構造がエネルギー最小のコンホメーションであると予測できる。

図5-8（左）のトランスをT，2箇所のゴーシュをGとG'で表すと，図5-8（右）のn-ペンタンでは，隣りあう2つの二面角がTT，TG（GT），TG'（G'T），GG，G'G'のときにコンホメーションエネルギーが最小となることがわかる。この中でTTが最もエネルギーが低く安定である。一方，孤立した単分子鎖は，エネルギー（エンタルピー）的には糸まり状の方が安定である。この理由は，分子内のvan der Waals相互作用によるエネルギー安定化（エンタルピー的に有利）が大きく寄与するからである。しかし，多数の直鎖アルカンが凝集した構造では，各鎖はオールトランスを保ったまま密に充填した状態がおそらく全エネルギーが最も安定であり，この構造が結晶構造と考えることは自然な発想であろう。前節のX線回折実験による繊維図形から，確かにユニット間の距離である2.53Åの強い反射が観測されるので，ポリエチレンの結晶は平面ジグザグ構造であることが確認できる。

歴史的には高分子の結晶構造解析という研究領域に大きく寄与したのは，C. W. Bunnである。1950年以前に報告されたポリエチレンやナイロン66

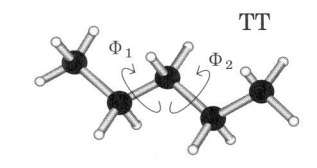

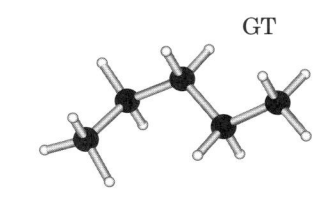

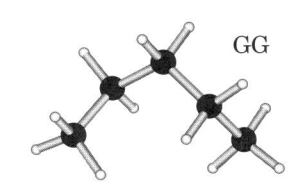

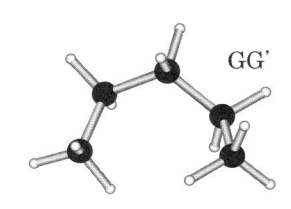

TT

GT

GG

GG'

n-ペンタンの4種の安定構造

GG'は立体障害のため，
他の3構造より不安定

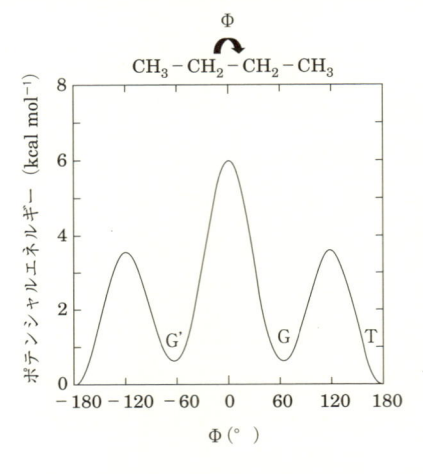

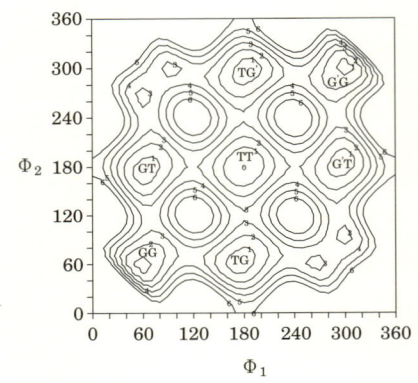

図5-8 （左）n-ブタンの回転障壁，（右）n-ペンタンのエネルギー等高線マップ
右図は，隣り合う二面角（ϕ_1とϕ_2）をそれぞれ10°おきに変化させた場合のコンホメーションエネルギーを等高線で示した。局所エネルギーが最小のコンホメーションの位置をトランス（T）とゴーシュ（GとG'）の組み合わせで表し，図中の数字は1 kcal mol^{-1}ごとに最大6 kcal mol^{-1}までを示す。各局所エネルギーミニマムのコンホメーション間の移行は，障壁が3.5 kcal mol^{-1}以下であり室温でも頻繁に起こると考えられる。(分子軌道法，MP2/6-311G (d, p)による計算。筆者による未発表データ)

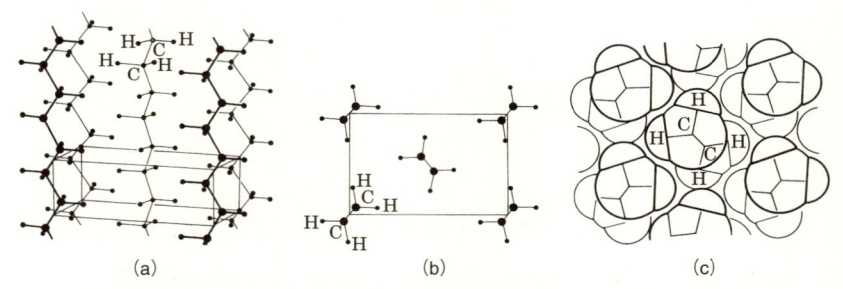

図5-9 ポリエチレンの結晶構造（単位格子と分子鎖の配列との関係）
(a) 側面から見た図：上下が分子鎖の伸びている方向
(b) 繊維軸方向から見た図：紙面に垂直に分子鎖が伸びている。
(c) van der Waals 半径を考慮した，結晶単位格子の分子鎖のパッキング状態
    （繊維軸方向から見たもので，(b)に対応する）
    (C. W. Bunn, *Trans. Farad. Soc.*, 35, 482 (1939))

の結晶構造は，現在でも通用する正確さである。図5-9はポリエチレンの結晶構造と，充填状態がわかりやすいようにvan der Waals半径を含めて描いた構造である。

　高分子の代表的な構造であるビニルポリマーでは，立体規則性のイソタクティック（*it-*）やシンジオタクティック（*syn-*）の構造は必然的に規則性を有するため，結晶構造をつくりやすい。一般にイソタクティックビニルポリマーは，側鎖の立体障害を回避するように主鎖はらせん構造をとる。シンジオタクティックポリマーでは，らせん構造になる場合もあるが，そうでな

い場合もありコンホメーションは多様である。通常は，アイソタクティックポリマーやシンジオタクティックポリマーはホモ（単一成分）ポリマーとして用いるが，中にはポリ塩化ビニル（PVC）のように，イソタクティックな部分とシンジオタクティックな部分（50％以上）が連結しており，短いシンジオタクティック鎖が結晶構造を形成するような複雑な場合もある。したがって PVC は立体規則性の高分子には分類されない。最も構造の簡単なポリプロピレンの場合について考えてみると，it-ポリプロピレンのらせんの繰り返し（ピッチ）は，3_1 のように表される。これは，繊維周期あたり 3 モノマーユニットを含み，1 回巻いていることを示している。ここではモデル化合物である 3,5-ジメチルヘプタンについて，少し詳しく調べてみる。主鎖をオールトランスとした時，2 つの側鎖メチル基が同じ側に向いているメソ体（$meso$，これはイソタクティックに対応する）とお互い反対側に向いているラセミ体（$racemi$，これはシンジオタクティックに対応する）が存在する。隣り合う 2 つの二面角を変化させた場合のコンホメーションエネルギー等高線を 2 次元マップとして示した（図5-10）。

$meso$

$racemi$

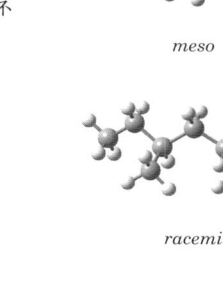

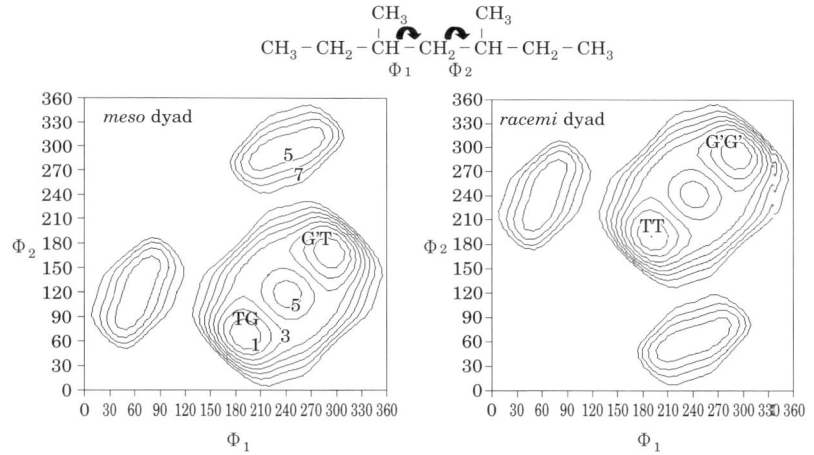

図5-10　3,5-ジメチルヘプタンのメソ体とラセミ体のコンホメーションエネルギー等高線マップ

エネルギー最小値を示すコンホメーションをトランス（T）とゴーシュ（G）の組み合わせで示した。図中の数字は，ポテンシャルエネルギー（kcal mol^{-1}）である。メソ体における TG ⇔ G'T 間の回転障壁は，4 kcal mol^{-1} 以下と小さいのでコンホメーション変化は頻繁に起こる。ラセミ体における，TT ⇔ G'G 間の回転障壁も同様である。（力場による計算，筆者による未発表データ）

メソ体では，エネルギーの最小値はトランスとゴーシュが隣り合った場合（以下，TG と記す）である。実際，TG の繰り返しは，3_1 らせん構造となる。一方，ラセミ体では，TT あるいは GG がエネルギー的には最も安定である。そこで考えられる syn-ポリプロピレンのコンホメーションは，（TTTT），

結晶多形

syn-ポリスチレンは，主鎖がすべてトランス配置（TTTT）の場合でも，結晶系が異なる α 型と β 型がある。また，TTGG でも δ 型と γ 型があることが知られている。これらは結晶多形といわれ，多くの高分子結晶で確認されている。また，δ 型は一般に溶媒を抱き込んだまま結晶化する。ポリフッ化ビニリデンでも 3 種の結晶多形体が存在する。セルロースになると，結晶多形は数種存在し複雑である。これらは，熱や電場印加などによって，可逆的，あるいは不可逆的に移行する。

(GGGG)，あるいは(TTGG)の3種があると予想できる。実際，syn-ポリプロピレンには，(TTTT)と(TTGG)の2種類のコンホメーションが確認されている。(GGGG)は立体障害が起きるので，ビニルポリマーでは通常現れない。図5-11には，it-ポリプロピレンとsyn-ポリプロピレンのコンホメーションを示した。

ビニルポリマーでは，側鎖のサイズが大きい方が，らせんピッチは大きく

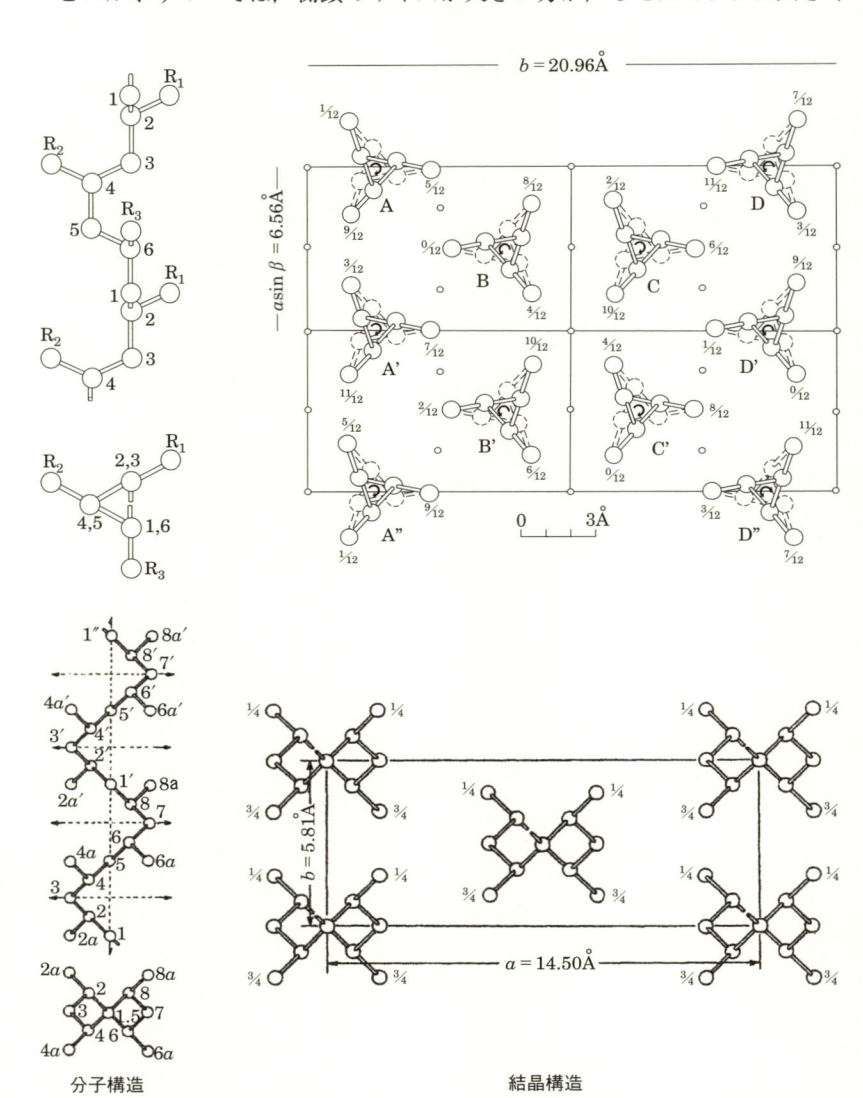

右巻きと左巻き

it-ポリプロピレンやit-ポリスチレンでは，右巻きと左巻きのらせんは1：1の割合で存在するが，結晶構造の中も互い違いに隣り合って対をなして存在している。一方，ポリ-4-メチル-1-ペンテンでは，右巻きばかり，あるいは左巻きばかりが集合して結晶構造をつくっているといわれている。このように結晶構造の中でのらせんの配置は興味深い。最近では一方巻きらせんの高分子も合成されており，不斉場を用いた利用が検討されている。

分子構造　　　　　　　　結晶構造

図5-11　(上)イソタクティックポリプロピレン（it-PP）の分子構造と結晶構造
(G. Natta and P. Corradini, *Nuovo Cimento*, Suppl., 15, 40 (1960))
(下)シンジオタクティックポリプロピレン（syn-PP）の分子構造と結晶構造
(P. Corradini, G. Natta, P. Ganis, P. A. Temussi, *J. Polym. Sci.*, Part C, 16, 2477 (1967))

なる。これは，先に示した隣り合う2つの二面角を変化させた場合のコンホメーションエネルギーを2次元等高線マップで示した際，トランスやゴーシュの位置がシフトしたり，エネルギーの谷が分裂するために起こる必然的な結果である。これまでに知られている最も大きいらせんピッチは，syn-ポリメチルメタクリレートの18_1であり，非常にゆるやかな周期でらせん構造となる。

一方，これらの結晶構造の要素となる分子鎖が空間内でどのように充填されているかを予測することは，非常に難しい。分子鎖の接近により，引力と斥力の2種類の分子間相互作用が働く。複数の分子鎖を束ねることによって，どのような位置関係で最安定なエネルギーとなるかは，現在では計算化学による予測がある程度可能である。しかし，右巻きと左巻きの2種類のらせん構造が，どのような配置で分布しているかというような問題については未だ予測は不可能であり，観測された結果からその理由を推測せざるを得ない。種々の測定で得られた物質の詳細な構造を見るたびに，自然は巧みに凝集構造をつくり上げるものだと感心せざるを得ない。

分子間水素結合が重要な役割を果たしている例として，ポリアミド，ポリビニルアルコール，セルロースなどがある。アミド基の分子間相互作用の顕著な例として，剛直かつ伸び切り鎖であるポリパラフェニレンテレフタルアミド（PPTA）の結晶構造を図5-12に示す。モデル化合物であるベンズアニリドから導き出せる，2つのベンゼン環とアミド平面間の二面角の回転障

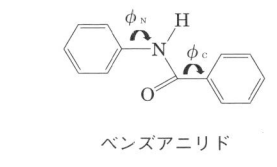

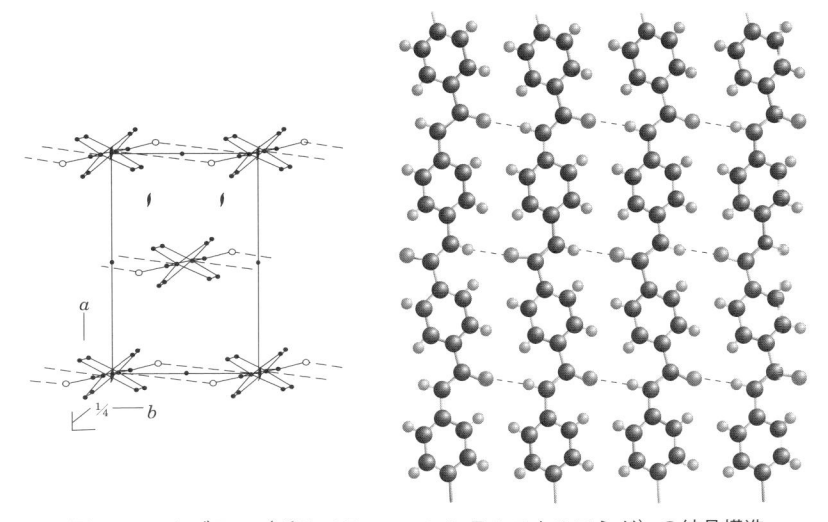

図5-12 ケブラー（ポリパラフェニレンテレフタルアミド）の結晶構造
（左）繊維軸（c軸）方向から見た結晶格子中の分子鎖間の水素結合の様子を示す。
　　　（H.H.Yang, "Kevlar Aramid Fiber", Wiley（1993））
（右）a軸方向から見た分子鎖の配置で，分子鎖間の水素結合の様子を示す。
　　　（K.H.Gardner *et al.*, *Macromolecules*, 37, 9654（2004））

壁に関する情報からは，ϕ_Cではベンゼン環とアミド平面でややねじれた方が安定であるが，完全平面構造と比較してもそのエネルギー差は非常に小さい。ところが，ポリパラフェニレンテレフタルアミドの結晶構造では，分子間水素結合が大きく寄与して隣り合う分子鎖が接近するため，2つのベンゼン環とアミド平面は，大幅にねじれた構造となる。

5-4-3 結晶化度の測定法

結晶化度は，高分子固体が完全な結晶構造と非晶構造の2相構造からなると仮定して計算される値である。しかし，この単純化された構造は，厳密には正しくない。この点は結晶化度を議論する上で常に忘れてはならない前提である。結晶化度を求めるには測定原理の物理的背景に応じて，広角X線回折，FT-IR，固体NMR，DSCなど，種々の機器による方法が可能である。ここでは最もよく用いられる方法として，密度法と広角X線回折法について主に述べる。

密度法による結晶化度，xは測定した高分子密度をρ，結晶密度をρ_{cry}，完全非晶部分の密度をρ_{amo}とすると，以下の式によって与えられる。

$$1/\rho = x/\rho_{cry} + (1-x)/\rho_{amo} \qquad (5-1)$$

試料密度の測定は，試料の乾燥重量と体積を求めればよいのであるが，実際には粉末状であったり形状が一定でないため，求めるのが困難な場合も多い。そこで，図5-13に示すような密度勾配管を用いると，多くの試料の密度を一度に測定できる（精度限界は小数以下4桁程度）。すでにρ_{cry}とρ_{amo}が報告されている高分子では，これらの値と（式5-1）を用いて結晶化度，xを評価できる。

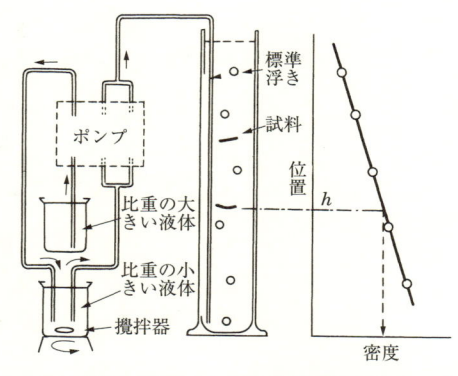

図5-13 密度勾配管による高分子固体の密度の求め方

例えば，比重の小さい溶媒としてトルエンを，比重の大きい溶媒として四塩化炭素を選ぶと，0.87〜1.59までの試料の密度を測定できる。
（R. B. Beevers, "Experiments in Fibre Physics", p. 29. Butterworth, London (1970)）

結晶構造の密度は後述する広角X線回折による結晶構造解析を行うことにより求めるのが通常である。すなわち，単位格子の容積とその中に含まれる原子の数から求めることができる。いま結晶単位格子の体積を V，単位格子中に存在するモノマーの数を Z，モノマーの分子量を M とすると結晶密度は

$$\rho_{\mathrm{cry}} = MZ/VN_A \tag{5-2}$$

で計算できる。N_A は Avogadro 数である。

一方，結晶性高分子における非晶構造の密度を厳密に直接求めることは難しい。ポリエチレンのように結晶化しやすく，完全非晶物が手に入らない場合には，その結晶の融点よりも少し高い温度下での溶融物（この状態で系は完全な非晶物になっている）に対して測定された密度に，体積膨張率を補正して室温での非晶密度求めることができる。しかし，高分子の中にはセルロースや耐熱性高分子のように，融点が分解点よりも高く，高温で溶融することなく焼け焦げてしまう物質も多くあるので，この方法は一般性がない。

X線回折法では，結晶構造が規則的な原子配置であるため，Bragg の反射条件を満足し，明確なピークを与えるが，非晶構造は液体と同じようにハローしか与えないという原理に基づいて計算できる。結晶化度の評価では，通常は透過法を用い，銅ターゲットのX線管から発生する CuKα 線（波長 $\lambda =$ 1.5418Å）を用いて 2θ（θ は Bragg 角）が $10°$ から $40°$ 程度の範囲で回折強度を測定する。この測定角度範囲は，観察している結晶格子の長さが約 0.88 nm から 0.23 nm に相当する。小さい角度（2θ）ほど，大きな結晶構造を観測する点に注意してほしい。高分子結晶の単位格子の大きさを感知するのに適当な範囲である。試料としては，ランダム配向物である必要があるため，繊維試料などの1次配向試料では，細かく切断して集積した試料を用いるのが従来からの方法である。最近では，イメージングプレートを用いて，一度に全反射方向の回折強度をコンピュータ制御により感度よく積算することにより，すべての回折ピークが求められる。

結晶化度は図 5-14 に示したように，結晶ピークの面積に対する回折強度全体の面積比を計算することによって求められる。ここで，もし完全非晶物のハロー形状がわかっている場合には，その回折曲線を用いることができるので，結晶ピークの分離は容易に行える。ハロー形状が未知の場合にも，各ピークに Gauss 型あるいは Lorentz 型を仮定することで，非線形最小二乗法によってピーク分割を行い，結晶ピークを分離できる。このようにX線回折法の利点は，どのような高分子でも，ある程度の精度で結晶化度を定量化できる点である。

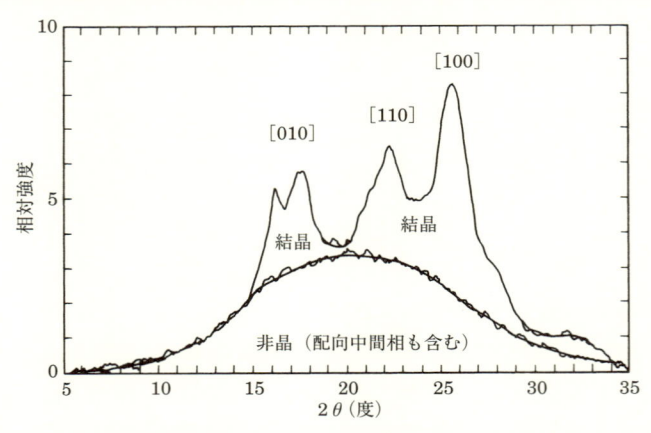

図 5-14　広角 X 線回折法による PFT の結晶性ピークと非晶ハローの分離
高速紡糸ポリエチレンテレフタレート繊維のランダム配向物を使用。（筆者の測定による）

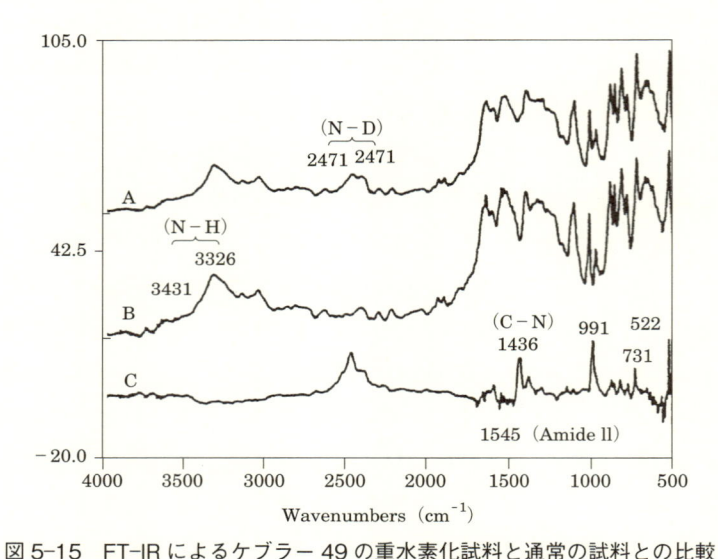

図 5-15　FT-IR によるケブラー 49 の重水素化試料と通常の試料との比較
アミド基 N-H 伸縮振動バンドは，重水素化によって大きくシフトする。またアミドⅡバンドも影響を受ける。結晶部分は，重水素化されないため，両者の差スペクトル（C）から結晶化度が評価できる。(E. G. Chatzi, M. W. Urban, H. Ishida and J. L. Koenig, *Polymer*, 27, 1850 (1986))

　結晶化度は，評価する方法が異なると，同一試料でも測定値が一致しないことがしばしばある。これは，非晶構造と結晶構造の中間的な構造が，実際の多くの結晶性高分子に認められること，さらに，何を物理的根拠として結晶とみなしているかという判断が測定法によって異なるからである。結局，高分子結晶は完全ではないという事実に起因するものである。FT-IR では，結晶バンドと非晶バンドとが明確に区別できる場合が知られている（図 5-15）。このような高分子では，個々の種類に応じて，結晶バンド強度と非晶バンド強度の関係を定式化することによって結晶化度を評価することができる。

(a) (b)

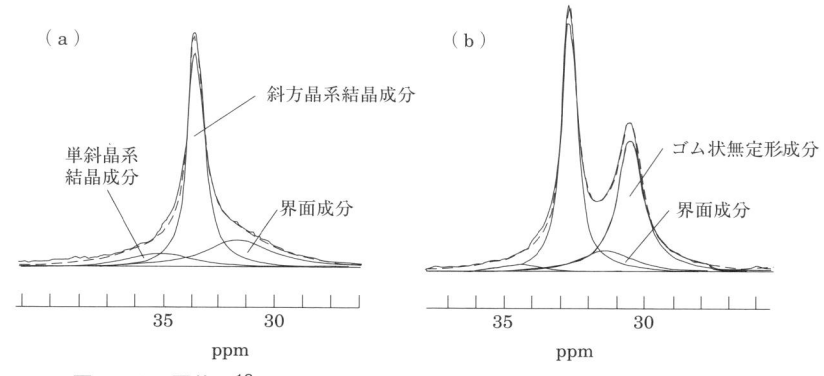

図 5-16　固体 C^{13} NMR によるポリエチレンフィルムの高次構造の解析
(a) キシレン溶液から急冷して作成したゲル乾燥フィルムで，ポリエチレン単結晶とほぼ同様の相構造を持つ。(b) a) のフィルムを 145℃ で熱処理後，室温で測定した場合で，ゴム状無定型成分（非晶）成分が増加する。(堀井文敬，高分子，39，890(1990))

最近では固体 NMR 法の進歩により，詳細な分子の運動性から結晶構造と非晶構造を区別できるようになってきた。また NMR 法では，結晶構造にも非晶構造にも属さない分子運動の領域がしばしば観察され，これが上記の中間的な構造であったり，界面の構造であったりする。ポリエチレンについて解析された例を図 5-16 に示した。今後，ますます固体 NMR 法による分子鎖運動の解析が活発になるであろう。

5-4-4　結晶性高分子の高次構造

結晶性高分子に対して，高分子の分子論が確立した 1930 年代以降，1950 年代までに高分子研究者が抱いていた高分子固体構造モデルとして房状（総状）ミセル構造（fringed micell model）がある。この房状ミセル構造は，1950 年代末の単結晶ラメラの発見まで，高分子固体の普遍的な構造であると思われてきた。房状ミセル構造では，1 本の高分子鎖のある部分は非晶構造を形成し，またある部分は微結晶を貫通して結晶構造をつくる（図 5-17）。すなわち非晶構造は，任意に配向した微結晶と微結晶の間を占めると仮定されてきた。房状ミセル構造は，確かにある種のゴム材料やレーヨン（セルロースII）のように分子鎖が柔軟性に乏しく，また高度に結晶化していない高分子に対しては真に近い分子鎖集合モデルであるといわれている。

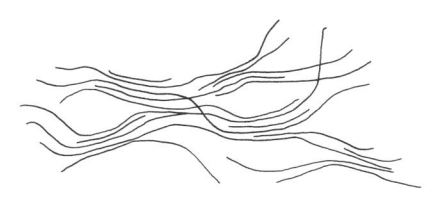

図 5-17　房状ミセル構造を示す模型図

直鎖炭化水素の結晶系

ポリエチレンの結晶構造は，通常は安定な斜方晶であるが，ごくわずかに不安定な単斜晶も含む場合がある（図 5-16）。基本ユニット構造は，両者で全く同じである。一方，炭素数が 40 以下の n-アルカンの結晶系で得られた結果から，炭素数が偶数の場合，斜方晶，単斜晶，あるいは三斜晶となることがある。しかし，炭素数が奇数の場合には，斜方晶のみが得られる。このように，最も単純な炭化水素であるポリエチレンでも結晶系の解析は単純ではない。

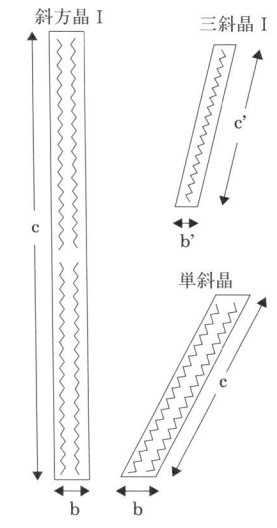

斜方晶 I　　三斜晶 I

単斜晶

M. Kobayashi, *J. Chem. Phys.*, 78, 6391 (1983) から一部改変

高分子科学の歴史上，1950年代後半のA. Kellerによるポリエチレン単結晶（single crystal）の発見とその構造解析は，1つのブレークスルーとなった重要な研究であった。ポリエチレンの0.01％程度のキシレン希薄溶液を，数日間放置することにより，溶液は白濁する。これを電子顕微鏡で観察すると，1辺約数μm，厚さ10nmの薄板状でひし形をした単結晶が観察された（図5-18）。電子線回折という実験結果から，この単結晶の中では分子鎖の方向は厚みの方向であることがわかった。分子の長さが数百nm程度，厚みが10nm程度であるという事実を結び付けるには，分子鎖は何回も繰り返し折りたたまれていると考えざるを得ない。このような結晶の形態を単結晶ラメラ（lamella）と呼ぶ（図5-19）。単結晶ラメラはその後，ポリエチレンだけでなく，数種の高分子で確認された。単結晶ラメラは，結晶化が希薄溶液から生じるときにだけに得られる結晶形態であるので，1つの極限としての理想的な結晶形態と考えてよいであろう。

　分子鎖が比較的柔軟であり，ある程度以上の結晶化度をもった高分子に対しては，ラメラ構造は普遍的な高分子の形態の1つであることは現在広く受

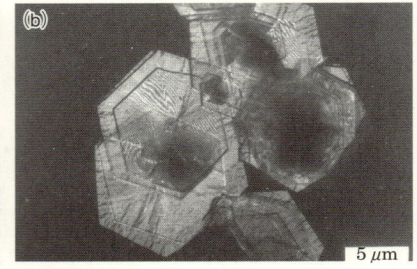

図5-18　単結晶の形態
（a）ポリエチレンの単結晶，（b）ポリオキシメチレンの単結晶の電子顕微鏡写真
（高分子学会編，「目でみる高分子」，培風館（1986））

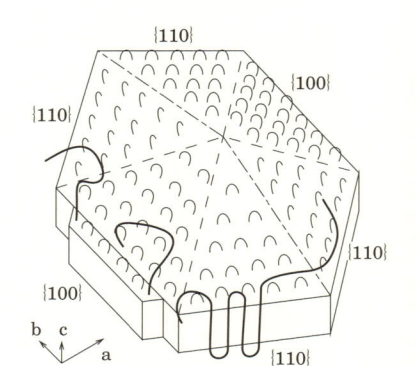

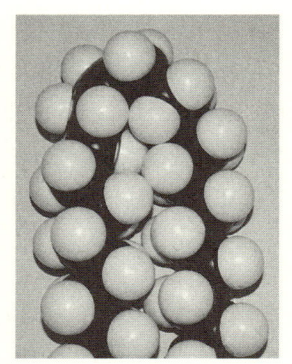

図5-19　ポリエチレン分子鎖の単結晶内での配列状態と分子の折れ曲がり部分を示す分子模型
（戸田昭彦，高分子，46，261（1997），右写真は筆者）

け入れられている。高分子の凝集構造に関しては現在もあらゆる最新の測定手段を用いて，積極的に研究が行われているが，未だに不明な点も多い。おそらく可能性として考えられることは，房状ミセル構造と規則的なラメラの層状構造との中間構造である。中間構造といっても内容は様々で，不規則な折りたたみの長さ，ラメラ間を貫通している分子，ラメラ内での分子の絡み合い，ラメラから突き出た環状の構造が考えられる（図5-20）。各微結晶間を貫通する非晶鎖はタイ（tie）分子として，非晶鎖の形態の一種とみなされる。

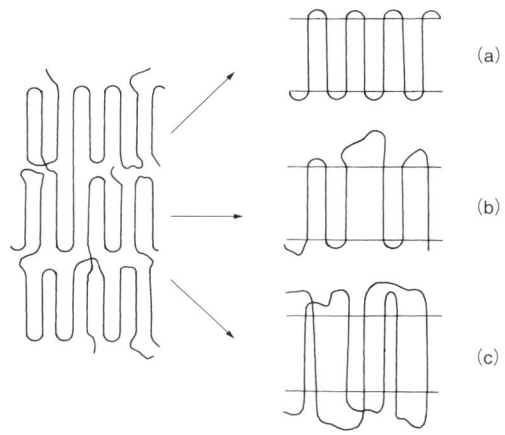

図5-20　結晶性高分子のより実際に近いと考えられる高分子鎖モデル
（a）規則的，（b）部分規則的，（c）ランダムの折りたたみモデルに分類できる。

極端にいえば，房状ミセル構造は積層ラメラ構造が高度に乱れた状態であるともいえる。実際の結晶性高分子は，これら両極端モデルの間のどこかに位置しているのであろう。図5-21には，代表的な高分子構造モデルの例を示した。

さらに，高分子の高次の秩序構造として球晶（spherulite）とシシケバブ（shish-kebab）構造がある。いずれもある種の結晶性高分子が示す形態であり，高分子固体の普遍的な高次構造とはいえない。球晶は，ラメラの積層構造がさらに発展してこれがねじれ，枝分かれを繰り返しながら放射状に成長する（図5-22）。接近した球晶は，お互いぶつかり合うこともあるが大きさは1 mmくらいにまで達する場合もある。多くは偏光顕微鏡で美しい構造が観察できる（図5-23）。球晶は後に示す溶融物からの等温結晶化や，濃厚溶液から結晶化を行った場合に観察される。球晶と球晶の間は非晶鎖によって埋められている。シシケバブ構造（図5-24）は，さらに高次の分子集合体であり，伸張鎖からなるシシと折りたたみ鎖結晶ラメラからなるケバブから構成される。通常，流動場の結晶化過程で観察されるため，実用的な

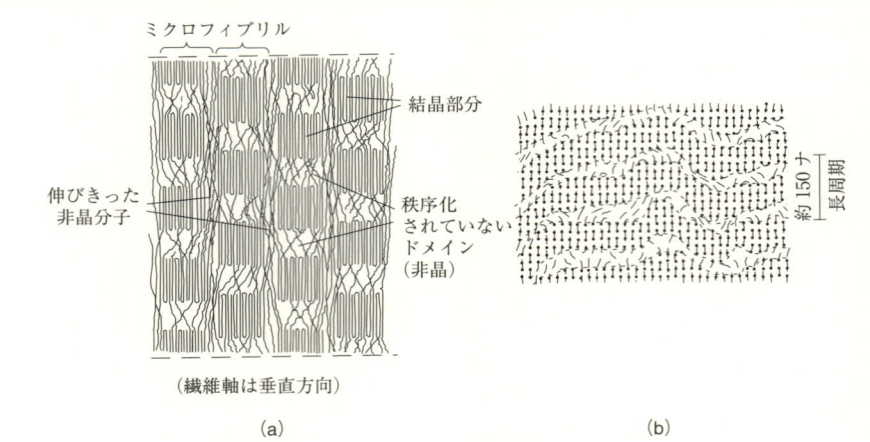

図 5-21 高分子の凝集構造モデル

(a) Prevorsek によるポリエチレンテレフタレート延伸繊維の 3 相高次構造モデル。結晶部分と秩序化されていないドメイン(非晶)，さらに伸びきった非晶分子の 3 種が存在することを示す。D. C. Prevorsek, *Polym. Sci. Sympo.* 32, 343 (1971) (b) Bonart-Hosemann による延伸結晶性高分子の構造モデル。延伸方向は上下方向で，層状の結晶領域間をつなぐ tie 分子として非晶領域がある。(R. Bonart and R. Hosemann, *Kolloid-Z.*, 186, 16 (1962))

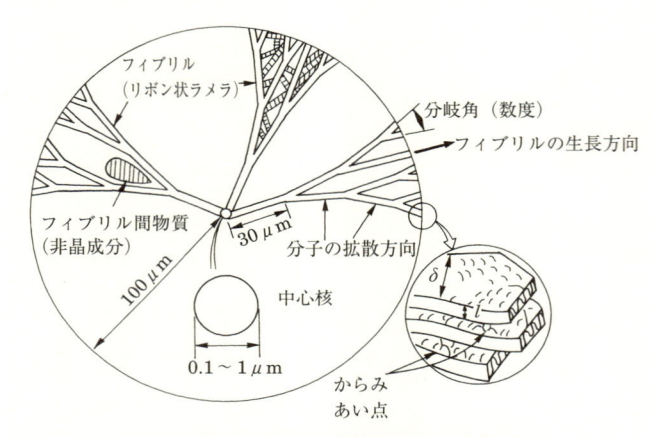

図 5-22 球晶の内部構造を示す模型図

(梶 慶輔,"学会からみた繊維科学の最近の進歩"講演要旨集, p. 44, 繊維学会, (1993) 説明一部分省略)

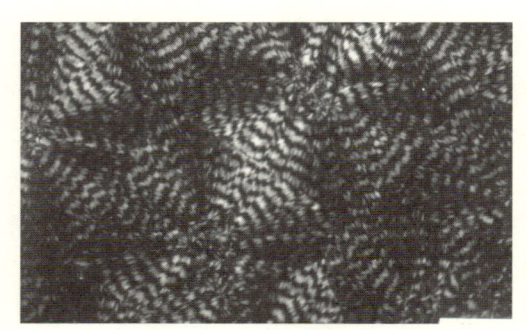

図 5-23 ポリ-ε-カプロラクトンの球晶の偏光顕微鏡写真

環状模様は消光模様 (extinction pattern) と呼ばれる。
(高分子学会編,『目でみる高分子』, 培風館 (1986))

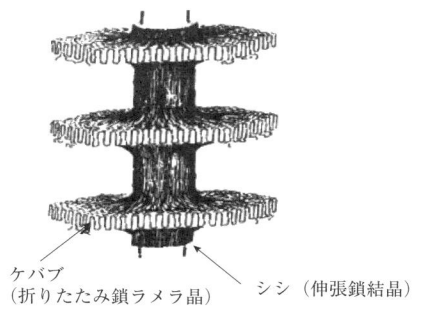

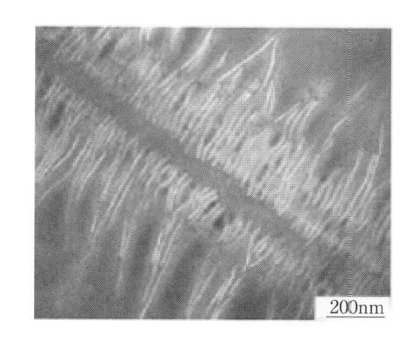

ケバブ
(折りたたみ鎖ラメラ晶)　　シシ（伸張鎖結晶)

図5-24　シシケバブ (Shish-Kebab) 構造の模式図と電子顕微鏡写真（ポリエチレン）
(D. M. Huong et. al., J. Microsc. 166, 317-328 (1992))

観点からも重要である。

5-4-5　伸び切り鎖の高次構造

　これまで述べてきた多くの結晶性高分子は，分子鎖の柔軟性という観点から見れば，屈曲性高分子である。1970年頃，アメリカのデュポン（Du Pont）社の研究からケブラー（Kevlar®）と呼ばれる高強度・高弾性率繊維が登場した。この繊維の化学構造は，すでに図5-12で示したポリパラフェニレンテレフタルアミドであり，ナイロンと同様，ポリアミドの仲間である。しかし，ベンゼン環に直接アミド基が結合されているため，分子は屈曲せず，必然的に伸びきり鎖となる。このような高分子は従来のポリアミドと区別するため，アラミド（aramid）と呼ばれている。繊維で高強度・高弾性率を得るには，分子鎖が繊維軸に高度に配向していることが必要であることはすでに述べた。ポリパラフェニレンテレフタルアミドは99%以上の濃硫酸中で溶解してリオトロピック（lyotropic）液晶を示し，その高度に配向した液晶状態から湿式紡糸により繊維が得られる。ケブラーは伸び切り鎖を実現した初めての高分子であり，ラメラ構造が普遍的な結晶性高分子の形態と考えられた時代の研究者に大きなインパクトを与えた。ケブラーの紡糸過程と，1本の繊維内部の高次構造を図5-25に示す。ケブラーの登場以来，分子鎖をいかに伸びきり鎖にするかという研究が活発に行われてきた。

　1970年代の後半には，ポリエチレンのような本来屈曲性である高分子でもゾーン延伸法と呼ばれる特殊な技術で伸びきり鎖を実現することにより，高強力ポリエチレンが作成できることが報告された。この高強力ポリエチレンは，軽量という長所を生かしてロープやスポーツ用品など幅広く利用されている。一方，主鎖に複素環を含み，剛直で伸び切り鎖となる高分子は，ポリパラフェニレンベンゾビスオキサゾール（PBO）やポリパラフェニレン

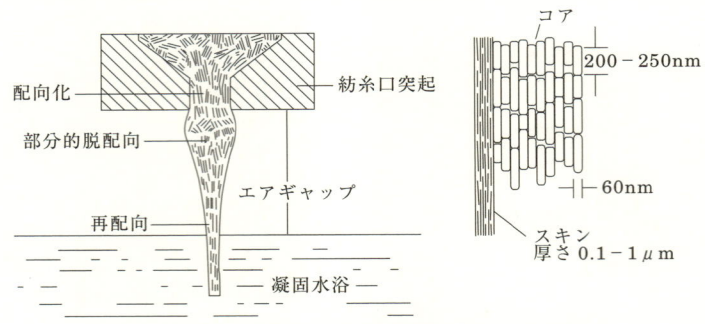

図 5-25 ケブラーの高次構造ができあがる過程

濃硫酸のリオトロピック液晶ドープ中ですでに配向した分子鎖がエアギャップ湿式紡糸により，凝固する。凝固した繊維は，水分を含んだ状態で高温で延伸されると，スキン・コア構造の繊維となる。スキン相は，特に，伸び切り鎖が凝集した結晶構造が多く含まれる。(H. H. Yang, "Kevlar Aramid Fiber", John Wiley & Sons (1993))

PBO

PBTZ

ベンゾビスチアゾール（PBTZ）が知られている。これらはケブラーよりもさらに優れた高強度・高弾性率を示し，優れた耐熱性を合わせ持つ材料である。

5-4-6　高分子結晶の融解－融点

多くの結晶性高分子は融点を示す。高分子の融点とは何かというと，結晶構造が熱撹乱によりその規則構造を失い，ランダムコイルに移行し始める温度である。高分子の融点（T_m）はいかなる要因によって決まるのだろうか。融点は明確な相転移点であり，熱力学的に

$$T_m = \Delta H_m / \Delta S_m \tag{5-3}$$

が成立する。ここで，ΔH_m は融解のエンタルピー，ΔS_m は融解のエントロピー変化である。この式から，ΔH_m を大きく，ΔS_m を小さくすると結果的に融点は高くなることがわかる。ΔH_m を大きくするには分子間相互作用を大きくすればよい。例として，主鎖あるいは側鎖に極性基を導入することが考えられる。双極子モーメントを有する極性基間には，双極子－双極子相互作用が働くし，水酸基やアミド基の導入は水素結合による分子間相互作用が大きくなる。ナイロンの炭素数の数の違いによる融点の変化を図示した。（図 5-26）

一方，ΔS_m は分子の対称性に関係し，対称性が高いほど小さく，形態の自由度の変化が小さいほど ΔS_m も小さい。実際には分子鎖に芳香族や複素環などの剛直な構造を導入し，分子の回転などの形態の自由度を拘束することによって ΔS_m を小さくできる。すなわち，融点の高い高分子は，

① 分子間力が大きい
② 分子対称性がよい

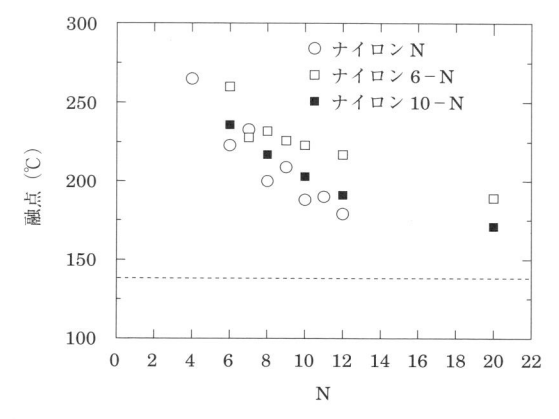

図5-26 ナイロンのアミド基濃度の違いによる融点の変化

3種のナイロンでメチレン鎖の増加（アミド基濃度の減少）とともに，融点は減少する。破線はポリエチレンの融点（138℃）を示す。（K. Dachs and E. Schwartz, *Angew. Chem. Int. Edit.*, 1, 430 (1962) と J. Brandrup and E. H. Immergut, "Polymer Handbook," 3rd Ed, John Willey & Sons, Inc. (1989) より筆者が図示化。）

③ 剛直な構造が導入されている

のいずれか，あるいは全部が満たされている。

融点が高い物質はガラス転移温度も高いという事実から，ガラス転移温度についても上の原理を適用することが基本的には可能である。融点とガラス転移温度の経験的な関係は，絶対温度（K）で示した場合，

$T_g/T_m \sim 1/2$ （対称性高分子，例：ポリエチレン）

$T_g/T_m \sim 2/3$ （非対称性高分子，例：ポリプロピレン，ポリスチレン）

$T_g/T_m \sim 3/4$ （芳香族高分子，例：ポリイミド）

の関係が当てはまる場合が多い（Boyer-Beaman の法則）。
前節で示したPBOやPBTZの剛直高分子では，融点が熱分解点（600℃以上）よりも高いと考えられるので正確な融点は測定できない。さらにガラス転移温度も熱分解点よりも高いと考えられるので実測できない。

5-5 高分子の非晶

5-5-1 非晶鎖の結晶化

結晶構造のランダムコイル化は，融点以上の温度で起こるが，逆にランダムコイル鎖の秩序化（結晶化）について考えてみる。高分子では，現在でもランダムコイル鎖がどのような機構によって秩序立った構造へと変化し，結晶構造をつくるかについて活発に研究が進んでいる。結晶化には温度の要因によるものと，力学的な要因によるものがある。温度変化による結晶化について，定量的に最も研究が進んでいるのは等温結晶化である。これは，すで

耐熱性高分子

現実には，$T_m = \Delta H_m / \Delta S_m$ の原理にしたがって耐熱性材料を設計すると，融点よりも熱分解点が低くなり，材料は不融・不溶性を増すことにより溶融する前に熱分解し焦げてしまう。また，ガラス転移温度が熱分解点よりも高い場合もあり，この場合にはガラス転移温度も観察できない。耐熱性高分子は，宇宙航空分野など金属代替物質としての研究が盛んである。耐熱性は，熱重量分析測定による減量曲線から求める分解温度で比較する。実用化されているPBO繊維は650℃以上の熱分解点をもち，炭素繊維に近い耐熱性である。また，ポリイミドでよく研究されているポリ（p-フェニレンピロペリットイミド）の推定ガラス転移温度は約700℃であり，PBOやPBTZよりも高い。

に溶融状態（あるいは一般にゴム状態）にある高分子鎖が，温度が低下することによって起こる結晶化である。

ゴムの等温結晶化については，すでに1930年代から精力的に研究された。天然ゴム（未加硫の *cis*-ポリイソプレン）を0℃以下で数日保つと，ゴムの弾性は次第に失われ固くなり，同時に光沢も失われる。この変化により明らかに密度は増大し，約2％の体積減少が観察された。このような現象は相転移であり，結晶化によるものであると考えられた。ガラス転移温度以下に物質を急激に冷却した場合に，固くもろくなる変化とは全く異なることがわかる（ガラス転移温度前後では，体積変化はない）。生ゴムの結晶化の速度について示した結果が図5-27である。体積の減少速度は最初穏やかであり，結晶化が進むにつれて加速されている。結晶化の最終段階では次第に速度が落ち，やがて停止する。結晶化に要する時間は温度に依存するが，ある温度で最大速度をもつ。生ゴムの実験結果では最大速度を示す温度は，−25℃であり，約5時間で結晶化が完了する。

cis-ポリイソプレン

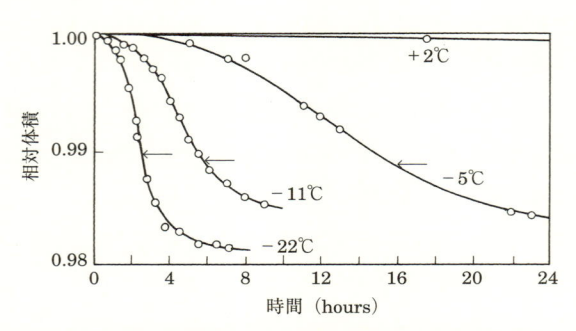

図5-27　異なる温度で測定した天然ゴムの結晶化速度
体積の減少分を相対体積として表した場合の時間依存性であり，矢印は結晶化が半分進行した時間を示す。（N. Bekkedall and L. A. Wood, *Ind. Eng. Chem.*, 33, 381（1941））

多くの結晶性高分子で，ガラス転移温度以上，融点以下の温度範囲で結晶化が進行することが知られている。例えば，ポリエチレンは，結晶化が最も迅速な高分子の1つであり，しばしば一瞬にして結晶化が完了したかのように見える。高密度ポリエチレンの融点は137℃であり，結晶化速度が最大である温度は120℃であるという実験結果がある。またペットボトルの材料であるポリエチレンテレフタレートは，主鎖にベンゼン環を含むためやや剛直な構造をもち，主鎖の内部回転運動はC−OとC−C（どちらも一重結合）に限られる。この動きにくく嵩ばった性質のため，結晶化は比較的ゆるやかである。PETの融点は260℃，結晶化速度の最大は160℃付近で観察できる（図5-28）。また，PETは溶融状態からクエンチすることにより100％に近い非晶物を得ることができる。

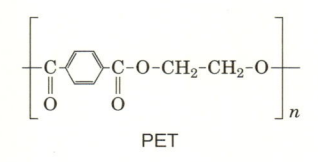

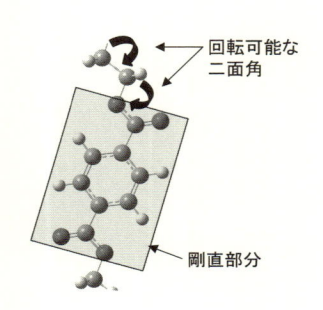

PET

回転可能な二面角
剛直部分

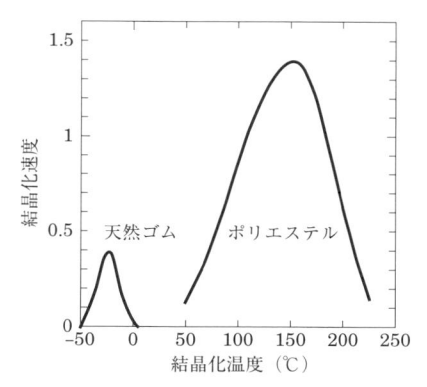

図5-28 天然ゴムとポリエステル（PET）の結晶化速度の比較

結晶化速度の単位は，天然ゴムは時間$^{-1}$で，ポリエステルは分$^{-1}$である。天然ゴムは，著しく結晶化速度が遅いことがわかる。（L. B. Morgan, *J. Appl. Chem.*, 4, 160 (1954) を一部改変。）

5-5-2 等温結晶化の機構と生成速度

　熱に起因する結晶化現象は，低分子の結晶生成のメカニズムと本質的に何ら変わるところはない。しかし，先に見た結晶化曲線（図5-27）の1つの特徴は，結晶化の初期においては速度が緩やかである点である。これは核生成（nucleation）に関係する。最初，複雑に入り組んだランダムコイル状態の分子鎖集団から，分子鎖はお互いの絡み合いを解きほぐしながら局所において秩序構造を構築する必要がある（誘導期）。1次核生成は，このような自由な熱運動の過程で集まってくるごく少数の分子鎖セグメントによって形成されていると考えられている（核発生期）。このようにして微結晶核が形成されると，近隣の分子鎖が吸着して2次結晶核が形成され，その高分子結晶特有の形態へと成長していく。一定数の結晶核が存在することによって結晶は成長することができるのである。

　図5-29は，ポリエチレンサクシネート（PESU）に対して測定された核発生速度の実験結果であり，核発生に関する様子と結晶化との対応がよく示されている。核の成長が進むにつれて，微結晶に隣接する分子鎖の動きは次第に抑制され，すでに形成された微結晶の一員となるべく分子鎖を配列させることはだんだん困難になってくる。その後，結晶化は急速に減少し，ある段階で停止する。このような幾何学的な鎖のもつれ（entanglement）があるため結晶化は100％進行しない。

　最近の研究では，核が発生するサイト数は条件で決まっているようである。温度が低いほどそれだけ安定な核が生成する確率が増し，しかも一度形成された核は分散しにくくなる。しかし，核に隣接する分子の運動性は，逆に大きく低下する。分子鎖が動いて再配列するには，高温側の方が有利である。この相反する2つの理由により，図5-28で示したように結晶化速度が

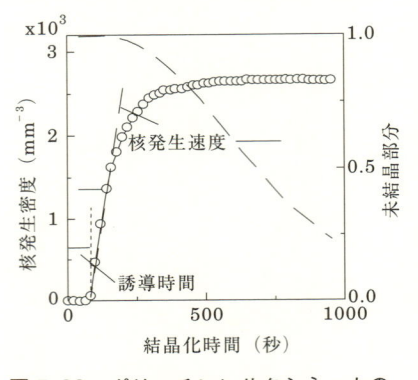

図5-29 ポリエチレンサクシネートの結晶化における，核発生密度と未結晶化部分の時間依存性
（奥居徳昌，高分子，53, 725（2004））

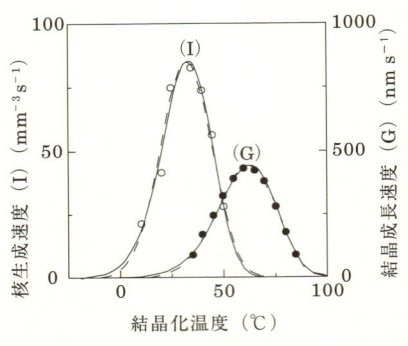

図5-30 ポリエチレンサクシネートの結晶化における，核発生速度(I)と結晶成長速度(G)の温度依存性
(S. Umemoto et al., J. Macromol. Sci., Part B. Phys., B42, 421 (2003))

ある温度で最大値をもつことになる。なお，核発生速度と結晶成長速度のそれぞれの最大を示す温度は一致しないことがPESUに対する実験から明らかにされている（図5-30）。ガラス転移温度（-11℃）に近くになると，セグメントの動きはほとんどなくなり，ガラス転移温度以下ではこのような運動は完全に凍結されるため，もはや結晶化は起こらない。一般に結晶化に関しては融解した高分子が，その融点の0.9倍の温度で最大の速度で結晶化するという経験則がある。以上をまとめると

① 等温結晶化は，必ずガラス転移温度以上，融点以下の温度範囲で起こる。
② 結晶化速度は，核生成の速度と，鎖セグメントの動きやすさという2つの因子によって支配される。
③ 最大結晶化速度を与える温度は，分子間力の程度，単位格子への分子の充填のしやすさなどによって異なる。

5-5-3 延伸による結晶化と分子配向

ランダムコイル鎖の延伸による結晶化現象も，本質的にその機構は等温結晶化と何ら変わることはない。例えば，溶融紡糸によるポリエステルやナイロン繊維では，紡糸口から吐き出された繊維を通常10倍以上に延伸するが，この過程で結晶化が促進する。結晶化には，核の生成が必要であることはすでに述べた。試料を延伸することにより，からまった分子鎖のもつれが部分的に解きほぐされ，核生成の機会が増大する。さらに結晶化に有利なように分子鎖セグメントの再配置が起こる（図5-31）。

延伸による分子の再配置では，特に分子配向性が重要である。分子鎖が引っ

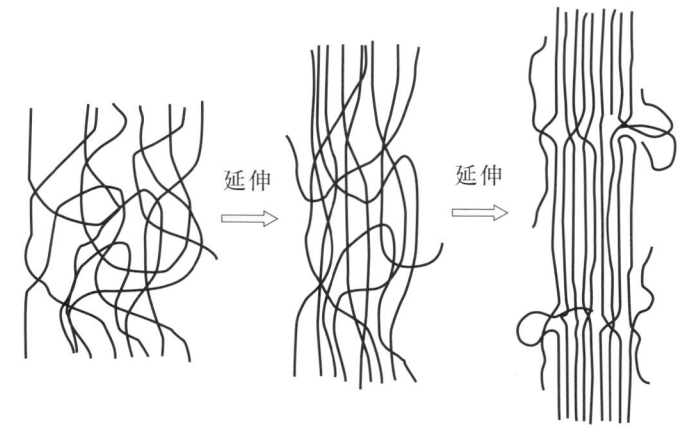

図 5-31　からまった非晶鎖から延伸による結晶化の模式図

張り方向に，どの程度配向しているかを知るには，偏光 FT-IR や偏光ラマン分光による測定がよく知られている．1 軸配向関数は以下の式によって評価できる．

$$f = \frac{3\langle \cos^2 \theta \rangle - 1}{2} \tag{5-4}$$

ここで θ は延伸方向と分子軸とのなす角，$\langle\ \rangle$ は平均値を示す．もし，分子軸がすべて延伸方向であるとすると，$\theta = 0$ で $\langle \cos^2 \theta \rangle = 1$ であるから，f は 1 となり，完全にランダム配向であれば，$\langle \cos^2 \theta \rangle = \frac{1}{3}$ で $f = 0$ となる．

5-6　高分子固体の変形

5-6-1　応力-ひずみ曲線

　高分子固体の微細な分子構造は，個々の高分子の種類によって様々であるという理由で，高分子固体材料の利用は多岐にわたっている．実際の使用にあたっては，安全性や耐久性が要求されるのが普通である．それらの中で，最も重要な変形（deformation）について述べる．一般に，高分子固体材料に限らず，金属材料でも無機材料においても，引っ張り試験は変形に関する材料試験の基本であり，応力-ひずみ曲線（stress-strain curve）が得られる．

　高分子固体は，ガラス転移温度の上下で大きく力学的挙動が変化するため，応力-ひずみ曲線も本来は広い温度領域にわたって調べなければ，その材料の力学的特性として意味をもたない．しかし，現実に使用される温度環境は製品によって限られており，室温付近での応力-ひずみ曲線の測定が一

代表的な材料の強度と弾性率

	強度 (GPa)	弾性率 (GPa)
ナイロン（繊維）	1.1	6
PET（繊維）	1.1	19
Kevlar49	2.8	124
PBO	4.1	480
ガラス繊維	2.1	200
スチール繊維	2.8	200

般的である．図 5-32 にはゴム，結晶性高分子，および高強度・高弾性率繊維の応力－ひずみ曲線の例を示した．ゴムは小さな勾配をもった直線で表される．反対に，分子鎖が延伸方向に大きく配向した高強度・高弾性率繊維は大きな勾配をもつ．結晶性高分子は中間の性質をもち，またその曲線も独特の形をしている．

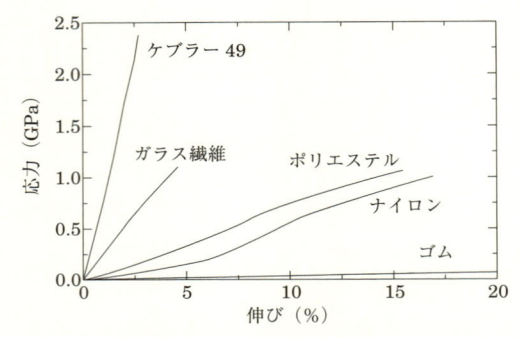

図 5-32 代表的な高分子固体の応力－ひずみ曲線

図に示すように，どんな強固に見える材料でも，だんだん引っ張っていくと，ある伸びとそれに対する張力のところで破断する．破断点での張力を試料の単位断面積あたりで表した値を引っ張り強度（tensile strength）と呼ぶ．これは試料の伸びた量には一切依存しない値である．一方，応力－ひずみ曲線の初期勾配，すなわち引っ張りのごく最初で，単位伸びを与えるにはどの程度の張力を必要とするかを示すのが引っ張り弾性率（Young's modulus，ヤング率）である．弾性率が小さいということは，弾性が大きい（弾みやすい）ということと同じ意味である．強度と弾性率を同じ単位で比較すると，強度は弾性率の数分の 1 から百分の 1 程度の値になることが多くの合成繊維で知られている．

強度と弾性率の単位

以前は，強度と弾性率の単位として，繊維では $g\,D^{-1}$ が，構造材料では $kg\,mm^{-2}$ が用いられていた．D はデニールとよばれ，糸の太さを表す単位である．繊維業界では 2000 年以降 D は，国際標準化機構（ISO）が定めるテックスに切り替えられている．一方，強度や弾性率の単位としては，材料によらず GPa を用いるのが標準である．なおそれぞれの単位の換算は
$0.0098 \times (GPa) = kg\,mm^{-2}$
$= 9 \times d \times (g\,D^{-1})$
となる．ここで d は材料の密度である．

5-6-2 粘弾性とは

一般に固体材料に対する外力の変形は，粘性，弾性，さらに，粘性と弾性のどちらの性質も備えた粘弾性（viscoelasticity）の 3 種に分類できる．ポリエチレンのような結晶性高分子はある温度以上で溶け，粘りの強い性質を示すことは経験的に知られている．この性質は粘性である．粘性は濃厚溶液や溶融物などの高分子液体にみられる一般的な性質である．一方，エラストマーは常温では大きく引き伸ばすことができ，しかもその変形は力を取り除くと瞬時にして元の状態に戻る．このような性質は弾性である．高分子の溶融物は弾性も示すし，エラストマーは粘性ももっている．このように粘性も弾性も兼ね備えた材料は，広く高分子固体のもつ力学的性質の特徴であり，

したがって高分子固体は粘弾性をもつといわれる。

無定形高分子のゴム状態では一定の応力を与えることによって分子鎖が互いにすべり合い流動を起こす。このようにして生じたひずみは一定速度で次第に増大するが，これはクリープ（creep）と呼ばれる現象である。応力を取り除いても，ひずみは回復せず残留する。一方，エラストマーでは分子間の化学的な架橋点が，結晶性高分子では微結晶が物理的な架橋点となるため，個々の分子鎖が離ればなれになることがない。このためクリープ現象は起こらない。

逆にひずみを与えたときに生じる応力は時間とともに減少する。この現象を応力緩和（stress relaxation）といい，応力 $S(t)$ とひずみ γ の比を緩和弾性率 $G(t)$ と呼ぶ。以上の現象をわかりやすく図5-33に示した。結晶性高分子の非晶領域，あるいは無定形高分子ではひずみを与えた直後に応力が瞬間的に発生し，短時間維持される。しかし，ひずみによって，分子が流動し始めるため応力は，徐々に減少していく。この現象は，広い範囲にわたる緩和弾性率を長い時間を要して完了するためしばしば両対数プロットによって表される。（図5-34）

高分子の粘弾性挙動を示すための力学的モデルとしては，Hooke弾性をもつバネと，Newton粘性をもつダッシュポットを直列に結合したMaxwell要素と，並列に結合したVoigt要素がある（図5-35）。Maxwell要素は主

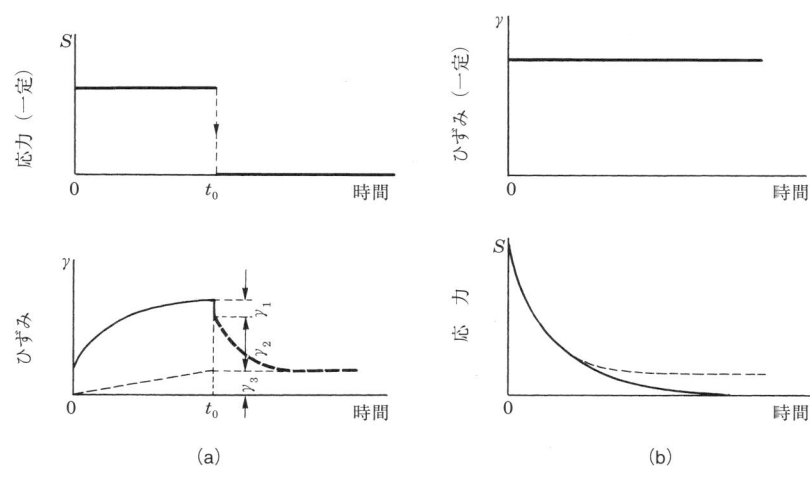

図5-33　粘弾性体の変形

(a) クリープとクリープ回復：一定の応力を粘弾性体に与えたときのひずみは瞬間的に起こる弾性成分（γ_1），長時間後には一定になるが，遅延して変形する粘弾性成分（γ_2），時間とともに比例して変形する粘性成分（γ_3）に区別できる。太い点線は，応力を取り去った後の変形であり，粘性成分によって，ひずみが残留することを示している。
(b) 応力緩和：一定のひずみを与えた場合に，試料にかかる応力は時間とともに減少することを示している。架橋点をもたない無定型高分子の場合には応力はゼロになる（実線）が，架橋点をもつ無定型高分子や結晶性高分子では，弾性成分が存在するため応力はゼロにならず（点線），有限の平衡値になる。

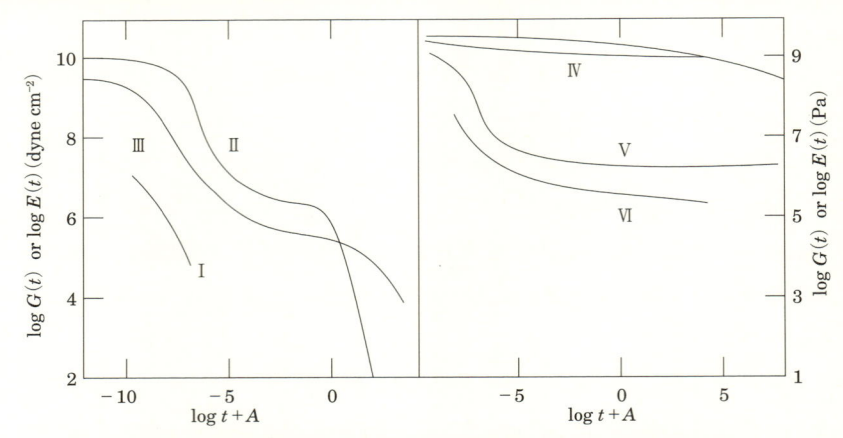

図5-34　各種高分子の緩和弾性率（GまたはE）の時間依存性

低分子（Ⅰ），架橋のない無定型高分子（Ⅱ），架橋のない無定型高分子で分子量が大きく鎖の絡み合いがあるもの（Ⅲ），ガラス状で高結晶化度の結晶性高分子（Ⅳ），架橋度が中程度の架橋高分子（Ⅴ），架橋度の低い架橋高分子（Ⅵ）の場合。ⅡやⅢでは，緩和弾性率が大きく変化する領域が認められ，さらにⅡでは長時間にわたって流動が起こり最終的にゼロになる。Ⅳでは結晶部分，ⅤとⅥでは架橋部分が存在するため変化は小さく，一定の緩和弾性率を維持する。
(J. D. Ferry, "Viscoelastic Properties of Polymers", 3rd Ed. Wiley, Chapter 2 (1980) の Fig2-2 を一部改変。)

に高分子にひずみを与えたときに生じる応力を表すのに用いられ，Voigt 要素は応力を加えたときに生ずるひずみを表すのに用いる。

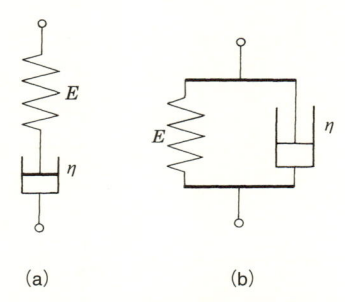

図5-35　粘弾性体の力学模型
(a) Maxwell 要素　(b) Voigt 要素

Maxwell 要素から導かれる重要な関係は，応力 S の時間変化であり，下式で示される。

$$S(t) = S_0 \exp(-t/\tau) \tag{5-5}$$

S_0 は時間ゼロにおける応力の値である。上式における τ は緩和時間（relaxation time）と呼ばれる重要な値であり

$$\tau = \eta/G \tag{5-6}$$

である。式(5-5)は応力が指数時間的に減少していること示している。実際の高分子においては単純な Maxwell 要素や Voigt 要素では説明できないた

め，さらに両要素を直列，並列に組み合わせたモデルが用いられる。

粘弾性をよく理解するために最も重要な点の1つは実験のタイムスケールと温度との関係である。図 5-34 では横軸が時間の対数で表されているが，この図は温度を上げて実験した場合にはちょうど横軸に $\log a_T$ だけシフトした図となる。これは，粘弾性における時間−温度の重ね合わせの原理といわれる。

図 5-36 はポリイソブチレンの引っ張り変形における緩和弾性率を -80 ℃から 50 ℃の広い温度領域にわたって測定した有名な実験結果である。この図をよく見ると 25 ℃よりも低温のデータを短時間側に，それよりも高い温度のデータを長時間に対数時間にそってシフトさせると，なめらかな緩和弾性率曲線が得られる。この図は，図 5-34 とそっくりである。つまり幅広い時間領域で測定するかわりに，広い温度領域で測定することにより，測定不可能な時間領域に対する緩和弾性率が測定されたことになる。

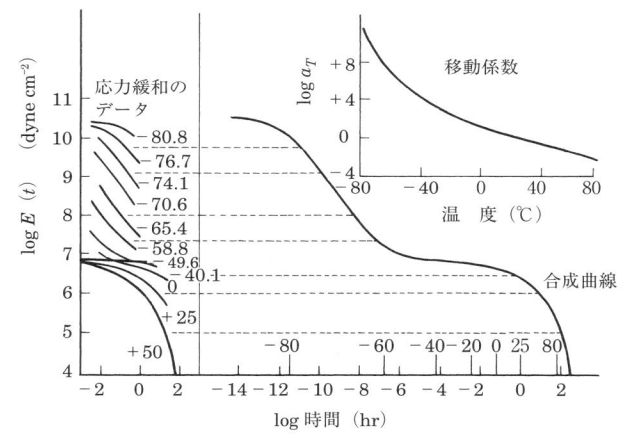

図 5-36 種々の温度におけるポリイソブチレンの引っ張り緩和弾性率（左半分）と，25℃を基準として移動係数（a_T）だけ横軸にシフトさせた合成曲線（右半分）

種々の温度におけるポリイソブチレンの引っ張り緩和弾性率（左半分）と，25℃を基準として移動係数（a_T）だけ横軸にシフトさせた合成曲線（右半分）。合成曲線によって，温度依存性の実験結果を，一定温度で長時間の測定をした結果に読み替えることができるので，非常に幅広い時間範囲にわたって得られる粘弾性体の挙動を知ることができる。図中の数値は温度（℃）を示す。（E. Catsiff, A. V. Tobolsky, *J. Colloid, Sci.*, 10, 375 (1955)）

5-6-3 動的粘弾性

高分子の粘弾性的な性質を詳しく調べることにより，分子構造，分子の運動状態，凝集状態に関する知見を得ることができる。通常，よく行われる測定としては，以下に示すように振動するひずみに対する応力の応答を観察する。いま，高分子の細長い試料片に角周波数 ω の正弦波を与えると，ひずみ γ は時間の関数となる。

$$\gamma(t) = \gamma_0 \exp(iwt) \qquad (5-7)$$

このとき生じる応力は，周波数は同じで位相がδだけ進んだ周期的応力を生じるので

$$S(t) = S_0 \exp i(wt + \delta) = G^*(\omega) \cdot \gamma(t) \qquad (5-8)$$

で表される。$G^*(\omega)$は複素弾性率と呼ばれ，これを実部と虚部に分けると

$$G^*(\omega) = G'(\omega) + iG''(\omega)$$

$G'(\omega)$は，貯蔵弾性率と呼ばれ弾性的・可逆的に貯蔵されたエネルギーに比例する。また，$G''(\omega)$は損失弾性率と呼ばれ，熱に変換されて不可逆的に失われたエネルギーに比例する。

先に示した時間－温度の重ね合わせの原理により，τを変化させるには図5-37に示すように，通常ガラス転移温度を含む広い温度領域でG'とG''を測定すればよい。一定の周波数ωの下で温度を変化させることは，実験的には容易である。測定値としては損失係数（loss factor），$\tan\delta$（タンデルタと呼ばれている）がよく用いられる。これは測定試料の形状因子が相殺され，異なる試料間での比較に都合がよいためである。

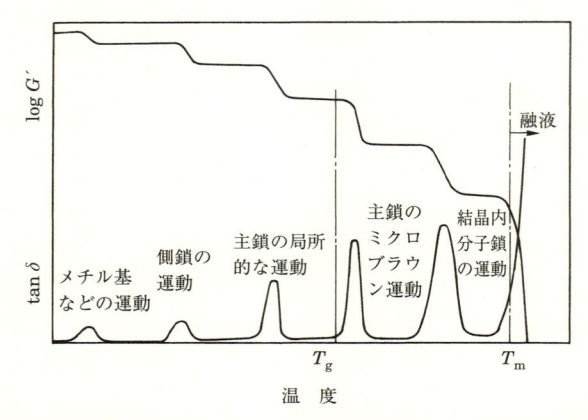

$$\tan\delta = G''/G' \qquad (5-9)$$

図5-37　結晶性高分子における，G'，$\tan\delta$と温度との関係（周波数一定）
ガラス転移温度を含む広い温度領域における分子の運動状態が把握できる。
（高分子学会編，「高分子化学実験法」，東京化学同人（1981））

5-6-4　ゴム弾性

ゴムの非常に大きい伸長性は極めて特徴的で，このような物質はゴム以外に存在しない。ゴム弾性は，細長い試料に外力（F）を加え，微小伸びδLだけ伸張したときの，系の自由エネルギー変化を熱力学的に考察することによって導かれる。ゴムは伸張によってほとんど体積変化しないと仮定し，ま

た，応力はその温度に比例するという2つの条件を用いると最終的に

$$F = -T(\delta S/\delta L)_T \tag{5-10}$$

が得られる。δS は伸長に伴う系のエントロピー変化であり，この式は定温でのゴム応力は，伸張に伴うエントロピー変化，すなわち網目状の分子鎖が引っ張られることによって，とりえる分子の形態の自由度が減少することが原因であること示している。このような理由でゴム弾性はエントロピー弾性であると言われる。

ゴム弾性を示す条件は

① 自由に回転する連鎖をもった長鎖からできていること。

② 分子間力が比較的弱く，分子鎖セグメントが自由にミクロブラウン運動しており，その形態を変えることができること。

③ 分子間に化学的，あるいは物理的架橋点があること

である。① は統計力学的な要請から導かれる。低分子では，どのようにしてもゴム弾性を示さないということである。③ の架橋は分子鎖セグメントの局所的な自由運動をほとんど妨害しないし，また分子が次々に滑る可能性も防ぐ。② と ③ の条件によって，局所的分子運動の自由性と，分子の流動を抑制するという2つの異なる要求が満たされている。

高分子鎖のような長い鎖になると，必然的に"もつれ"を生じる。このようなもつれは分子の相対的な運動に対する抵抗をかなり高めると考えられる。対象とする時間スケールが短い場合には，分子間のもつれ効果は分子間架橋と同じ効果を生み出し，一種の物理的架橋と考えられる。しかし，より長い時間スケールで荷重が働いた場合には，個々の分子鎖間のもつれは次第に広がって解消していき，流動やクリープ現象を起こすことになる。

伸長によるゴムの発熱

輪ゴム（ゴムの試料辺でもよい）を急に引き伸ばすと，ゴムの温度は上昇する。反対に十分伸ばした状態で，一定温度になっている試料を収縮させると温度が下がる。この現象は，ゴムがエントロピー弾性であるという事実から熱力学的に説明される。また，室温で輪ゴムに一定の重量をかけ，引き伸ばした状態で加熱すると，収縮する。変化は可逆的であり，ゴムが冷えると元の長さに戻る。この性質は，Gough-Joule 効果とよばれているが，ゴムを急に伸ばすと発熱するという物理現象を別の方向から観察したものである。

5-7 自由体積

5-7-1 自由体積の定義

これまでは高分子凝集構造を，鎖を構成する原子団のパッキングという観点から眺めてきた。ゴム状態の非晶構造では，主鎖や側鎖の種々のコンホメーション変化は，10^{-13} 秒から 10^{-11} 秒オーダーで頻繁に起こっている。また，ガラス状態の非晶構造では鎖セグメントのミクロブラウン運動は凍結されているが，長い時間オーダーで見ればやはり局所的なコンホメーション変化が発生する。凝集構造内で局所的であっても分子鎖が運動するためには，動く方向に隙間が必要である。簡単にいえば，この分子鎖間に存在する隙間が高分子固体における自由体積であり，全体積に対する割合が自由体積分率であ

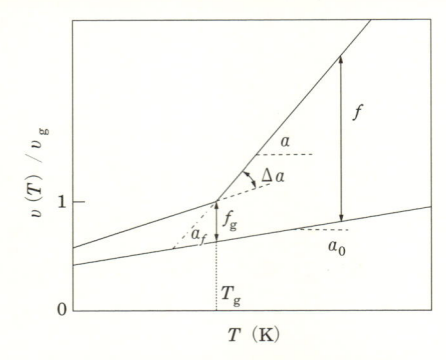

図 5-38 高分子の比体積の温度依存性

ガラス転移温度（T_g）における体積を 1 として描いた．f_g は T_g における自由体積分率，f は温度 T における自由体積分率，a は T_g 以上での空隙増加の温度係数（体膨張係数），a_0 は分子自身が占有する体積の温度係数で，通常はゼロに近い値である．

る．温度が高いほど系の比体積は大きくなるが，これは自由体積が増大するためである（図 5-38）．

高分子における自由体積の厳密な定義は，未だ定説がなく研究者によって概念は異なっている．ここでは，1960 年頃に Bondi によってまとめられた自由体積の定義の一部を示す．体積の単位は $cm^3\ mol^{-1}$，温度は 0K を基準にしている．単純な低分子液体を考えた方がわかりやすいが，高分子でも同様である．記号は Bondi の原著に従う．

(a) Empty Volume, V_f

$$V_f = V_T - V_W \tag{5-11}$$

ここで，V_T は，温度 T で観察される実際の体積であり，V_W は，van der Waals 半径から計算されるモル当たりの体積（X 線回折実験や気体の衝突断面から求められる）である．V_f は全体積から各分子を構成する原子団の van der Waals 体積の和を差し引いたものであり，V_W は温度に依存しない項である．この定義は，分子の熱振動を考慮しない静的なもっとも単純な概念である．

(b) Expansion Volume, V_E

$$V_E = V_T - V_0 \tag{5-12}$$

ここで，V_0 は，0K での最近接パッキング（結晶）状態で分子が占める体積である．すなわち，V_E は熱運動によって生じる余剰の自由空間であり，前者の V_f に比べて常に小さい．

以上，2 つの自由体積の模式図を図 5-39 に示した．さらに fluctuation volume という定義もあるが，高分子では適用しにくいのでここでは省略する．

これらの自由体積の値を求めることは，高分子に対しては結構やっかいで

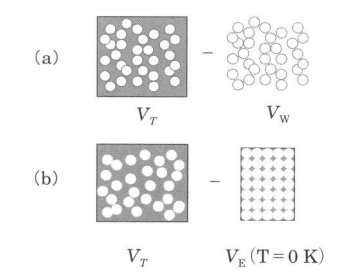

図5-39 Bondiの自由体積の概念を示す模式図
(a) empty volume, (b) expansion volume（本文参照）

表5-3 各原子団のモル体積

Groups	cm³ mol⁻¹	Groups	cm³ mol⁻¹	Groups	cm³ mol⁻¹
$-\overset{\mid}{\underset{\mid}{C}}-$	3.33	⬡ (benzene)	45.84	$-O-$	5.20
$-\overset{\mid}{C}H$	6.78			$>C=O$	11.70
$>CH_2$	10.23	⬡ (cyclohexane)	43.32	$-OH$	8.04
$-CH_3$	13.67			$-Cl$	11.62～12.24
$>C=C<_H$	16.95	$-C\equiv N$	14.70	$-F$	5.72～6.20

(A. Bondi, *J. Phys.Chem.*, 68, 441 (1964) から抜粋)

ある。高分子の実質的なモル体積を見積もるため，Bondiは各原子団の体積寄与を計算した。その一部を表5-3に示す。これを用いるとモル体積が比較的簡単に求められ，自由体積分率が計算できる。これをBondiの原子団寄与法という。

数種の高分子に対して異なる方法で得られた自由体積分率を比較した値を表5-4に示す。この表から気付くことは，V_f の 0.3～0.4 の値は，分子動力学（MD）シミュレーションから得られた高分子の平衡構造に対して，時間をフリーズした場合に得られる分子鎖間の空隙率にほぼ相当する（定義にも一致する）（図5-40）。

さらに V_E の 0.12～0.15 の値は，陽電子消滅法から得られる自由体積分

陽電子消滅法

高分子固体中の自由体積を評価できる数少ない実験方法である。試料中に陽電子を入れると周りの電子と結合してオルトポジトロニウム（o-Ps）ができる。o-Psは大きさがヘリウムよりも小さく，分子鎖間の空孔に取り込まれたo-PSは，空孔サイズに依存したガンマ線を放出して消滅する。o-Psは，ナノ秒～100ナノ秒と寿命が長く，分子鎖の緩和時間に対応した時間オーダーであるため，自由体積の分布が評価できる。多くの高分子固体で10%～20%の値が報告されている。

表5-4 異なる方法から計算した高分子のガラス転移温度における自由体積分率

	Fractional V_f	Fractional V_E	WLF free volume
Polyisobutylene	0.320	0.125	0.026
Polystyrene	0.375	0.127	0.025
Poly(vinyl acetate)	0.348	0.14	0.028
Poly(methyl methacrylate)	0.335	0.13	0.025
Poly(n-butyl methacrylate)	0.335	0.13	0.026

(A. Bondi, *J. Polym. Sci.*, A2, 3159 (1964) から抜粋)

分子動力学シミュレーション
分子凝集体のミクロな構造や動的諸性質を知る方法として，分子動力学シミュレーションがある。1990年以降，計算機の進歩とともに活発に用いられるようになってきた。これは，分子内構造を結合長，結合角，二面角などをパラメーターを用いて定式化し，さらに分子間相互作用を van der Waals 相互作用，静電相互作用などで定式化する。これらの合計エネルギー（ハミルトニアンという）を運動方程式を用いて精度よく数値積分することにより，時間に依存した構造変化が得られる。十分平衡化した構造は，実在の高分子の構造を反映する。高分子固体の自由体積を見積もる際にも有用な方法である。

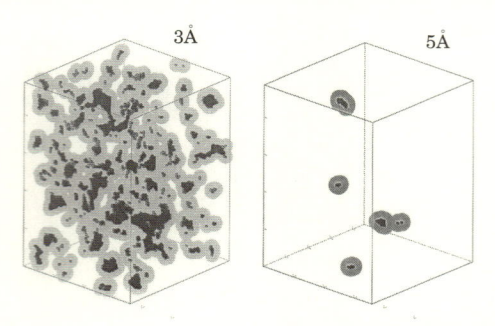

図5-40　ポリイソプレンの100℃における自由体積の分布

直径3Åと直径5Åのプローブが入り込めるグリッド（黒）とプローブ径（灰色）を示す。直径をさらに小さくし，ゼロに補外すると，empty volume に相当する空隙部分が求められる。（福田光完，菊地洋昭，高分子論文集，59, 267 (2002)）

率の値と同程度である（両者の定義は，一致しない）。原子団寄与法による自由体積分率も 0.12 〜 0.19 程度の値である。WLFによる値については後述する。

5-7-2　自由体積理論

自由体積理論は，媒体中の分子の移動性に関して，自由体積との関係を取り扱う重要な理論である。歴史的に最初に報告したのは Cohen と Turnbull であり，純液体分子（1成分）の自己拡散性に対して提唱された理論である。同じ頃，自由体積と拡散係数の関係を高分子濃厚溶液（2成分）に発展させ，その有用性を示したのは藤田である。藤田の理論は Cohen-Turnbull 式を基にしたものではなく，Doolittle の粘性に関する実験式，式(5-13)を基にしている。系の全体積を v，自由体積を v_f とすると粘度 η は

$$\eta = A\exp B\left(\frac{v_f}{v}\right) \approx A\exp\frac{1}{f} \tag{5-13}$$

で表わさせる。ここで，f は自由体積分率，A と B は定数で，B はほぼ1である。図5-38で示したように f は，温度とともに単純に増加するので，ガラス転移温度における自由体積分率を f_g，全体積が膨張することにより生成する空隙の温度係数 α を用いて，以下のように表される。

$$f = f_g + \alpha(T - T_g) \tag{5-14}$$

一方，高分子の粘度 η は，温度の低下とともにガラス転移温度付近まで急速に増加する。ガラス転移温度における η を η_g とすると，ガラス転移温度より約100℃高い温度範囲では，温度 T における溶融粘度 η_T は，以下のWLF（Williams-Landel-Ferry）式に従う。

$$\log\frac{\eta_T}{\eta_g} = \frac{-C_1(T-T_g)}{C_2+T-T_g} \tag{5-15}$$

ここで，$C_1 = 17.44$，$C_2 = 51.6$ が多くの高分子で成り立つことが知られている。式（5-13）を移動係数 a_T を用いて表し，式（5-14）を代入して式（5-15）と比較することにより，f_g が計算できる。この値が 0.025 である。WLF 式の要請から得られる $f_g = 0.025$ の値には，高分子鎖の移動に関して有効な体積は含まれておらず，しかも時間の効果が入っている。そのため，Bondi の定義のように高分子鎖の動的運動に必要な体積を自由体積に含めた2 つの自由体積分率と比較するとかなり小さいのは当然であろう。

　以上のように Doolittle 式は，高分子の粘弾性理論で有名な WLF 式と関係付けられる。一方藤田の自由体積理論は，以下の式で表される。

$$D_T = RTA_d \exp(-B_d/f) \tag{5-16}$$

ここで，D_T は熱力学的拡散係数，f は系の単位体積当たりの平均自由体積分率，A_d と B_d は，低分子濃度や温度に依存しないパラメーターである。特に B_d は低分子の大きさに関係する物理的に意味のあるパラメーターである。式（5-16）は，式（5-13）とほとんど同じ形をしていることに注目して欲しい。さらに，$f(T, 0)$ を純高分子成分の平均の自由体積分率，$\beta(T)$ を低分子を加えたことによる自由体積増加の効果と定義すると，低分子の体積分率 v_1 が小さいときには，f は式（5-14）と同様の形で記される。$v_1 = 0$ のときの $D(0)$ と v_1 の場合の D_T を記し，A_d を消去して変形すると，式（5-17）が得られる。これは，低分子の拡散係数の濃度依存性を異なる温度で測定した一連の実験値を解析できる式である。

$$\frac{1}{\ln[D_T/D(0)]} = \frac{f(T,0)}{B_d} + \frac{[f(T,0)]^2}{B_d \beta(T) v_1} \tag{5-17}$$

　一例として，ポリアクリル酸メチル中のベンゼンの拡散係数の温度依存性を示した（図 5-41）。

　系の拡散係数は低分子量の増加に伴って，あるいは温度の増加に伴ってこの理論で示される関係に従って増加するということである。藤田の理論は，非極性かあるいは極性があってもそれが弱い高分子への有機溶媒蒸気の拡散に対して成り立つことが多くの系で示されており，ガラス転移温度以上にある高分子固体中の低分子拡散において，拡散係数の濃度依存性を定量的に解釈することができる。（ガラス転移温度以下では，理論そのものが成りたたない。）実質わずか 3 つの物理的意味の容易なパラメーターで，ゴム状高分子中の低分子拡散挙動が広い濃度範囲と温度範囲で記述される。藤田の理論で使用されている自由体積の概念は，基本的には WLF 式と自由体積分率の温度依存性に関する式を受け入れたものである。実際，実験結果では $f(T) = 0.03 \sim 0.06$ の値が報告されている。

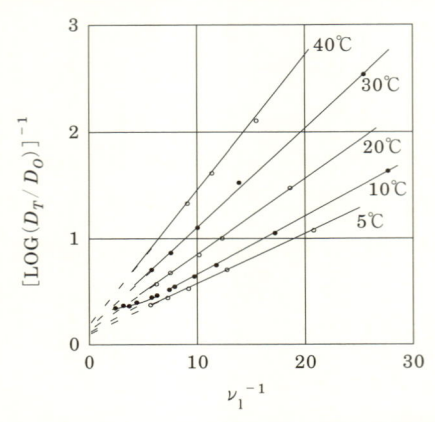

図 5-41　ポリアクリル酸エチル中のベンゼンの拡散係数の濃度依存性を異なる温度で測定した結果を，式 (5-17) に従ってプロットした結果

藤田の自由体積理論の有用性を示す．図中の点線は，高濃度領域で理論に適用しない範囲．傾きと切片から $f(T, 0)$ と B_d と $\beta(T)$ が求められる．(A. Kishimoto and Y. Enda, *J. Polym. Sci. Part A*, 1, 1799 (1963))

　低分子拡散といっても可塑剤や油脂類のようなかなり大きな分子になると，分子サイズ（分子量）だけでなく，分子鎖の枝分かれの程度など分子の形状によっても拡散係数は大きく影響を受ける．このような比較的大きな分子の拡散の場合には，分子の長さと同程度の長距離にわたる高分子鎖セグメント運動，すなわち相当大きな自由体積の再配分が必要であるといえる．1990年前後にMauritzとStoreyらの研究グループは，ガラス転移温度以上にある高分子固体中の"比較的大きい"低分子の拡散を，系の自由体積に基づいて拡張的に捉えた自由体積理論を報告している．

　高分子固体を実用的な材料として用いるには，その諸物性を安定化させるために数々の低分子添加物を必要とする．ポリ塩化ビニルに対する可塑剤や，ポリプロピレンに対する酸化防止剤や光安定剤などは代表的な例である．ゴム材料の場合にも，補強材，充填材，加硫剤，加硫促進剤，可塑剤，老化防止剤，着色剤などが必要である．これらのほとんどは"比較的大きな"低分子である．しかも，単独の添加ではなく複数種の添加が普通である．このような混合系の場合，それぞれの添加剤がどのような動的挙動を示すかについては現在のところ，実験結果を丹念に検証するよりほかはない．

5-7-3　高分子表面のガラス転移温度と自由体積

　通常，高分子固体に関する種々の実験は，フィルム（膜）状試料，繊維状試料，あるいは粉末試料のように，いわゆる物質の固まり（バルク）に対して行うのが普通である．実在するほとんどの固体は，空気に接しているか水などの液体に接しており，表面がある．空気と接している分子鎖（表面の分

子鎖）は，同じ分子鎖の仲間に囲まれた分子鎖（バルクの分子鎖）と同じ性質をしているのであろうか？　高分子膜試料を使用した場合，膜厚を限りなく薄くすれば，表面に存在する分子鎖の割合が増加することになるので，通常の μm オーダーの厚みの試料との比較から，上の疑問に対する答えが得られると期待できる．図 5-42 は，シリコンウエハー上にコートしたポリスチレン超薄膜に対してエリプソメトリという方法で測定したガラス転移温度と膜厚との関係である．膜厚 30nm 以下から明らかにガラス転移温度は低下する．高分子表面のガラス転移に関して興味深い実験結果を図 5-43 に示した．これは，単分散（分子量分布が極めて狭い）のポリスチレン膜に対するガラス転移温度の分子量依存性を表面とバルクで比較した結果である．分子量が数万以上のポリスチレンは，バルクでは以前から知られているようにガラス転移温度は約 100℃ であるが，表面では室温付近にまで低下する．

　詳しい研究によると，通常の分子量分布をもつ高分子では，分子量の小さい成分は，表面近傍に集まりやすい．単分散の高分子でも分子鎖末端は表面

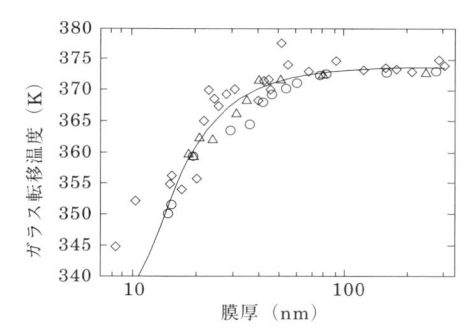

図 5-42　ポリスチレン薄膜の T_g と膜厚との関係をエリプソメトリー法によって評価した結果

平均分子量 = 12 万（△），50 万（○），290 万（◇）。(J. L. Keddie, R. A. Jones, R. A. Cory, *Europhys. Lett.*, 27, 59 (1994) *Faraday, Disc. Chem. Soc.*, 98, 219 (1994))

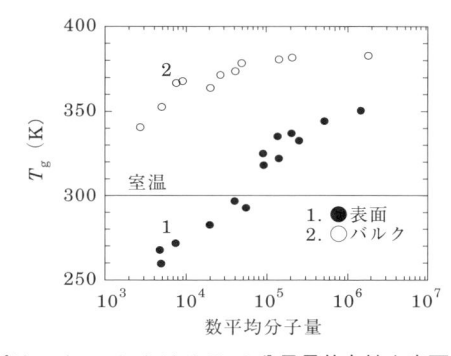

図 5-43　単分散ポリスチレンにおける T_g の分子量依存性を表面とバルクで比較した結果

(K. Tanaka, A. Takahara, T. Kajiyama, *Macromolecules*, 33, 7588 (2000))

近傍に濃縮するため，これが表面でのガラス転移温度が低い大きな理由であると考えられている．また表面では前節で示した自由体積分率がバルクより大きいことが，分子鎖末端だけでなく，分子鎖のセグメント単位での緩和にも影響を与えると考えられる．溶融ポリイソプレンに対して，分子動力学シミュレーションから計算した表面の密度変化と表面付近の空隙分布を図5-44に示した．

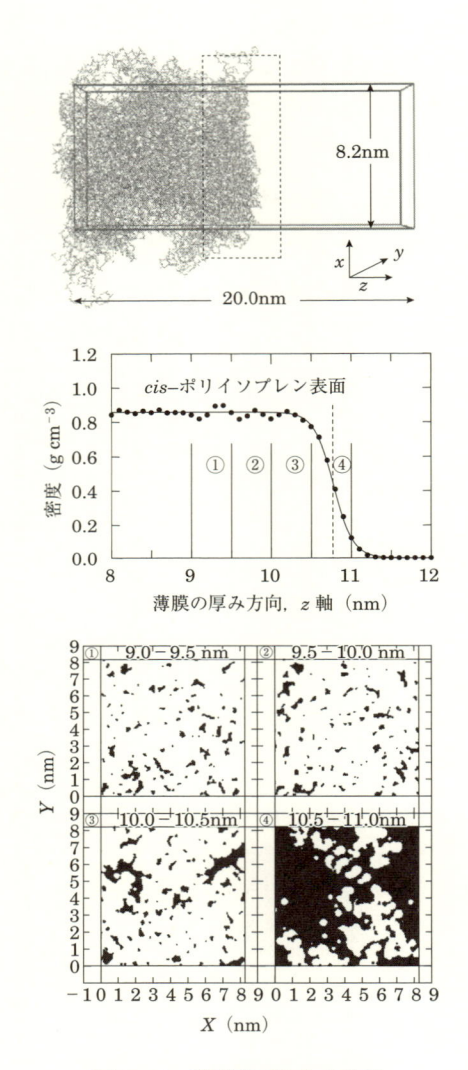

図 5-44　薄膜表面と自由体積

上：分子動力学シミュレーションによって得られた100℃におけるポリイソプレン薄膜．（原子数30,000でx, y軸方向に無限に広がった膜厚約10nmの構造を示す．）
中：上図の破線で囲まれた領域の密度分布．
　　（11nm付近の点線は，内部密度の半分の密度になる位置を示す．）
下：直径0.3nmの仮想プローブ球が入り込める位置分布．（黒で示した位置が空隙であり，中図の①〜④に相当する表面近傍の0.5nmの厚みごとに表示した．）

表面と考えられる層の厚さについて報告された値は，かなり幅があり，1 nm から 40 nm とばらついている．これは，どんな物性値をもって表面と見なすのかについての意見が，測定法や研究者の解釈によって異なるためである．

参考文献

1) 蒲池幹治，「高分子化学入門〜高分子の面白さはどこからくるか〜」，第 6 章〜第 9 章，エヌ・ティー・エス（2003）（注：この本の参考書籍一覧には高分子化学関係の入門書からやや専門的な書物まで掲載されており利用価値が高い）
2) 伊藤眞義，「ゴムはなぜ伸びる？」，東京理科大学・坊っちゃん選書（2007）
3) 「プラスチック・機能性高分子材料事典」，産業調査会（2004）
4) L. P. G. Treloar "Introduction to Polymer Science", The Wykeham Publication（1970）
5) R. S. Stein, & J. Powers, "Topics in Polymer Physics", Imperial College Press（2006）
6) Kovacs, *J. Polym. Sci.*, 30, 131（1958）
7) G. J. Kettle, *Polymer*, 18, 742（1977）
8) D. C. Prevorsek, R. H. Butler and H. K. Reimschuessel, *J. Polym. Sci.*, Part A-2, 9, 867（1971）
9) W. Bunn, *Trans. Farad. Soc.*, 35, 482（1939）
10) G. Natta and P. Corradini, *Nuovo Cimento, Suppl.*, 15, 40（1960）
11) P. Corradini, G. Natta, P. Ganis, P. A. Temussi, *J. Polym. Sci.*, Part C, 16, 2477（1967）
12) H. H. Yang, 'Kevlar Aramid Fiber' John Wiley & Sons,（1993）
13) K. H. Gardner, A. D. English, and V. T. Forsyth, *Macromolecules*, 37, 9654-9656（2004）
14) R.B.Beevers, "Experiment in Fibre Physics", p.29, Butterworth, London（1970）
15) E. G. Chatzi, M. W. Urban, H. Ishida and J. L. Koenig, *Polymer*, 27, 1850（1986）
16) 堀井文敬，高分子，39，890（1990）
17) 高分子学会編，「目でみる高分子」，倍風館（1986）
18) 戸田昭彦，高分子，46，261（1997）
19) C. Prevorsek, *Polym. Sci. Sympo.* 32, 343（1971）
20) R. Bonart and R. Hosemann, *Kolloid-Z.*, 186, 16（1962）

21) 梶慶輔,「学会から見た繊維科学の最近の進歩」, 講演要旨集, p.44, 繊維学会 (1993)
22) M. Huong, M. Drechsler, M. Möller, H. J. Cantow, *J. Microscopy.* 166, 317-328 (1992)
23) K. Dachs and E. Schwartz, *Angew. Chem. Internat. Edit.*, 1, 430 (1962)
24) J. Brandrup and E. H. Immergut, Polymer Handbook, 3rd Ed., John Willey & Sons, Inc., (1989)
25) N. Bekkedall and L. A. Wood, *Ind. Eng. Chem.*, 33, 381 (1941)
26) L. B. Morgan, *J. Appl. Chem.*, 4, 160 (1954)
27) J. D. Ferry, "Viscoelastic Properties of Polymers", 3rd Ed. Wiley, Chapter 2 (1980)
28) 奥居徳昌, 高分子, 53, 725 (2004)
29) S. Umemoto, R. Hayashi, R. Kawano, T. Kikutani, N. Okui, *J. Macromol. Sci., Part B. Phys.*, B42, 421-423 (2003)
30) E. Catsiff, A. V. Tobolsky, *J. Colloid Sci.*, 10, 375 (1955)
31) 高分子学会編,「高分子化学実験法」, 東京化学同人 (1981)
32) 福田光完, 菊地洋昭, 高分子論文集, 59, 267 (2002)
33) A. Kishimoto and Y. Enda, *J Polym.Sci.*, Part A, 1, 1799 (1963)
34) J. L. Keddie, R.A.Jones, R. A. Cory, *Europhys. Lett.*, 27, 59 (1994), *Faraday Disc.Chem.* Soc., 98, 219 (1994)
35) A. Bondi, *J. Phys. Chem.*, 68, 441 (1964)
36) A. Bondi, *J. Polym. Sci.*, Part A2, 3159 (1964)
37) 高分子編集委員会,「高分子チャンピオンデータ」, 高分子, 48, 154 (1996)
38) M. Kobayasi, *J. Chem. Phys.*, 78, 6391 (1983)
39) M. H. Cohen and D. Turnbull, *J. Phys. Chem.*, 31, 1164 (1959)
40) H. Fujita, *Fortschr. Hochpolym. Forsch.*, 3, 1 (1961)
41) K. A. Mauritz, R. F. Storey, and S.E.George, *Macromolecules*, 23, 441 (1990)

章末問題

問1 イソタクティックポリプロピレンとシンジオタクティックポリプロピレンは, メソ(m)とラセミ(r)の記号を用いてどのように表されるか。

問2 30℃におけるポリプロピレンフィルムの密度を測定した結果, 0.90 g cm^{-3} であった。このフィルムの結晶化度を計算せよ。ただし, 結晶密度を 0.935 g cm^{-3}, 非晶密度を 0.851 g cm^{-3} とせよ。

問3 ポリエチレンの結晶密度を求めよ。ただし，結晶格子は $7.40 \times 4.93 \times 2.534$ (Å) の斜方晶系，単位体積中に存在するモノマーの数を 4，アボガドロ数を 6.022×10^{23} (mol^{-1}) とせよ。

問4 一般に結晶性高分子における非晶密度は結晶密度よりも小さい。しかし，ポリ-4-メチル-1-ペンテンは，非晶密度の方が，結晶密度よりもやや大きい。この高分子の結晶構造とはどのようなものか確認せよ。

問5 種々の結晶性高分子の T_g/T_m を計算し，どのような関係が成り立つかを確認せよ。

問6 日常でよく用いられるポリプロピレンのような射出成型品において，分子オーダーの結晶構造と，光学顕微鏡で観察されるオーダーの球晶との関係はどのようなものか，以下の図にそって説明せよ。

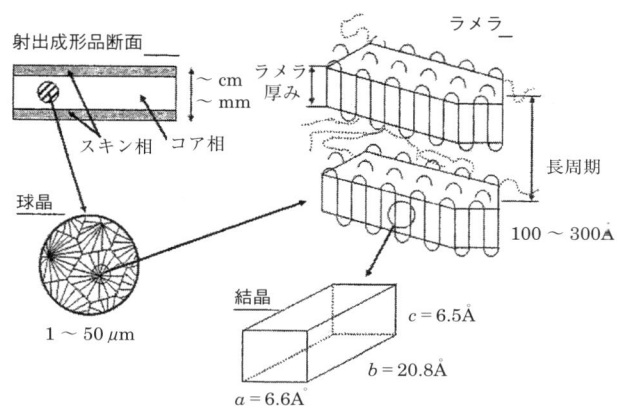

（プラスチック・機能性高分子材料事典，p.32，産業調査会 (2004)）

問7 Maxwell 要素に関する応力の時間変化に関する式（5-5）を導け。

問8 ゴム弾性における式（5-10）を熱力学的に導け。

問9 粘弾性の WLF 式から誘導されるガラス転移温度における自由体積分率が 0.025 であることを確認せよ。

第6章　機能性高分子

　高分子の優れた性質を利用して我々の衣・食・住にわたる日常生活を，豊かにしている例は多数ある。本章では多様な機能を有する高分子について紹介する。まず「強い高分子」として，機械的強度，粘弾性といった力学特性を利用している例を取り上げる。また常温での強さだけではなく，高温や低温などの過酷な条件にも強い高分子にもふれる。さらに，繊維，膜，微粒子など様々な形で，衣料，物質の精製・分離，彩色などの機能を発揮している「働く高分子」について紹介する。本章の最後では，温度，熱，電場などのいろいろな外部情報に対して応答する「かしこい高分子」についても述べる。なおタンパク質などの生体に関係した高分子や医用材料については，第7章で解説する。

6-1　強い高分子

6-1-1　高強度繊維

　高分子を加熱溶融，または溶媒や薬剤溶液への溶解後，小さな孔（ノズル）を通して低温の所に，あるいは高分子の貧溶媒や薬剤溶液の中に押し出すと糸が得られる。これをさらに延伸すると，糸中の高分子鎖が延伸方向にそろって強い糸になる。綿糸，毛糸，麻糸のような天然のものは別にして（絹糸の原料である生糸は，カイコが小さな口から吐き出した細い繊維をたくさん集めて撚ったものである），合成繊維はほとんどこの方法で糸を取っている。
　「細くて長い」と形の上では定義できる繊維は，曲げに対する柔らかさ（しなやかさ）と引っ張りに対する強さが，その力学的な特徴として挙げられる。このうち繊維の引っ張り強さは応力−ひずみ曲線で表すことができる（第5章参照）。ほとんどの高分子材料中では，分子は畳まれ絡み合ったままで存在しているため，糸にした後で応力を加えると，分子鎖がほぐれて延びたり，短い分子鎖長の場合には分子鎖間で滑りが生じ，末端が欠陥として働いて切れたりする。これに対して，非常に長い分子が引っ張り方向に延びきったも

のをたくさん束ねたものを得ることができれば非常に強い材料となる。

　高効率の有機金属触媒（第 2 章参照）によって得られた分子量数百万のポリエチレンを溶剤に溶解し，ノズルから水浴中に吐き出させ，ちょうどこんにゃくのようなゲル状態にして100℃以上の温度で 20〜50 倍に延伸しながら紡糸することにより（ゲル紡糸），分子の配向をそろえた超高強度繊維（スーパー繊維）が得られている（図 6-1）。この繊維は鉄の約 10 倍の強度で，しかも比重が 1 以下であるという優れた性質を示すために，他の物質と混ぜ複合材料として，またロープ，膜用材料として広い用途をもっている。

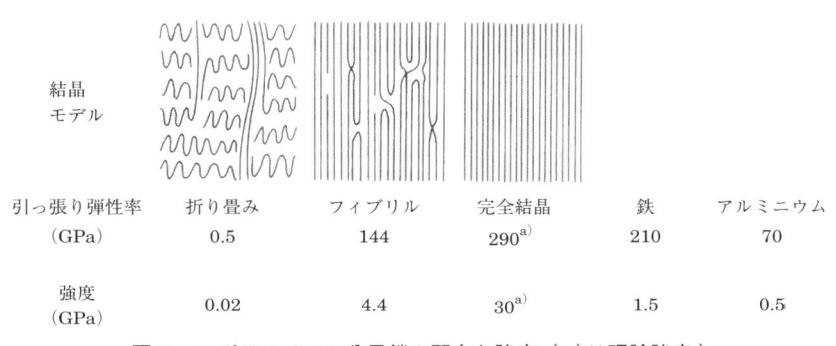

結晶モデル					
	折り畳み	フィブリル	完全結晶	鉄	アルミニウム
引っ張り弾性率 (GPa)	0.5	144	290[a]	210	70
強度 (GPa)	0.02	4.4	30[a]	1.5	0.5

図 6-1　ポリエチレン分子鎖の配向と強度（[a]は理論強度）
（高分子学会編，田中千秋，「ニューポリマーサイエンス」，p.123，講談社（1993））

6-1-2　液晶高分子

　溶剤による溶解や，加温による溶融に伴い流動性と結晶性を同時に示す物質を液晶と呼んでいる。例えば細胞膜の主要成分である脂質の分子は，脂肪酸中の炭化水素鎖同士が同一方向を向いて 2 次元的に並んで膜構造を形成しており，生理的条件では液晶状態をとっている。また微弱な電流で低分子の液晶の配向を変えて画像を描き出す液晶ディスプレーは，液晶テレビをはじめ，カメラ，オーディオ製品など日常生活のあらゆるところに使われている。

　高分子の場合も，分子中に芳香環のような硬い成分を導入すると，溶融あるいは溶解状態でも剛直部分が結晶状態を保って液晶となる。溶融状態で液晶となるものはサーモトロピック液晶，また溶液状態で液晶となるものはリオトロピック液晶と呼ばれている。液晶高分子は剛直部分の配向により機械的強度が大きく高温でも安定で，気体の透過性が低いなどの特徴をもっていることから，次の項で述べるエンジニアリングプラスチック（略称「エンプラ」）として利用されている。パラ系アラミド繊維ポリパラフェニレンテレフタルアミド（DuPont 社の商品名"Kevlar"）は，液晶紡糸技術によってつくられた高強度，高弾性率繊維で，先に述べたゲル紡糸でつくられる超高強度ポリエチレンと並ぶスーパー繊維である（図 6-2，5-4-5 項参照）。炭素

図6-2 液晶高分子の構造

　繊維と共に主に航空・宇宙や海洋，スポーツ用の先端複合材料の補強繊維として使われている．図6-3に宇宙船スペースシャトルでの応用例を示す．宇宙服や消防服，防弾チョッキなどにも使われている．

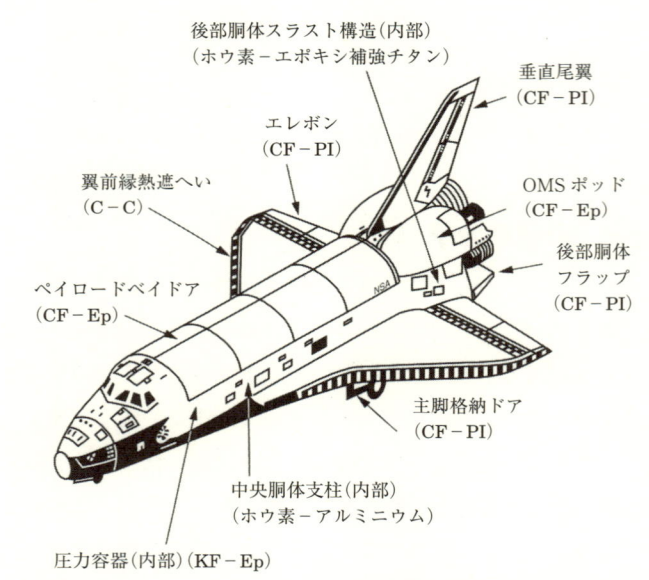

図6-3　スペースシャトルに用いられている高分子複合材料

CF-Ep：炭素繊維強化エポキシ，KF-Ep：ケブラーエポキシ，
CF-PI：炭素繊維強化ポリイミド，C-C：炭素繊維強化炭素（NASA資料より）

6-1-3　エンジニアリングプラスチック

　衝撃や100℃以上の高温に強い，成形した際に寸法が狂わないなどの特長をもっている高分子材料は，電動工具，電気器具や自動車の部品，建材などに広く用いられており，耐熱性を示す尺度としての熱変形温度（defection temperature under load, DTUL）が100℃以上のものはエンジニアリングプラスチック（エンプラ）と呼ばれている．さらに，同温度が150℃以上の

超耐熱性樹脂をスーパーエンジニアリングプラスチック（スーパーエンプラ）と呼んでいる。

　先に述べた液晶ポリマーのほかにも，多種類の高分子材料がエンプラとして用いられており，結合様式で分類するとポリカーボネート，ナイロン（ポリアミド），ポリエステル，ポリアセタール，ポリフェニレンエーテルが代表的ものである（図6-4）。またスーパーエンプラとしてはポリイミド，ポリフェニレンスルフィド，ポリスルホン，ポリエーテルスルホン，全芳香族ポリエステル，非晶性ポリアリレート，ポリエーテルエーテルケトンなどがある（図6-5）。

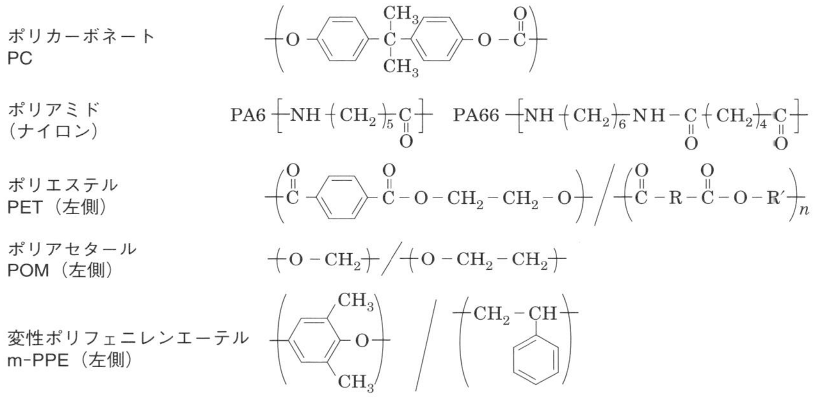

ポリカーボネート
PC

ポリアミド
（ナイロン）

ポリエステル
PET（左側）

ポリアセタール
POM（左側）

変性ポリフェニレンエーテル
m-PPE（左側）

図6-4　エンジニアリングプラスチック

　プラスチックには，熱可塑性樹脂と熱硬化性樹脂があるが，多くのエンジニアリングプラスチックは熱可塑性樹脂である。さらにプラスチックにはガラス転移温度（T_g）と融点（T_m）を有する結晶性プラスチックと，T_gのみを有する非晶性プラスチックがあるが，一般に耐熱性の高い非晶性のエンプラはT_gが高く，耐熱性の高い結晶性エンプラはT_mが高い（表6-1，表6-2）。

　エンプラでは，分子中に二重結合（C=Cの解離エネルギーは594 kJ mol^{-1}で，アルカン中のC−Cの解離エネルギーは約335 kJ mol^{-1}）や三重結合（C≡C，解離エネルギー779 kJ mol^{-1}）などの多重結合や，共鳴エネルギーによる安定化が期待できる芳香環，さらには水素結合が働くアミド基などを導入して耐熱性を高めてある。代表的なエンプラであるポリカーボネートは，汎用エンプラの中で最も透明性に優れ，機械的強度（衝撃値）も最高で，絶縁材料としても優れている。熱や力による狂いが少ないために，電子機器，自動車部品，建材，音楽や映像を楽しむためのコンパクトディスク（CD）やデジタル多用途ディスク（DVD）の本体などに幅広く使われて

ポリイミド
PI

ポリフェニレンスルフィド
PPS

ポリスルホン
PSF

ポリエーテルスルホン
PES

全芳香族ポリエステル
LCP

非晶性ポリアリレート
PAR

ポリエーテルエーテルケトン
PEEK

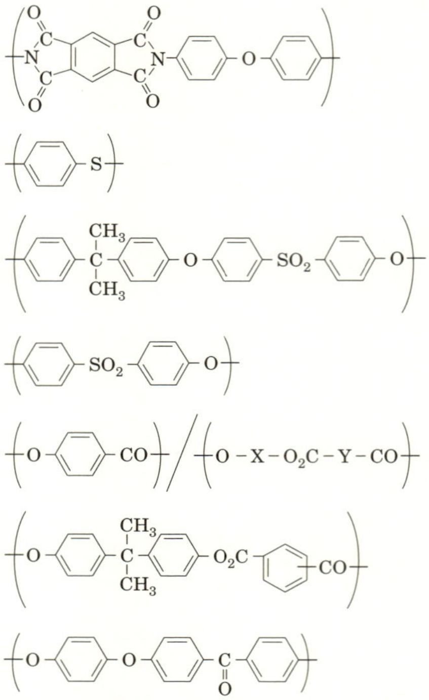

図 6-5　スーパーエンジニアリングプラスチック

耐冷高分子

厳寒の季節や，宇宙や極地などで高分子材料を使用する場合，ガラス転移点以下となって側鎖の分子運動が束縛され強度や弾性率が増加し，線膨張率が低下し脆くなってしまう。そこで，低温までガラス化しない材料が求められ，ポリオルガノシロキサンが多用されている。さらに構造材料としては，ポリイミドが，高分子鎖間の滑りの寄与により，He の沸点である 4 K においても高い柔軟性を示すと報告されている。

表 6-1　エンジニアリングプラスチック

高分子		T_g (℃)	T_m (℃)	DTUL (℃, 1.82MPa)	
				非強化	GF* 強化
PC		150	−	135	146
PA	PA6	48	225	63	190
	PA66	50	265	70	190
PET		69	267, 280	−	−
POM		−56	167	110	163
m-PPE		−	−	128	142

*　glass fiber，ガラス繊維
（井上俊英他,「エンジニアリングプラスチック」（高分子学会編　高分子先端材料 One Point 8），共立出版（2004））

表 6-2　スーパーエンジニアリングプラスチック

高分子	T_g (℃)	T_m (℃)	DTUL (℃, 1.82MPa)
PI	410	−	380
PPS	85	285	260*
PSF	190	−	174
PES	225	−	204
LCP	−	280〜392	170〜293*
PAR	193	−	175
PEEK	143	334	152

*　ガラス繊維（GF）で強化したもの
（井上俊英他,「エンジニアリングプラスチック」（高分子学会編　高分子先端材料 One Point8），共立出版（2004））

いる。

6-1-4 カーボンファイバー

カーボンファイバー（炭素繊維）やグラスファイバー（ガラス繊維）をプラスチックと混ぜることにより力学特性に優れた複合材料を得ることができる。このうちカーボンファイバーは芳香環が平面的に繋がったもので，毛布やセーターなどに使われているポリアクリロニトリル（PAN）の繊維を1,000～1,600℃で蒸し焼きにして製造しているものが多いが（図6-6），レーヨン（3-1-1項参照）の糸を炭化させたり，石油や石炭の中に含まれている高沸点の縮合多環芳香族系の混合物を紡糸し炭化させることによってもつくることができる（ピッチ系炭素繊維）。さらに炭素繊維を2,000℃以上の高温で処理すると，芳香環の平面構造が成長，積層して，高弾性率のグラファイト（黒鉛）繊維が得られる。カーボンファイバーを補強材としていれたプラスチックは，テニスラケット，スキー，ゴルフクラブなどのスポーツ用品，さらには航空機，宇宙ロケットなどに広く用いられている（図6-3）。

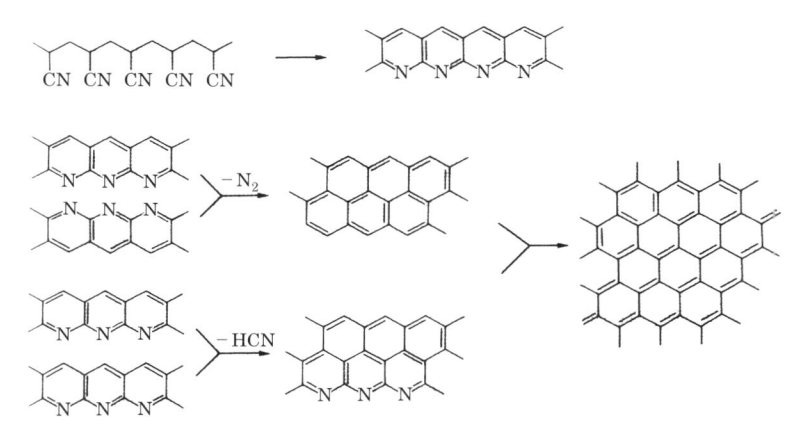

図6-6 炭素繊維の生成過程

6-1-5 粘弾性力を利用する材料

ブラジルや東南アジアで栽培されているゴムの木（*Hevea brasiliensis*）から1日に1本当たり300gほどとれる乳液（ラテックス）には約35％の天然ゴムが含まれている。天然ゴムに含まれているポリ（1,4-シスイソプレン）分子同士を硫黄で架橋することによって（加硫と呼ぶ），弾力性に優れた物質が得られることが1839年にC.Goodyear（アメリカ，1800-1860）によって偶然発見され，ゴムは雨具，タイヤなどに広く使われるようになった（第3章参照）。

第一次世界大戦時，軍事車両用タイヤの原料として合成ゴムの開発が精力

的に行われ，ドイツでスチレン・ブタジエン共重合体（ブナS，SBR）が，またアメリカでクロロプレン（ネオプレンとも呼ぶ）が開発された。また天然ゴムの主成分であるポリ（1,4-シスイソプレン）も，触媒を用いる配位重合により合成が可能になった（第2章参照）。

　Goodyearの発明以来，タイヤには炭酸カルシウムが補強剤に使われていたために白かったが，1905年頃にカーボンブラックをゴムに配合する（ポリマーナノコンポジット）と，補強性，耐摩耗性が格段に向上することが発見され，黒いタイヤの時代となっている。

　これらの材料は常温では，力を加えると2倍以上の長さに伸び，力を取り除けばもとの長さに戻るゴム弾性を示すが，−40℃といった低温ではゴム弾性が極端に小さくなり，もろくなる。冬季，極地，宇宙などの低温条件でゴム弾性を保持しうる材料としては，分子間に働く力が弱く，分子内部の結合の回転が容易であるという点からポリジメチルシロキサンやジメチルシロキサン・メチルフェニルシロキサン共重合体などのシリコン系のものを架橋させた材料が用いられている（図6-7(a)）。一方，高温で使えるゴムとしては，フッ化ビニリデンを始めとするフッ素を含むビニル化合物の共重合体を原料とするフッ素ゴムが主力である（図6-7(b)）。

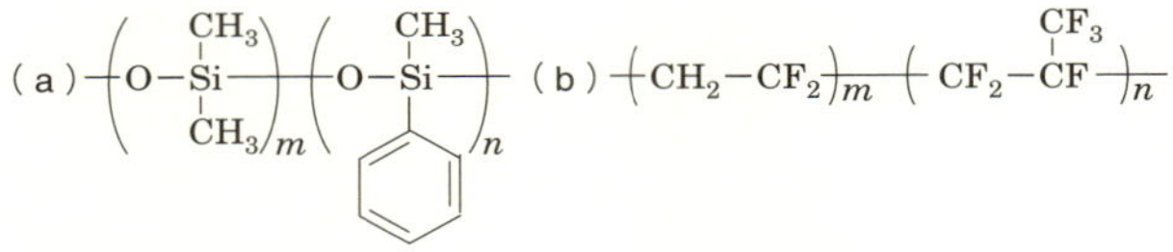

$$(a) \left[O-\underset{CH_3}{\underset{|}{\overset{CH_3}{\overset{|}{Si}}}} \right]_m \left[O-\underset{}{\underset{|}{\overset{CH_3}{\overset{|}{Si}}}} \right]_n \quad (b) \left[CH_2-CF_2 \right]_m \left[CF_2-\underset{}{\overset{CF_3}{\overset{|}{CF}}} \right]_n$$

(a) シリコン系　　　　　　(b) フッ素系

図6-7　エラストマーの構造

6-2　働く高分子

6-2-1　衣料材料

　6-1節でもふれたように，多数の高分子を細く長く加工した繊維を集め縒りあわせることで糸がつくられる。糸を編んだり織ったりすることで布がつくられ，布を縫いあわせて衣類ができあがる。したがって，肉眼では見えない高分子の性質や構造が，衣類の性質や性能に大きな影響を及ぼしている。また衣料材料は繊維集合体であるから，その性能や性質には繊維の集合体の構造も大きく効いている。

　繊維の引っ張り強さを見積る際に有用な応力-ひずみ曲線は，厳密には温度や水分，高分子の並び方（配向）によって変化する。繊維の熱的，光学的あるいは，電気的な性質は，結晶性高分子の諸性質と基本的には似ているが，

布の風合い（着心地）

　最近は，好みにあう高級な衣服の需要が高く，それにあう快適で高品質の布地が求められている。布の着心地をみるときには，布を手で曲げたりこすったり，軽く引っ張ったりするが，これは布の力学特性を調べているといえる。最近では初心者でも着心地のチェックができるように，様々な力学特性から布の着心地（風合いと呼ばれる）を客観的，総合的に予測，評価する式が考案されている。
　川端季雄，「風合い評価の標準化と解析（第2版）」，日本繊維機械学会（1980）

繊維では繊維軸方向に配向しているため，繊維軸方向とそれに直交する方向とでは，いろいろの特性が大きく異なっている（これを異方性と呼ぶ）。

原料の廉価な合成繊維に天然繊維よりも優れた性質を付与したり，布の着心地を改良するためにいろいろな工夫がされている。例えば衣料用繊維として最も多量に使われているポリエステルでは，天然の絹繊維に似せようと三角断面にしたり，捲き縮みをつけたり，加水分解処理して細い繊維に加工したりする技術が開発され，主に婦人用服地に用いられている。また数μm（1μmは1/1000 mm）以下の極細繊維が人工皮革（スウェード）やレンズ拭きに用いられている。極細繊維には，400 g程度で月までの距離（38万km）と同じ長さになるものがあり，それよりもさらに細い超極細繊維も生まれている。

ポリエステルの欠点として，水を吸わないことが挙げられる（場合によってはウォッシャブルスーツ（水での洗濯が可能な背広）のように利点にもなるが）。そこで中空状の繊維に細かい孔をあけたり，繊維表面に親水性の高分子を結合させて吸水性をもたせる工夫がなされている（図6-8）。

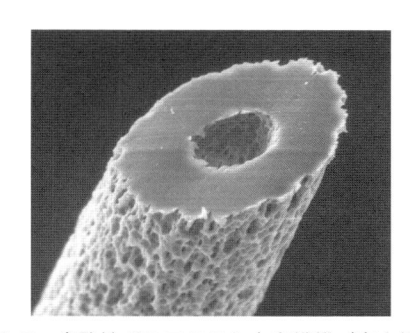

図6-8　多孔性ポリエステル中空繊維（帝人提供）

また，布にした後に樹脂で被覆して吸湿性を高めたり，微孔のついたフィルムを布に積層させて，外からの水滴の侵入を防ぐ一方で，身体から出る汗は外部へ発散させる機能を持たせている例もある。図6-9には，ナイロンやポリエステルなどの生地の裏側にウレタン樹脂系の形状記憶高分子（後述）をコーティングした材料を示した。低温時には分子間の隙間が狭く保温効果を示す一方，高温時には分子間の隙間が開いて汗による水蒸気を外に逃がすという，ちょうど正倉院の「校倉」を思わせる優れた材料である。

極細のポリエステル繊維を高密度に織って，水玉をはじく蓮の葉の表面に似せた，レインコートやアウトドアスポーツ衣料用の発水性材料もある。またセラミックスの微粒子を繊維に混ぜて保温性を向上させたり，紫外線を遮断したり，抗菌，消臭，芳香などの効果を狙って繊維中に薬剤や香料を封入したり表面に結合させたものも開発されている。

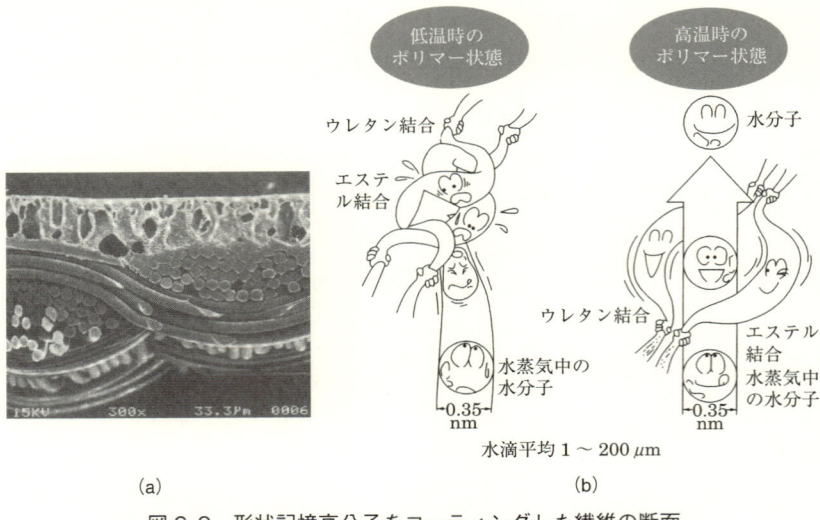

図 6-9　形状記憶高分子をコーティングした繊維の断面
(a) 電子顕微鏡写真　(b) 水蒸気の透過機構模式図　（小松精練提供）

6-2-2　感光性高分子

　ポリ桂皮酸ビニルのように，光を照射すると分子鎖間で橋架け（架橋と呼ぶ）が起こり，溶解性が大きく低下する高分子材料がある（3-4-2項参照）。このような材料を表面に塗ったフィルムやスチール板にネガフィルムをのせて，その上から光を照射すると，ネガフィルムの透明部分の下にある箇所だけに光が当たり，そこにある高分子の架橋が起こる（図6-10）。これを，もとのポリマーを溶かす現像用溶剤で洗うと，光で架橋された部分だけが板の上に残り，その表面にインクをつけると凸版印刷ができる。環境問題を考えて，アルカリ性の水酸化テトラメチルアンモニウム水溶液が，現像用溶剤として主に用いられている。これとは逆に，ナフトキノンジアジド（DNQ）誘導体とクレゾールを主成分とするノボラック樹脂からできている材料のように，光照射によりアルカリ現像液への溶解性が上昇するものもある。ノボラック樹脂は本来水溶性であるが，DNQ誘導体が溶解抑止剤として働いている。紫外線を照射すると，DNQ誘導体がインデンカルボン酸に変化し溶解抑止能を失うために，ノボラック樹脂はアルカリに可溶となる。このような材料を用いての製版では，上とは反対にポジフィルムが得られることになる。
　グリシジルメタクリレートやクロロメチルスチレンなどを重合させた高分子物質は，電子線やX線を照射すると架橋し不溶化することから，上と同様の原理でマイクロエレクトロニクス用半導体デバイス材料であるシリコンウエハーの微細加工（マイクロリソグラフィーと呼ぶ）に用いられている（ネガ型レジスト）。またPMMAやポリヘキサフルオロブチルメタクリレートは電子線，X線照射で溶解性が上昇するのでポジ型レジストとして用いられ

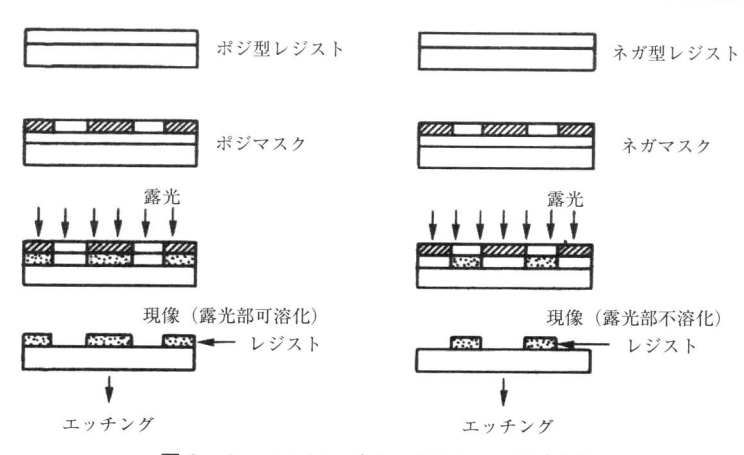

図6-10 フォトレジストのパターン形成工程
(山岡亜夫,森田浩,「感光性樹脂」(高分子新素材 One Point 8),共立出版(1988))

ている。塗膜形成の際の溶剤としては,酢酸プロピレングリコールメチルエーテルや乳酸エチルなどの有機溶媒が多く用いられているが,環境問題を考えて水や超臨界二酸化炭素を用いるものも現れている。現像用溶剤としては,先に述べたアルカリ性の水酸化テトラメチルアンモニウム水溶液が用いられている。

さらに,感光剤を用いることでレジストの光反応性(感度)が上昇する。とくに感光剤として酸発生剤を用いると,露光によって発生した酸が,加熱拡散し,高分子中の溶解抑制保護基(あるいは低分子の溶解抑制剤)が連鎖反応的に脱離してゆく,化学増幅型レジストが利用されている(図6-11)。今日では,電子線照射により 8 nm の線幅の解像度を有するレジスト材料が実際に用いられている。

6-2-3 導電性高分子

電気器具のコードの被覆に高分子が用いられていることからもわかるように,高分子は一般に電気絶縁体である。そこに使われているポリエチレンなどで原子間をつないでいるのは σ 電子であるが,芳香環やビニル基などには σ 電子のほかに自由度の高い π 電子がある。

この π 電子の雲が分子全体に広がった共役ポリマーであるポリアセチレンや,複素環(N や O など炭素以外の原子も含む共鳴環)をもったポリマーであるポリピロール,さらにベンゼン環をパラ位で繋いだポリ(p-フェニレン)などに,ハロゲン(臭素 Br_2,ヨウ素 I_2 など),ルイス酸(塩化第二鉄 $FeCl_3$,亜硫酸ガス SO_3 など),遷移金属酸化剤(過塩素酸銀 $AgClO_4$ など)などを微量加える(ドープと呼ぶ)ことで,水銀と同程度(10^3–10^4 S m^{-1},S = Ω^{-1})の電気伝導度を有する導電性高分子が得られる(図6-12)。

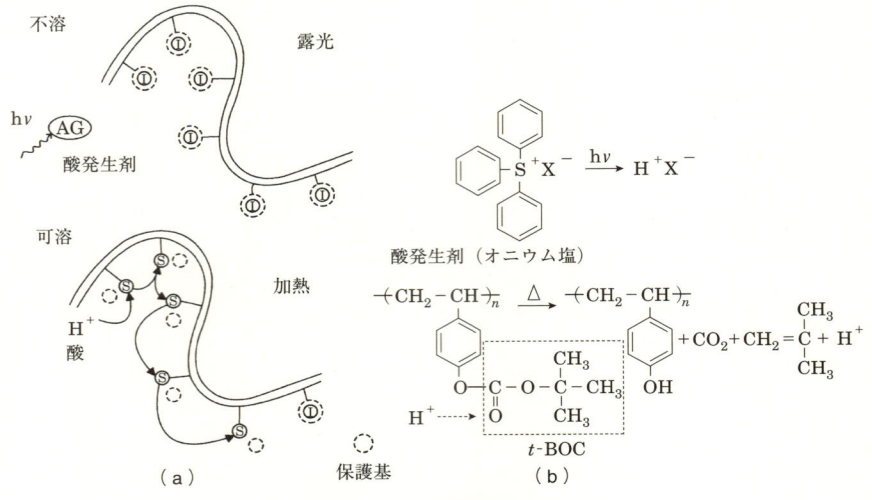

図 6-11 化学増幅型レジスト
(a) 原理 (b) 化学構造と反応スキーム

(宮田清蔵他,「高分子材料・技術総覧」,産業技術サービスセンター (2004))

図 6-12 電導性高分子の構造
(a) ポリアセチレン (b) ポリピロール (c) ポリ (p-フェニレン)

絶縁体とプラスチックス

釣竿,ゴルフクラブなどに使われているカーボンファイバー (6-1-4 参照) は,芳香環が連なっており π 電子が多数あるために,電気をよく通す。海岸や河川,ゴルフ場などで,カーボンファイバー製のゴルフクラブへの落雷や,釣竿の高圧線への接触などによる感電事故がよくある。家庭用電化製品では通用する「プラスチックは絶縁体」という概念が,アウトドアでも通用すると思っていては極めて危険である。

白川英樹博士によって,ヨウ素をドープしたポリアセチレンの導電性が発見されて以来 (図 6-13),多くの導電性高分子が開発されている。導電性高分子を用いて軽くて曲げのばしのできる電池も開発されている。さらに芳香環の平面構造が積層した黒鉛(グラファイト)のような構造をもっているカーボンファイバーを使って,銅と変わらない程度 (10^5–10^6 S m^{-1}) の電気伝導度を示す材料もできている。

6-2-4 電池・燃料電池

H^+, Li^+, Na^+ などのイオンが,溶液中と同じように高分子中を動くことができる高分子固体電解質の研究が,① 無定型構造をもっていてガラス転移温度が低い,② 無機塩を溶解できる,③ イオンとの相互作用が可能な極性基をもっている,などの点から,主鎖あるいは側鎖にポリエチレンオキサイド構造をもっている化合物を用いて盛んに行われており,固体 2 次電池(充電可能な電池のこと),電解コンデンサーなどへの応用が進められている(図 6-14,3-6 節参照)。

固体高分子型燃料電池は,水素と酸素を反応させることにより,電気エネ

(a) π電子が並んでいる ⟶ 電子は動けない

$(-CH=CH-CH=CH-CH=CH-)$

(b)

電子は動くことができる

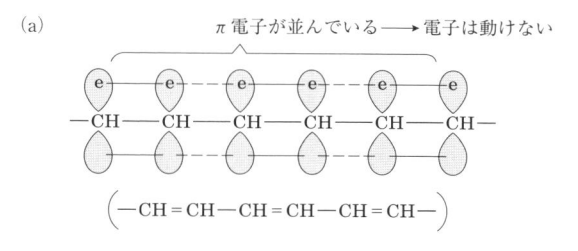

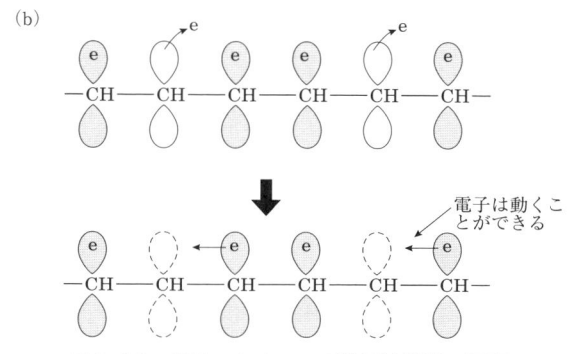

図6-13 ポリアセチレンの導電性発現の原理
(a) ポリアセチレン (b) ヨウ素をドープしたポリアセチレン
(竹内茂彌, 北野博巳, 「ひろがる高分子の世界」, 裳華房 (2000))

$H_2 \rightarrow 2H^+ + 2e^-$ $2H^+ + 1/2O_2 + 2e^- \rightarrow H_2O$

電解質ネットワーク

高分子電解質

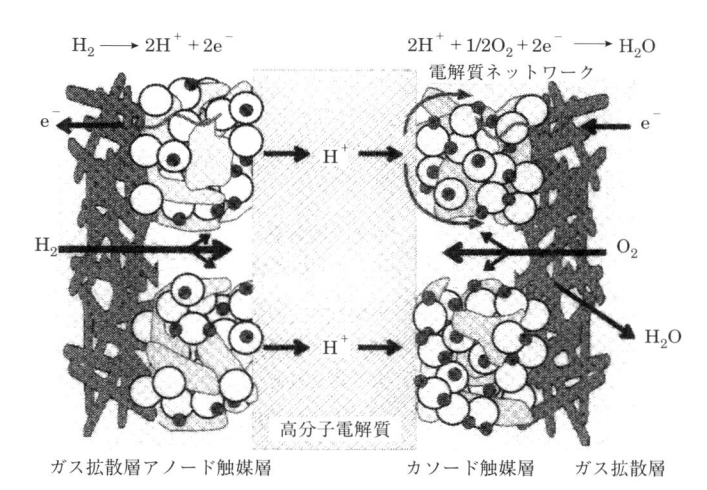

ガス拡散層 アノード触媒層   カソード触媒層 ガス拡散層

図6-14 高分子電池材料の構造例
(高分子学会燃料電池材料研究会編, 「燃料電池と高分子」
(高分子先端材料 One Point 7), 共立出版 (2004))

ルギーと水が同時に得られる。そのため, 燃料電池の利用は宇宙や, 海中（潜水艦）での利用から始まった。用いられる高分子電解質膜は, プロトン伝導性があり, 電子伝導性がなく, 気体透過性が十分低いこと, 化学的・機械的な安定性があることが要求される。当初用いられた架橋ポリスチレンスルホン酸膜は化学的耐久性に乏しかったが, パーフルオロ系スルホン酸膜（DuPont の Nafion® など）（図6-15）を用いることで電池の寿命は著しく

改善された。燃料電池は，通常，イオン交換膜の両側のイオン交換樹脂と触媒からなる多孔質の電極触媒層と，その外側のカーボン多孔体からなるガス拡散層から構成されている。エネルギー変換効率が40～50％と高く，地球温暖化ガスの削減に有益であることや，小型化できるという特長があり，大きな進歩を遂げつつある。

$$\mathrm{-[(CF_2-CF_2)_x-CF_2-CF]_y-} \\ \mathrm{\quad\quad\quad\quad\quad\quad\quad\quad\quad O} \\ \mathrm{\quad\quad\quad\quad\quad\quad\quad\quad\quad CF_2} \\ \mathrm{\quad\quad\quad\quad\quad\quad\quad\quad\quad CF-CF_3} \\ \mathrm{\quad\quad\quad\quad\quad\quad\quad\quad\quad O-CF_2-CF_2-SO_3^-\,Na^+}$$

図6-15　燃料電池用高分子材料の構造例

6-2-5　光学材料

電気に加えて最近では光が情報伝達の手段として用いられている。電気が電線を経由して遠方に伝わることから，光でもガラスの糸（グラスファイバー）の中を通せばよいのではないか，これが光通信ケーブルの基本的な考え方である。ガラスを引き延ばした光通信用ケーブルでは，外側を屈折率（通常，トンネル内部の照明によく使われているナトリウムランプのD線（波長589 nm）の屈折率で比較する）の低いポリメタクリル酸のフッ素化エステルポリマーや，フッ化ビニリデン・テトラフルオロエチレン共重合体などのフッ素系の高分子樹脂でコーティングしてある（図6-16）。ガラス糸中の屈折率の方が外の高分子物質の屈折率より大きいと全反射という現象が起こり，光は全反射を繰り返しながら進んでいく。一定の距離に達したら，そこで情報をもう一度増幅して再びグラスファイバーケーブルに送り込むことで遠い距離にまで情報が伝達されることになる。

フォトニクスポリマー

レーザーの発見以来，光を高度に制御し利用する技術が急速に発達し，通信，記録，表示などに用いる素子を研究する分野としてフォトニクスという領域が生まれ，光ディスク基板，レンズ，ファイバーなどとして高分子が広く用いられている。従来のガラスと比べて透明性が低い，屈折率の波長依存性が大きい等の問題点があるが，石英系光ファイバーでは不可能な，母材ポリマーよりも屈折率の大きな有機色素の添加が可能であり，色素の優れた光増幅特性を利用することで，信号光の増幅を行うことができる。

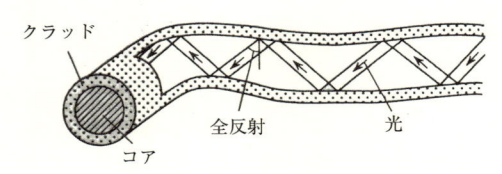

図6-16　光ファイバーの構造

電気信号では細かい情報を大量に送ることには限界があるのに対して，光は外部の妨害に強く，しかも波長が短いために大量の情報を送ることができるという特徴をもっているため，現在では市外電話に限らずビル内での通信システムなどにも使われている。光を通す部分にはガラスのほかに，PMMAも非晶質で透明性が高いことなどから使用されている。

PMMAやポリカーボネート，ポリジエチレングリコールビスアリルカー

ボネートなどは透明性と加工性に優れており，ガラスに比べて軽いことから眼鏡用レンズ，コンパクトディスク（CD）用対物レンズなどにも広く用いられている。

6-2-6　イオン交換樹脂

ポリスチレンをジビニルベンゼンで架橋した樹脂，あるいはセルロースなどの多糖類をエピクロルヒドリンで架橋したものに，スルホン酸基（$-SO_3H$），カルボキシル基（$-COOH$），四級アンモニウム基（$-NR_3^+$）などを化学反応によって導入した樹脂がある（図3-10参照）。これに，イオン性の不純物が混入している溶液を接触させると，イオン性不純物が樹脂に結合する（図6-17）。このような現象をイオン交換，用いられる樹脂をイオン交換樹脂と呼んでいる。水溶性のイオン性高分子においても同様の現象が起こるが，沈殿やろ過で取り除くことが可能で回収が極めて容易な樹脂型で用いられるのが普通である。

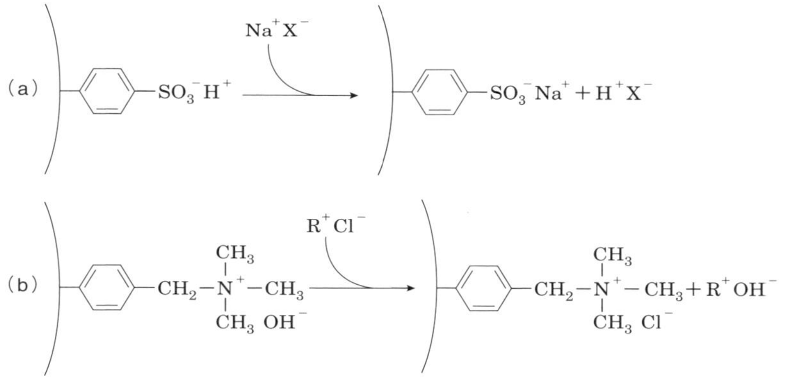

図6-17　イオン交換樹脂
（a）陽イオン交換樹脂と（b）陰イオン交換樹脂の作用機構

精製を要する溶液を樹脂を詰めたカラムに通すか，あるいは溶液の中に樹脂を投入し，しばらく混ぜた後にろ過あるいは傾瀉を行うことにより溶液を回収することができる。このような樹脂は化学，医学，薬学などに用いる水の精製にも用いられており，得られる水はイオン交換水と呼ばれている。またフッ素を含む物理・化学的に極めて安定なイオン交換樹脂を膜状にしたものは，食塩電解用イオン交換膜として水酸化ナトリウムや塩素の製造に利用されている。

6-2-7　高分子膜

竹や籐の籠の細かな隙間を同じ大きさでつくっていく根気と技術は大変な

ものであるが，これより格段に小さい一定の大きさの孔を高分子膜にあける技術が近年非常に進歩してきた。例えば高分子膜に中性子線を照射して小さな孔をあけた後に，膜を溶解する溶媒につけると，中性子線が通ったところから徐々に溶解が起こり，孔が広がる。その時間を調節することで，望みのサイズの孔の開いた膜を得ることができる。また高分子溶液を固体平板上に広げ，溶媒をいろいろな条件で蒸発させることで高分子鎖の絡み合いの調節をすることができる（キャスト膜と呼ばれている）。こうして絡み合った鎖の目の大きさや孔径のそろった膜を用いると，あるサイズよりも小さい分子やイオンだけが膜を通過できる。膜の形態により平膜型，中空糸型，らせん型などに分類することができる。膜の利用例の中で,中空糸を用いる透析(人工腎臓）については，第7章で述べることとし，それ以外の応用例について以下に述べる。

(1) 逆浸透，限外ろ過，精密ろ過

不純物の混じっている水から水だけを取り出すために，水分子よりもすこし大きい編み目を有する膜の外側の水溶液に圧力をかけると，水分子が優先的に膜を透過する。浸透圧に対抗して圧力をかけるという意味でこれを逆浸透と呼ぶ。中東などの乾燥地帯ではこの技術を利用して海水からの淡水の製造が大規模に行われている。また最近では精密電子材料を洗浄する際の超純水製造に用いられている。

逆浸透とは別に，目的とする分子よりも小さな孔径を有する膜の外側の水溶液に圧力をかけると，余分の水や小さな不純物だけが膜を通過して，必要な分子の入った溶液が得られる。これを限外ろ過と呼んでおり，生体由来の高分子物質の精製などに広く使われている。

さらに膜の孔径を広げると，細菌やゴミ，カビなどを水から除去するフィルターとして用いることができる。これを精密ろ過と呼んでおり，最近では，水道水の脱臭用の浄水器に使用されている（カルキ臭やカビ臭さは，さらに活性炭層を通すことで除去している）。

(2) ガス分離膜

気体分子の膜透過は，気体分子が高分子膜中に溶解し，拡散することによる。この透過速度が違う場合，それを利用してガスの分離を行うことができる。実際に，窒素に比べて酸素の透過能が大きいポリ(4-メチルペンテン-1)やポリ（2,6-ジメチルフェニレンオキサイド）が酸素富化膜として呼吸器疾患治療用に用いられている。手術時の人工肺用のガス透過膜としては薄膜化が可能なポリプロピレン多孔膜が広く用いられているが，長時間の使用では生体成分の付着によるガス交換能の低下が問題となる。そこで最近では機械強度や生体適合性に優れた含フッ素ポリイミド膜の利用も試みられてい

る。

　高分子膜の気体透過性は包装材としての有用性に大きく影響する。例えばポリエチレンフィルムは，水蒸気は通しにくいが酸素は比較的通りやすいため，食品の密封には適さない。一方エチレン・ビニルアルコール共重合体は，ポリエチレンフィルムに比較して酸素の透過性が1/1000以下であるのに水蒸気は10倍近く速く透過する。そこで例えば2枚のポリエチレンフィルムの間にエチレン・ビニルアルコール共重合体の薄膜を挟んでおけば，酸素も水蒸気も通しにくい材料が得られることになる。このように材質の異なるフィルムを重ね合わせてそれぞれの材料の特長を生かしたものをラミネート構造と呼び，包装用の膜材料，チューブ（練り歯磨きやマヨネーズ，ケチャップ，ワサビ，芥子など），びん（ペットボトル）などに用いられている。

　同様に液体分離用の膜もある。ポリビニルアルコール分子同士をカルボキシル基を2つもつグルタール酸で架橋し不溶化した膜や，エビやカニの殻からとれる多糖類のキトサンを硫酸コバルトで処理した膜は，エタノール・水混合液中の水を選択的に透過させる。この膜を用いることにより，発酵法によって得られる15～20％程度のエタノール濃度の液からエタノールの濃縮ができる。これまで焼却されていた木材屑などのセルロース資源や廃デンプンなどのバイオマスからの，発酵法によるエタノール製造の高能率化という観点から，その実用的意味は大変大きい。

　このほか6-2-1項でも述べたように，表面に0.1～1μmの細孔をもっており，水蒸気は通すが，直径が100μmのオーダーの水滴は通らないポリテトラフルオロエチレン（PTFE）などのフッ素系の高分子膜がある。これを表面材料とした防寒具は，体の汗は蒸発・除去される一方，雪や雨は滲み通らないために，スキー用のジャケットやズボン，登山用ヤッケなどに広く用いられている。

　（3）　マイクロカプセル

　マイクロカプセルは高分子膜でできた小さな袋のことである（脂質でできているリポソームと呼ばれる袋もある）。油滴と水相あるいは水滴と油相の界面で，水，油のどちらにも不溶の高分子を縮重合などにより生成させることにより簡単につくることができる。マイクロカプセルのなかにインクを封入したものを紙の裏に塗布することで，一度に複数の紙に文字を書き込めるようにした感圧紙や，後で述べる医薬，農薬を外部に徐々に放出させるための封入材料などに用いられている。マイクロカプセルの技術により出現した食品に人工イクラがある。本物のイクラはサケの卵で高価な食品であるが，人工イクラは，海藻に含まれる多糖類であるアルギン酸がカルシウムイオンを含む溶液に接触すると不溶化することを利用してつくられる。

6-2-8　高分子凝集剤

　分離用材料としては，先に述べたイオン交換樹脂や高分子膜のほかに，飲料用水の浄化や廃水処理を行う際に使われている高分子凝集剤がある。水中の泥や微生物などの微粒子（コロイド）を沈澱させる作用があることから，陰イオン性のポリアクリル酸，陽イオン性のポリアミノメチルアクリルアミド，非イオン性のポリアクリルアミドなどが使われている。コロイド粒子はその表面の電荷や，水になじみやすい分子同士の反発力で水中に安定に分散している。凝集剤は，複数のコロイド粒子に同じ高分子鎖が物理的にくっついて（これを吸着すると呼ぶ）粒子同士を架橋させたり，あるいは粒子表面の電荷を逆符号の高分子鎖が塞いで，粒子の水中での分散安定性を大きく低下させることで凝集効果を発揮する。環境悪化と共に，残念ながら高分子凝集剤の必要性は急速に増大している。

6-2-9　ゲルろ過と光学分割カラム

　内部に小さな隙間が無数にあいている高分子粒子を細長い円筒容器（カラムと呼んでいる）に詰め，これにいろいろのサイズの分子の混合溶液を流すと，小さい分子は粒子内部の隙間に侵入するのに対して，大きい分子は粒子内部に入り込みにくいために，カラムの出口には分子サイズの大きいものから順に到着することになる（図6-18）。このようにして分子のサイズで物質の分離を行う手法を，分子ふるい法あるいはゲルろ過法，ゲル浸透クロマトグラフィー（gel permeation chromatography, GPC）と呼んでいる。様々なサイズの物質が混ざっている溶液から，サイズ順に簡単に分子が取り出せるために，生化学の実験で盛んに用いられる。

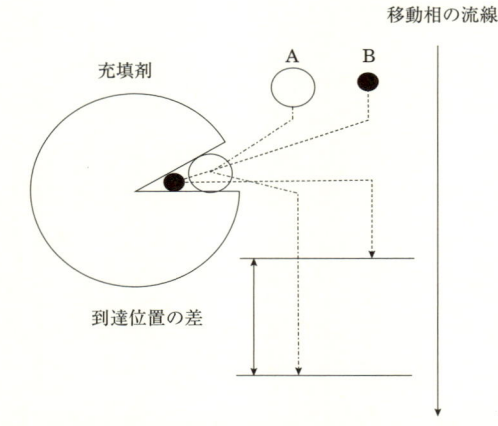

図6-18　ゲル浸透クロマトグラフィーの基本原理
（宮田清蔵他，「高分子材料・技術総覧」，産業技術サービスセンター（2004））

さらに，表面に光学活性基を導入したシリカゲルなどを充填したカラムに，立体異性体の混合物溶液を注入すると，その立体構造によってカラムからの流出時間に差がでてくる場合がある。これを利用すれば非常に手間のかかる立体異性体の分離が簡単にできる。このような光学分割クロマトグラフィーは，光学活性物質を合成する際に大きな威力を発揮している。

6-2-10　高吸水性材料

おむつや生理用品などには大量の水分をすばやく吸収する機能が求められている。そこで，ところどころで架橋し不溶性にしたセルロースやデンプン分子などから，水に非常に溶けやすい性質をもっているポリアクリル酸ナトリウムなどの合成高分子の枝をのばすと，枝分かれ構造の高分子（グラフトポリマー図3-16参照）が得られる。これを水につけると，枝部分にあるアクリル酸ナトリウムが解離し，負の電荷をもったアクリル酸イオン同士の反発力で高分子鎖は広がるが，主鎖がお互いに架橋されているため溶解することなく膨らみ，隙間に多量の水を吸収することになる。

セルロースやデンプンなど天然の材料を主鎖として用いたもの以外に，主鎖としてポリアクリルアミド，ポリビニルアルコール，ポリエチレンオキサイドなどの合成高分子を使用したものも開発されている（図6-19）。最近では自重の1,000倍以上の水を吸収するものも報告されているが，塩分の濃度が高くなるとグラフト鎖上のイオン同士の反発力が抑えられ，吸水力が大きく低下する（離水と呼ぶ）。実用的には，尿や血液のpHや塩濃度の影響をより受けにくいものが必要とされており，高塩濃度でも吸水性を保持して

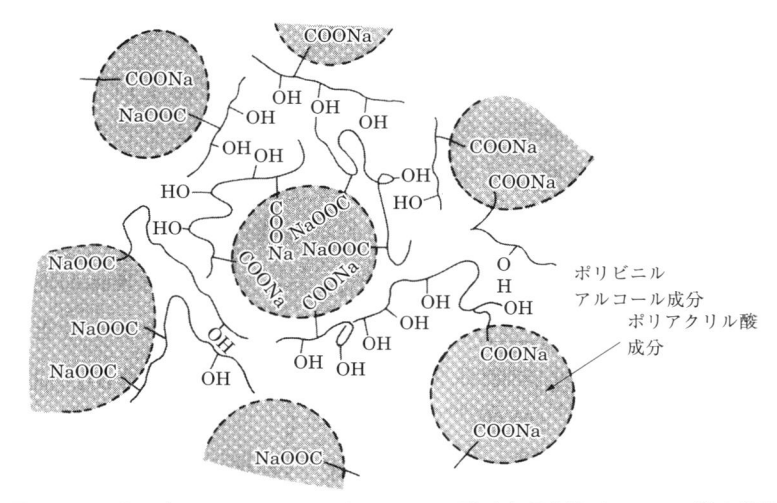

図6-19　ポリビニルアルコール/ポリアクリル酸系高吸水性ポリマーの推定構造
（増田房義，「高吸水ポリマー」（高分子新素材 One Point 4），共立出版（1987））

いる双性イオン型（第7章参照）の材料が開発されている。高吸水性材料は，前に述べた衛生材料のほかに，苗木を移植する際の保水剤，天井などの結露防止に使われており，急速に広がりつつある砂漠の緑化にも応用が試みられている。

6-2-11 高分子触媒

優れた触媒である酵素を使えないような条件での有機合成の際に，有機溶媒中でイオン交換樹脂を相間移動触媒として用いたり，あるいは高分子錯体樹脂を酸化還元用触媒として用いている。低分子触媒に比べて回収が容易で，広く工業的に用いられている。

6-2-12 高分子微粒子

第2章で述べた懸濁重合，分散重合あるいは乳化重合によって粒子状の高分子が得られ，微粒子分散液はエマルションと通称されている。特に乳化重合の場合には，直径が100 nm程度の小さな粒子を容易に得ることができる。エマルションをつくる際に単量体と共に染料を溶かし込んでおき，これを塗布すると，溶媒の蒸発につれて着色した粒子同士がくっつき融合してやがて薄膜を形成するようになる。これが最も簡単な塗料である。従来は水に溶けにくい染料を含む微粒子を，揮発性有機溶媒に懸濁させたものが主流であったが，最近では環境への負荷を考慮して，水に懸濁させたエマルションで，しかも塗った後に光反応などにより高分子同士が架橋して物理・化学的強度を増加させるタイプのものが普及してきた。高分子微粒子を加熱した金属表面に吹き付け，溶融接着させる塗装法もある。

また微粒子分散液を2つの固体の界面に付着させ，界面同士を密着させながら溶媒を乾燥させれば，粒子が接触し融合するにつれ2つの固体もくっつ

接着剤

古くから用いられてきた接着剤はデンプンのりや，動物の骨や腱から煮沸抽出したにかわ（膠，ゼラチン）である。これが高分子のエマルションを用いる合成接着剤にとって代わられ，今日ではエポキシ樹脂と硬化剤を使用前に混ぜ合わせるエポキシ系のものが最もポピュラーである。さらに剥離強度とせん断強度の増大をねらって，剛直なポリマーと柔らかいポリマーとを結合・架橋させるもの（ポリマーアロイ型）や，ポリイミドなど多種類の接着剤が開発されている（図6-20）。光重合開始剤と光増感剤が添加され可視光線で硬化するようにしたアクリル系接着剤は歯科治療用に，また紫外線硬化型のものは精密電子部品を環境変化から保護する被覆・密封用材料（封止剤）として用いられている。ポリシアノアクリレート系の瞬間接着剤は，血液凝固系を模したフィブリン糊（フィブリノーゲン溶液とトロンビン・塩化カルシウム・アプロチニン（タンパク質分解酵素阻害剤）混合液を用いるもの）などと共に生体接着剤としても用いられている。

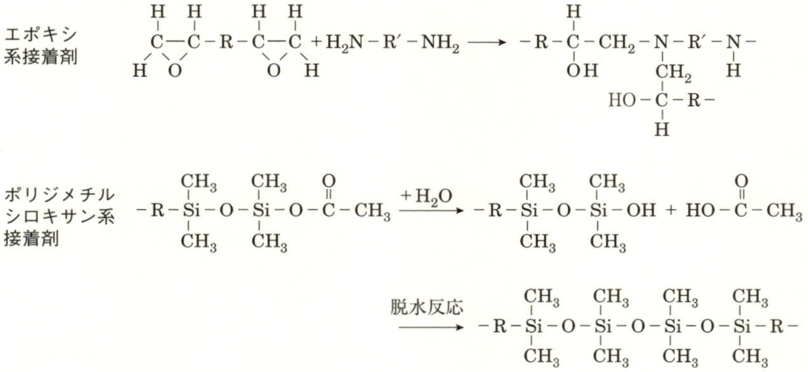

エポキシ系接着剤

$$\begin{array}{c}\ \ \text{H}\ \ \ \text{H}\ \ \ \ \ \ \ \text{H}\ \ \ \text{H}\\ \text{C}-\text{C}-\text{R}-\text{C}-\text{C}\ +\text{H}_2\text{N}-\text{R}'-\text{NH}_2\\ \text{H}\ \ \ \text{O}\ \ \ \ \ \ \ \ \text{O}\ \ \text{H}\end{array}$$

$$\longrightarrow\ \begin{array}{c}\ \ \ \ \ \ \ \ \ \ \ \ \ \ \text{H}\\ -\text{R}-\text{C}-\text{CH}_2-\text{N}-\text{R}'-\text{N}-\\ \ \ \ \ \ \ \ \ \text{OH}\ \ \ \ \ \text{CH}_2\ \ \ \ \ \ \text{H}\\ \ \ \ \ \ \ \ \ \ \ \ \ \ \ \ \text{HO}-\text{C}-\text{R}-\\ \text{H}\end{array}$$

ポリジメチルシロキサン系接着剤

$$\begin{array}{c}\ \ \ \ \ \ \ \ \text{CH}_3\ \ \ \ \text{CH}_3\ \ \ \ \ \ \ \text{O}\\ -\text{R}-\text{Si}-\text{O}-\text{Si}-\text{O}-\text{C}-\text{CH}_3\ \xrightarrow{+\text{H}_2\text{O}}\\ \ \ \ \ \ \ \ \ \text{CH}_3\ \ \ \ \text{CH}_3\end{array}$$

$$\begin{array}{c}\ \ \ \ \ \ \ \ \text{CH}_3\ \ \ \ \text{CH}_3\ \text{O}\\ -\text{R}-\text{Si}-\text{O}-\text{Si}-\text{OH}\ +\ \text{HO}-\text{C}-\text{CH}_3\\ \ \ \ \ \ \ \ \ \text{CH}_3\ \ \ \ \text{CH}_3\end{array}$$

$$\xrightarrow{\text{脱水反応}}\begin{array}{c}\ \ \text{CH}_3\ \ \ \text{CH}_3\ \ \ \text{CH}_3\ \ \ \text{CH}_3\\ -\text{R}-\text{Si}-\text{O}-\text{Si}-\text{O}-\text{Si}-\text{O}-\text{Si}-\text{R}-\\ \ \ \text{CH}_3\ \ \ \text{CH}_3\ \ \ \text{CH}_3\ \ \ \text{CH}_3\end{array}$$

図6-20 接着剤の構造例

くことになる。これが接着剤の最も簡単な例で（トピックス），紙や木工用接着剤には酢酸ビニルを原料とするエマルションを用いているものがある。

情報の氾濫する今日，必要な情報を選択して記録するのに複写機は不可欠である。感光ドラムを帯電させてから，原稿に光を照射してその反射光をドラムに写すと，光の当たったところが帯電しなくなる。トナーと呼ばれる炭素を含む直径 5～20 μm の微粒子を，静電気でドラム上の反射光の当たらない部分に付着させてから，紙に転写し加熱して固定することでコピーができる（図 6-21）。この際，微粒子が文字面に均一にすみやかに付着してお互いに付着することが，繊細なコピーの実現に不可欠である。従来は，炭素粒子とアルキド樹脂（無水フタル酸等の酸とグリセリンなどの多価アルコールとのポリエステル）を混合し粉砕したものを用いていたが，高分子微粒子の表面にカーボンをのせ，さらに高分子被膜をつけたものがトナーとして使われている。

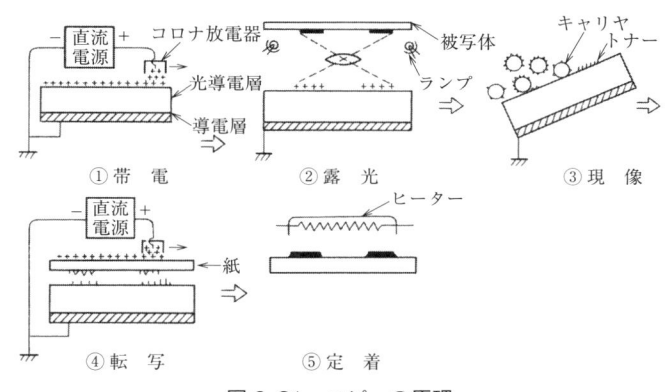

図 6-21 コピーの原理

（川口春馬，室井宗一，「ポリマーコロイド」（高分子新素材 One Point 22），共立出版（1987））

高分子微粒子は粒径のそろったものが容易に得られることから，このほかに電子顕微鏡写真上のマーカー（ものさし）として，あるいは液晶表示素子の平板間距離を保つスペーサーとしても用いられている。

6-3　かしこい高分子

これまでに合成されてきた高分子材料を考えてみると，厳しい環境の変化に耐えられる化学的に丈夫で，力学的に強い，というものがほとんどである。さらにセラミックスや金属と比べてみると，高分子は軽くて柔軟であり，低分子の有機化合物と比較すると，いろいろな形に容易に成型できる優れた材料である。このような特長をもっている高分子に，外部信号に対して応答性

を示す機能を付与し「かしこい材料」（インテリジェントマテリアル）とする多くの試みがある。

例えば，自動車製造などに数多く使われているロボットは，固い金属製の多くのアクチュエーター（動物でいえば筋肉）を油圧や空気圧で動かしている。そのアクチュエーターを柔軟性のある高分子材料でおきかえれば，われわれの骨格と筋肉のように柔らかくて微妙な動きを制御できる可能性がある。

われわれが外部から与える光や圧力，熱，電場，磁場などの信号に対して，高分子材料が「応答」する方法としては，材料の大きさの変化，色や形態，電圧の変化などが考えられる。外部信号に対して大きさや形態を変化する材料は，アクチュエーターとして，また色や電圧が変化するものは検出器（センサ）として利用できる。さらに外部信号を別の信号に変換することも考えられる。本節では「かしこい」高分子となる可能性がある外部信号応答性高分子を紹介する。

6-3-1　力（圧力）に応答する高分子（圧電性高分子）

物質に圧力を加えたときに表面に電荷を生じたり，反対に物質に電圧をかけるとその形が変化することを圧電性と呼んでいる。これまでは鉛・チタン・ジルコニウムを含む無機系材料が用いられてきたが，より軽くて成型性の良い高分子材料が開発されてきた。

高分子が圧電性材料となるために必要な，材料中の異方性を実現する方法としては，(1) 光学活性で極性の高分子材料を延伸処理したり，(2) 延伸した極性高分子材料に融点以下の高温で高電場を印加して分極（残留分極）を起こさせた後，室温に戻す方法（図 6-22，ポーリング）がある。

酢酸セルロースやポリプロピレンオキサイド，あるいはポリペプチドなどが第1の方法を適用できる材料の例で，第2の方法が適用できる材料としては，ポリフッ化ビニリデン（PVDF），あるいはこれとトリフルオロエチレンやテトラフルオロエチレンとの共重合体が代表的なものである。強誘電性高分子 PVDF は結晶性で透明あるいは半透明状である。様々な結晶形を

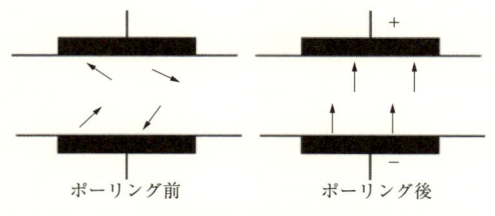

図 6-22　強誘電性高分子への分極付与処理

とるが，その中に平面ジグザグ分子鎖がフッ素原子を C–C 結合の片側に平行に配列するように充填した極性の結晶がある．初期の成型時には，極性結晶が非晶質の中でランダムな方向に向いているが，これを一方向にそろえて材料全体を極性なものにするためにポーリングを行う．このような分極した材料に圧力を加えると，双極子の大きさと向きが変わって，電圧が発生する．

圧電性高分子の応用例としては，圧力センサ，キーボード，超音波診断用の超音波受信子，マイクなどが圧力を電荷に変えるもので，逆に電圧を圧力に変えるものとしてはヘッドホン，超音波発振子，スピーカーなどがある．このうち超音波診断用素子は，従来用いられていたセラミック製のものと比較して身体との接触面で音が減衰することが少ないため，その分解能が飛躍的に高まった．

6-3-2 熱（温度変化）に応答する高分子

(1) 焦電性高分子

物質を温度変化させたときに電荷が発生したり，逆に電圧の印可で熱を発生することを焦電性と呼ぶ．焦電性を高分子に付与するためには，圧電性材料と同様に，材料内の双極子を配向させて残留分極を生じさせることが必要である．このようにしてできた材料の温度を変えると，温度変化に応じた分極の変化が表面に現われ電位差が生じる．圧電性高分子のところで述べた PVDF 系の高分子材料が主に利用されている．温度や熱のセンサが応用の中心で，マイクロ波検知器，赤外線検知器，レーザー出力メーター，火災報知器などがある．さらにレーザー光の熱を利用した書き換え可能な光メモリーとしての利用も考えられている．

(2) 温度感応型高分子ゲル

低分子物質と同じように，多くの高分子材料は温度を上げると膨張あるいは膨潤し溶解度も上昇する．ところが，メチルセルロース，部分酢化ポリビニルアルコール，ポリエチレンオキサイド，ポリビニルメチルエーテル，ポリ-N-イソプロピルアクリルアミド（PNIPAm）など，温度を上げると溶解度が低下する水溶性高分子がいくつかある．高分子が水に溶解しているのは，水との水素結合や分子中のイオン性基への水分子の静電水和によって高分子が水和されているためであるが，上述の高分子の溶解度低下は，特定の温度（下限臨界溶液温度：lower critical solution temperature, LCST）以上でポリマー鎖の脱水和が起こり，親水性が大きく低下するためとされている．

図 6-23 には，孔の中に PNIPAm の鎖を導入した多孔性ガラスビーズを

充填したカラムに，種々の分子量の多糖類デキストランを流したときの流出時間を示した。温度に応じて鎖がのびた状態（低温側）から収縮した状態（高温側）に変化するためにガラスビーズの有効孔径が変化する。6-2-9項で述べたように「ゲル浸透クロマトグラフィー」（GPC）では，大きい分子が小さいものよりも早くカラムから流出するが，温度に応答した孔径の変化でカラムからの溶出挙動が大きく変化することがわかる。

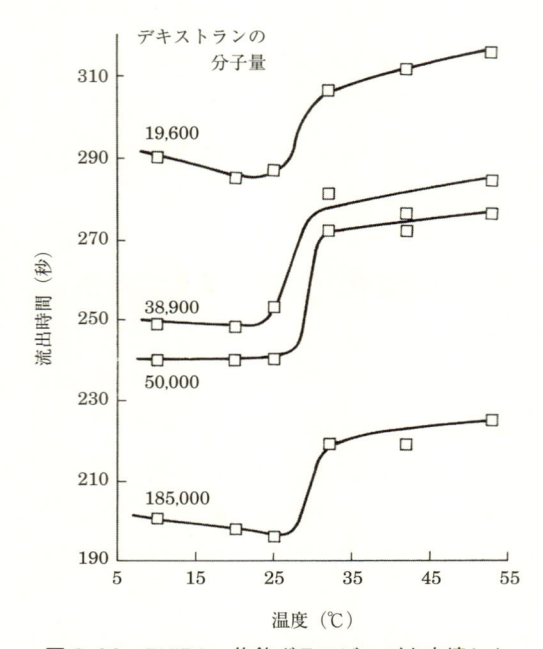

図 6-23　PNIPAm 修飾ガラスビーズを充填した
カラムからのデキストランの流出時間
(M. Gewehr, *et al.*, *Makromol. Chem.*, 193, 249 (1992))

またこのようなポリマー鎖同士を化学結合（共有結合）（化学ゲル），あるいは水素結合やイオン結合による分子間相互作用，さらには物理的な絡み合いにより架橋すると（物理ゲル），ゲルとなる。ゲルとは，溶媒に不溶で3次元編み目構造を有する高分子を指し，サイズや構造の時間変化が機能発現に大きな影響を及ぼすダイナミックな物質である。共存する媒質が水の場合にはヒドロゲル（ハイドロゲル），油性媒体ではオルガノゲル（リポゲル），空気の場合にはエアロゲル（キセロゲル）などと呼ばれる。ゲルは生体組織のような柔軟性をもち，外界との物質やエネルギーのやりとりが容易であり，情報の感知（センサ），判断（プロセッサ），応答（アクチュエーター）といった機能を併せて付与できる。

PNIPAm を架橋したゲルをその相転移温度よりも低温側から高温側に変化させると，急速に顕著な収縮を起こす。膨潤や収縮に要する時間は，ゲル

のサイズの自乗に比例することが田中豊一らにより明らかにされた[11]。したがって，応答速度を速めるためには，繊維や微粒子状にしてゲルサイズを小さくする，多孔質にするなどの手法が試みられている。このような材料はアクチュエーターとして，あるいは先に述べた温度可逆的な吸着分離用の材料として，さらには温度可逆的な脱水剤としての利用も考えられている。

(3) 形状記憶高分子

温度によって形状が変化する高分子は熱応答性高分子と呼ばれる。最もよく知られているのはポリノルボルネンである（図6-24）。任意の形に成型されたポリノルボルネン樹脂に室温で力を加えて変形するとその形を保っているが，50℃くらいの水につけると，瞬時に元の形に戻る。成型されたときの形を記憶しているという意味で，形状記憶高分子と呼ばれている。

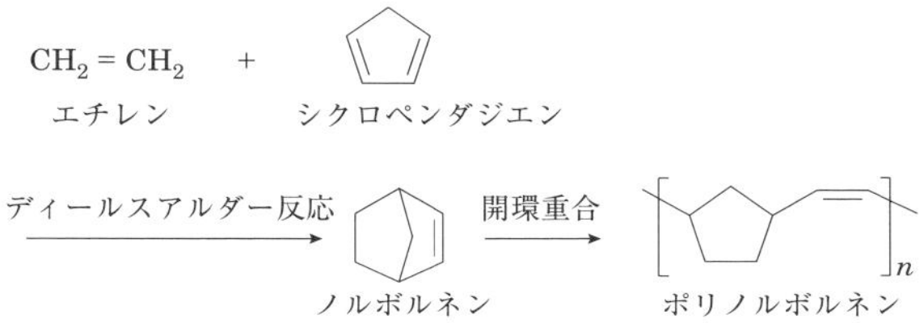

$CH_2 = CH_2$ ＋ シクロペンタジエン
エチレン

ディールスアルダー反応 → ノルボルネン → 開環重合 → ポリノルボルネン

図6-24　ポリノルボルネンの合成手順

ポリ塩化ビニル製のチューブを竹や金属の管に被覆し熱湯をかけると，収縮して密着し物干し竿ができる。これは，ガラス転移温度（T_g）を室温よりわずかに高くすることで，室温では樹脂状態のために変形したままであるが，T_g以上まで熱することでゴム状態になって元の形に戻るというものである。したがってT_gだけを考えると，ゴム状高分子材料は形状記憶樹脂となりうることになるが，実際にはT_gのほかに，結晶の形成と融解，架橋，高分子鎖の絡み合い，相構造の形成と融解などを組み合わせて形状記憶の機能を発揮させている。

(4) 高分子液晶

コレステロール誘導体のように，分子配列にねじれが加わって全体としてらせん構造をとる液晶はコレステリック液晶と呼ばれ，らせんピッチは温度により変化する。またこの液晶はらせんピッチに応じた波長の光を散乱するため，液晶への入射光のなかで散乱する光の波長が温度と共に変化し色が変化する。この現象を利用すれば，温度変化を色の変化として検知することができる。コレステリック型の高分子液晶となるためには，高分子主鎖や側鎖の中に，剛直な部分と光学活性な基が必要である。主鎖型では，屈曲鎖の中に光学活性基を含むようなポリエステルが，また側鎖型では，側鎖の剛直な原子団中やその近くに光学活性部位をもっているアクリレートあるいはメタ

クリレート系の高分子が中心である。このほかに長い側鎖をもっているポリペプチドのエステルもコレステリック液晶高分子である（図6-25）。

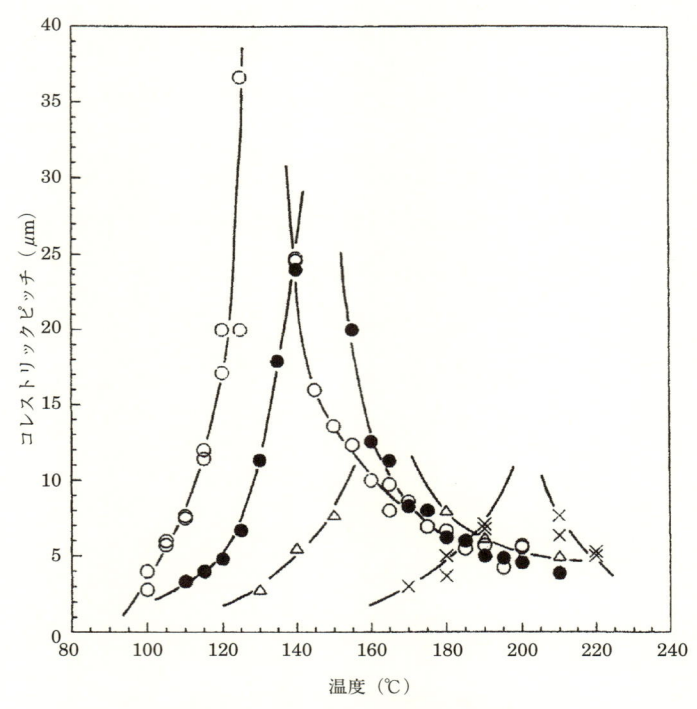

図6-25　らせんピッチの温度依存性

ベンジル-L-グルタメートとドデシル-L-グルタメートの共重合体（61：39）。ドデシルアルコール中のポリマー濃度，○：41v%，●：50v%，△：61v%，×：80v%
(J. Watanabe, *et al.*, *Polym. J.*, 31, 199（1999））

6-3-3　光に応答する高分子

(1)　光で色が変わる高分子

　光照射をすると別の異性体へ変化し，色変化を示すフォトクロミック化合物は，別の波長の光照射あるいは加熱により元の異性体に可逆的に戻る。光照射により構造変化が起こるために，分子の長さや分子の極性の変化，イオンの生成といった現象が起こる。このような化合物を高分子の中に導入して，光照射による物性の変化を高分子材料の物性変化へと変換する試みがある。よく知られているアゾベンゼンのトランス型とシス型の間での互変異性化反応では（図6-26），分子長と極性の変化が共に起こる（極性はシス型の方がトランス型よりも約6倍大きい）。アゾベンゼンやその誘導体は，高分子材料への色素の混合や，高分子の主鎖・側鎖・架橋剤の成分として共有結合させることにより，容易に高分子に導入できる。こうして得られたアゾベンゼン含有高分子材料に光照射すると，数%程度ではあるが伸縮した。
　また側鎖にアゾベンゼンをつけた高分子でできた膜の中に酵素を封入する

図6-26 アゾベンゼンの光異性化反応

と（7-2-1項参照），酵素によって作用を受ける物質が膜内に浸透して酵素へ接近する速度が，膜の水との親和性などによって大きな影響を受ける。したがって光を照射することで酵素による反応をコントロールすることができる（図6-27）。

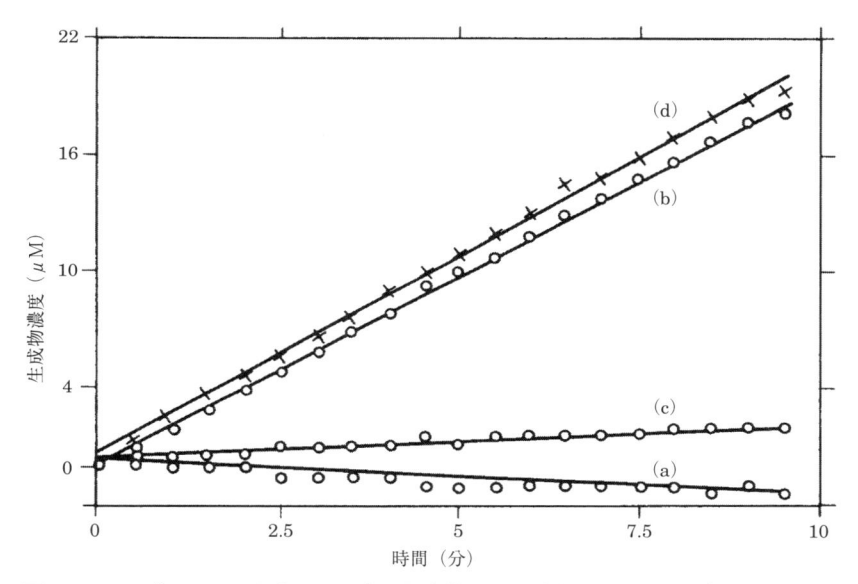

図6-27 アゾベンゼンを含むゲル中に固定化された酵素 α-キモトリプシンの触媒活性の光照射による制御
(a) は光照射前，(b) で330〜370 nmの光を照射。(c) は再び光照射を止め，(d) は再度光照射
(I. Willner, et al., J. Am. Chem. Soc., 113, 4013 (1991))

またスピロベンゾピラン誘導体もよく用いられている（図6-28）。異性体の1つが中性，他方が分子中に正負両方のイオンを有する構造であることから，光照射による極性変化はかなり大きいが，高分子の中に導入した試料の伸縮はわずか数％であった。これは，高分子材料中のフォトクロミック化合物が光照射で構造変化しても，回りの柔軟な高分子鎖や隙間がそれをかな

図6-28 スピロベンゾピランの光異性化反応

り吸収して，材料全体の大きな伸縮につながらないためと考えられる．

(2) 光電変換用高分子

光信号を電気信号に変換する素子としては，① 光照射による材料の導電性変化を利用するものと，② 光エネルギーを電気エネルギーに変換するショットキー接合（金属と半導体を接触させる）の太陽電池の研究が盛んである．① は，光照射により高分子材料の導電性が変化するもので（光導電性高分子），電子供与性のポリビニルカルバゾール（PVCz）と電子受容性のトリニトロフルオレノン（TNF）との高分子電荷移動錯体がよく知られている．光励起状態からの電荷移動によって生じる電子と正孔（エネルギー帯のうちで電子が占めていない状態）の対の一部が再結合を逃れて解離拡散して導電キャリヤーになると考えられている．

最近では，導電キャリヤー発生層（非晶質セレン）とキャリヤー輸送層（PVCz）を別に作製し積層する感光体や，移動度の大きな低分子の有機光導電体（多くは色素）を高分子の樹脂（ポリエステル，ポリカーボネート）の中に分散させた系が主流となっており，複写機あるいはレーザープリンタ感光体として多用されている．

このような材料を，光エネルギーの電気エネルギーへの変換デバイスに用いようとする試みもされている．光照射によって生成するキャリヤーのために，材料内で熱平衡状態にある電荷分布が乱され，他物質との界面で電位差（光起電力）が生じるという原理である．しかしながら，実用化されている無機系のシリコン太陽電池と比べると，エネルギー変換効率などの面でまだ多くの課題が残されている．

(3) 高分子 EL 材料

(2) では光を電流に変換する材料を紹介したが，これとは逆に電流を光に変換する高分子 EL（electroluminescence）材料が最近急速に進歩した．ポリビニルカルバゾール（PVCz）から研究が始まり，共役系高分子ではポリフェニレンビニレン，ポリチオフェン，ポリフルオレンなどが，また非共役系高分子では，PVCz が利用されている．PMMA，ポリスチレン，ポリカーボネートなどの汎用高分子中に発光素子や正孔輸送材料を分散させたものも用いられている．

高分子 EL 素子は，透明なインジウム-スズ酸化物（indium-tin oxide, ITO）の正極，発光層の高分子，負極という基本構造を有しており，正孔注入材料が正極と高分子の間にある．正極，負極からそれぞれ正孔と電子が注入され，高分子中にカチオンラジカルおよびアニオンラジカルが生成する．これが高分子中を拡散し，再結合して励起状態を生成し，発光に至る（図6-29）．低分子の EL 素子と比べ共役系の高分子は数十 nm 以上の長さで，

大きな空間を占めており，電子や正孔の輸送，発光に有利である。また，溶液のインクジェットにより製膜が容易に行えるため，大型基板への利用が可能である。

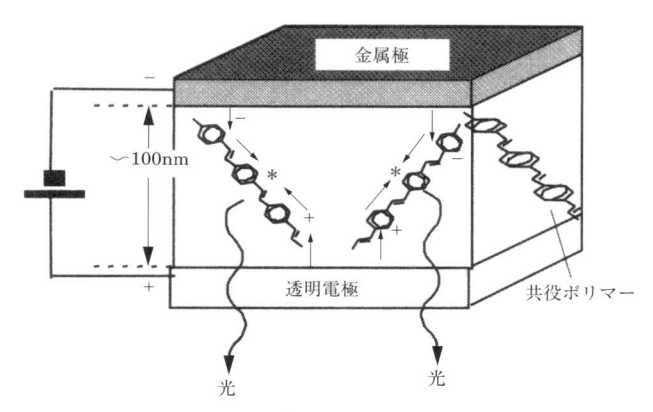

図 6-29　高分子 EL 素子の構造

(大西敏博，小山珠美，「高分子 EL 材料光る高分子の開発」(高分子先端材料 One Point 6)，共立出版 (2004))

6-3-4　電場に応答する高分子

(1)　電場内で収縮する高分子ゲル

水中の二枚の白金電極間に置かれた高分子ゲルが 1/10 以下にまで収縮するという現象は，架橋したポリアクリルアミドゲルの部分加水分解物で初めて観測された（図 6-30[15]）。部分加水分解により，はじめは中性のゲルであったものが，アニオン性（ポリアクリル酸）のゲルへと変わるために，ゲル内の高分子鎖上の電荷が電場に応答する。その意味では電荷を有する高分子電解質を架橋してゲル状にすれば，大抵のものが電場に応答して収縮するはずであるが，電場強度，塩濃度，電流量の間の関係，さらにはそれらと収縮速度あるいは収縮率は互いに密接に関係している。また，電荷を有する解離基の種類によって膨潤性や収縮性に違いが生じ，何より架橋度や高分子主鎖の柔軟さが大きな影響を与える。

電極表面で起こる電気分解その他の電極反応により，ゲルが時間ともに劣化しやすいことや，ゲルの長軸を電場に平行に置いた場合の収縮応答速度が通常遅いこと，生体の筋肉ほど高いエネルギー効率が期待できないなどの問題もある。しかし，外部刺激としての電場のコントロール性は，電子技術の発達のおかげで最も優れたものの 1 つであり，前に述べた課題を克服したゲルが開発されれば，アクチュエーターの分野に大きな改革をもたらす可能性がある[16]。ゲル以外でも，材料中に電解質を共存させることにより，電場応答性を付与することが可能である。例えば，先述した導電性高分子の 1 つ

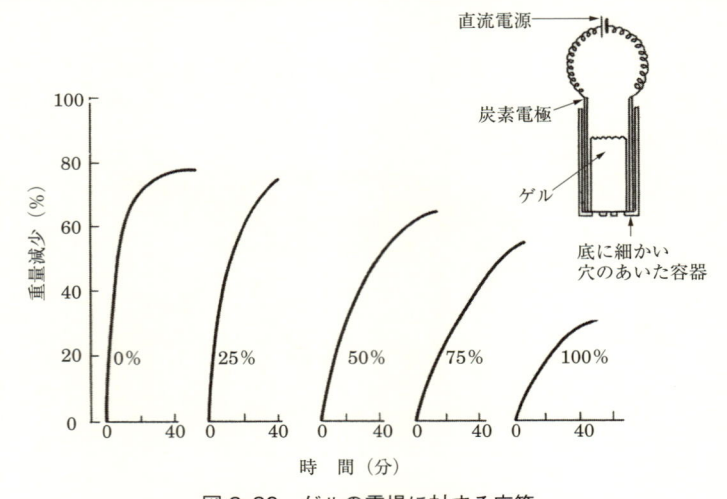

図 6-30　ゲルの電場に対する応答
図中数字はエタノール含量　印加電圧 6.3 Vcm^{-1}
(Y. Osada, M. Hasebe, *Chem. Lett.*, 1285 (1985))

ポリピロールを合成する際にフェノールスルホン酸を共存させると，得られた薄膜が電場応答性を示すことが報告されており，複数の機能を併せもつインテリジェント材料として注目されている[17]。

(2) その他の電場に応答する高分子

6-3-1 項及び 6-3-2 項で述べた圧電性高分子と焦電性高分子は，また電場に応答する高分子でもある。また 6-3-2 (4) 項で述べたコレステリック型の高分子液晶も電場に応答して色の変化をもたらす。さらにネマティック型の高分子液晶は電場に応答して光の透過あるいは散乱性に変化を生じることから，表示素子などとしての応用が考えられる。

セラミックスや金属，低分子有機物とは異なる高分子としての特性を生かしながら，外部刺激に応答し，それを変換するかしこい高分子（インテリジェントポリマー）を開発することは，非常に夢の多い分野といえる。

参考文献

1) 高分子学会編，田中千秋，「ニューポリマーサイエンス」，講談社（1993）
2) 井上俊英他，「エンジニアリングプラスチック」（高分子学会編　高分子先端材料 One Point 8），共立出版（2004）
3) 川端季雄，「風合い評価の標準化と解析（第 2 版）」，日本繊維機械学会（1980）
4) 山岡亜夫，森田浩，「感光性樹脂」（高分子学会編　高分子新素材 One Point 8），共立出版（1988）
5) 宮田清蔵 他，「高分子材料・技術総覧」，株式会社産業技術サービスセン

ター（2004）
6) 竹内茂彌，北野博巳，「ひろがる高分子の世界」，裳華房（2000）
   吉村進,「導電性ポリマー」(高分子学会編　高分子新素材 One Point 5)，共立出版（1987）
7) 高分子学会燃料電池材料研究会編,「燃料電池と高分子」,（高分子学会編　高分子先端材料 One Point 7)，共立出版（2004）
8) 増田房義,「高吸水ポリマー」(高分子学会編　高分子新素材 One Point 4) 共立出版（1987）
9) 川口春馬，室井宗一,「ポリマーコロイド」(高分子学会編　高分子新素材 One Point 22)，共立出版（1989）
10) M. Gewehr, *et al. Makromol. Chem.*, 193, 249（1992）
11) T. Tanaka, D. J. Fillmore *J. Chem. Phys.*, 70, 1214（1979）
12) J. Watanabe, *et al.*, *Polym. J.*, 31, 199（1999）
13) I. Willner *et al.*, *J. Am. Chem. Soc.*, 113, 4013（1991）
14) 大西敏博，小山珠美,「高分子 EL 材料-光る高分子の開発」,（高分子学会編，高分子先端材料 One Point 6)，共立出版（2004）
15) Y. Osada, M. Hasebe, *Chem. Lett.*, 1285（1985）
16) 吉田亮,「高分子ゲル」(高分子学会編，高分子先端材料 One Point 2)，共立出版（2004）
17) 金藤敬一，未来材料，6 号，41（2003）

章末問題

問1　機械的強度の大きな高分子に必要な条件を挙げよ。
問2　耐熱性に優れた高分子に必要な条件を挙げよ。
問3　導電性高分子の構造上の共通点を挙げよ。

第7章 生命と高分子

　第2章〜第6章では，プラスチックや合成ゴムなど人工的につくられる高分子材料の合成法，溶液・固体物性や機能について述べてきたが，地球上に生息するすべての生物には，人類から下等バクテリアまでその体のなかに多くの種類の高分子が含まれている。自然界に存在する高分子は天然高分子と総称されるが，そのうち生物由来のものは生体高分子と呼ばれている。たとえば人体の約60％は水であるが，そのほかの成分としてはタンパク質，多糖類，核酸などの生体高分子があり，① 体を形づくるもの，② 体の働きを司るもの，③ 繁殖・進化の情報をもっているもの　に大きく分けられる。生物は，多数の生体高分子を部品として使う「分子機械」ということができる。本章では，まず生体高分子について述べ，さらに生体高分子の優れた機能を利用，模倣した材料についても紹介する。

7-1　生体高分子

7-1-1　タンパク質

　タンパク質は，多数のアミノ酸分子の脱水縮合により形成される。ここでアミノ酸同士が縮合するときにできるアミド結合（−CONH−）を特にペプチド結合と呼ぶ。後述する糖類，ヌクレオチドなどが多数繋がり高分子になる際にも，縮合反応が起きている（それぞれグリコシド結合，リン酸ジエステル結合と呼ばれている）[1]。

　アミノ酸とはアミノ基（−NH$_2$）とカルボキシル基（−COOH）を同時にもつ分子のことであり，タンパク質をつくっているアミノ酸は，同じ炭素原子（α−炭素と呼んでいる）にアミノ基とカルボキシル基がついていることから（図7−1），特にα−アミノ酸と呼ばれている。α−アミノ酸は，α−炭素原子から出ている4つの置換基の1つ（側鎖と呼ばれ，Rで表記されることが多い）の構造によって20種類ほどある（表7−1）。生物は地球上に何百万種類もいるが，それらの生物を構成するタンパク質はすべてこの20

種類のアミノ酸からできているといってよい。（実際にはこのほかにヒドロキシプロリン，ヒドロキシリシンなどの特殊な構造のアミノ酸もわずかに含まれている）。プランクトンも昆虫も人間も組成比こそ違うが，同じ構造のアミノ酸からできており，これが地球上の生物の食物連鎖を支えている。

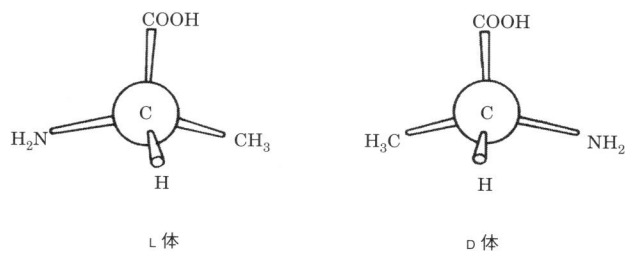

図 7-1 アラニンの構造

表 7-1 タンパク質を構成する α-アミノ酸

アミノ酸名[a]	側鎖の構造	アミノ酸名[a]	側鎖の構造
アスパラギン [N, Asn] (Asparagine)	$-CH_2CONH_2$	トリプトファン [W, Trp] (Tryptophan)	$-CH_2-$ (インドール環)
アスパラギン酸 [D, Asp] (Aspartic acid)	$-CH_2COOH$	トレオニン [T, Thr] (Threonine)	$-CH(OH)CH_3$
アラニン [A, Ala] (Alanine)	$-CH_3$	バリン [V, Val] (Valine)	$-CH(CH_3)_2$
アルギニン [R, Arg] (Arginine)	$-CH_2CH_2CH_2NHC(-NH_2)=NH_2^+$	ヒスチジン [H, His] (Histidine)	$-CH_2-$ (イミダゾール環)
イソロイシン [I, Ile] (Isoleucine)	$-CH(CH_3)CH_2CH_3$	フェニルアラニン [F, Phe] (Phenylalanine)	$-CH_2-C_6H_5$
グリシン [G, Gly] (Glycine)	$-H$	プロリン [P, Pro] (Proline)	HN—CHCOOH / H$_2$C CH$_2$ / CH$_2$
グルタミン [Q, Gln] (Glutamine)	$-CH_2CH_2CONH_2$		
グルタミン酸 [E, Glu] (Glutamic Acid)	$-CH_2CH_2COOH$		
システイン [C, Cys][b] (Cystein)	$-CH_2SH$	メチオニン [M, Met] (Methionine)	$-CH_2CH_2SCH_3$
セリン [S, Ser] (Serine)	$-CH_2OH$	リシン [K, Lys] (Lysine)	$-CH_2CH_2CH_2CH_2NH_3^+$
チロシン [Y, Tyr] (Tyrosine)	$-CH_2-C_6H_4-OH$	ロイシン [L, Leu] (Leucine)	$-CH_2CH(CH_3)_2$

a) 一文字表記名，及び三文字表記名を付記した
b) 二分子の Cys が側鎖 SH 基の酸化によりジスルフィド結合（-S-S-）でつながったものはシスチン（Cystine）と呼ばれる

ところで α-炭素原子へのアミノ基，カルボキシル基，水素原子，側鎖（R）の結合には 2 通りがある。図 7-1 には α-アミノ酸のアラニン（Ala）と，鏡に映した Ala の構造を示したが，この 2 つの分子は炭素原子から伸びる 4

本の手についている置換基が全く同じであるにもかかわらず，お互いに重ねあわせることができない。ちょうど左右の手の平同士はあわせられても，手と手を完全に重ねあわせることができないのと同じことである。図の Ala のように化学的あるいは物理的な性質に違いはないが，おたがいに面対称である物質を，鏡像体と呼んでいる。中心の炭素原子は，第2章でもふれたように不斉炭素と呼ぶ（「斉」は等しいという意味で「整」とも書く）。地球上の生物のほとんどはアミノ酸の鏡像体のうち L 体と呼ばれるもののみからなっている。なお，体内のタンパク質中には L-体からのラセミ化により生じる D-体のアミノ酸もわずかではあるが存在する。また，微生物の産生する物質には D-体のアミノ酸も含まれている。例えば，枯草菌の働きにより，蒸した大豆から納豆ができる際に産生される高分子ポリ-γ-グルタミン酸には，D-体の Glu が含まれている。また，抗生物質の中にも D-体のアミノ酸が含まれているものがある。

多数の L-アミノ酸の脱水縮合によってできるタンパク質には，① 生物体を形づくっている構造タンパク質，② 反応速度を大きくする役割をはたしている酵素，③ 外からの侵入者から体を守る働きをしている，抗体に代表されるもの，④ 受容体やホルモンのように，情報を取り込んだり，出したり，情報そのものになったりするものなどに分けることができる。

タンパク質を形成するポリペプチド中のアミノ酸の配列を1次構造，らせん状の α-ヘリックス，平面状の β-シート（図7-2），ランダムコイルなどポリペプチドの部分的な構造を2次構造，その組み合わせからなる立体構造を3次構造，さらに酸素の運搬に携わるヘモグロビンのようにいくつかの構成タンパク質（subunit と呼ぶ）からなる複合体では，subunit 同士の空間配置を4次構造と呼んでいる（図7-3）。

水中では，電荷や親水性基を側鎖に有するアミノ酸単位（残基と呼ぶ）がタンパク質分子外側に，また炭化水素鎖を側鎖に有する残基が分子内部に存在する。一本のポリペプチドからなるタンパク質分子では，アミノ酸側鎖の親水性，疎水性，水素結合形成の容易さ，嵩高さなどにより，その一次構造ですでに3次構造が規定されていることを，C. B. Anfinsen（アメリカ，1916-1995，1972年ノーベル化学賞）が酵素リボヌクレアーゼを用いて明らかにしている。

(1) 生物体を形作っているもの

生物体を形作っているもののなかで，骨の主成分はリン酸カルシウムと呼ばれる低分子無機化合物であるが，髪の毛や爪，腱や皮膚等はシスチン架橋の多いタンパク質ケラチンでできている。また腱や皮，骨には，Pro とヒドロキシプロリン（Hyp），Gly の繰り返し配列（Pro-Pro/Hyp-Gly）を多

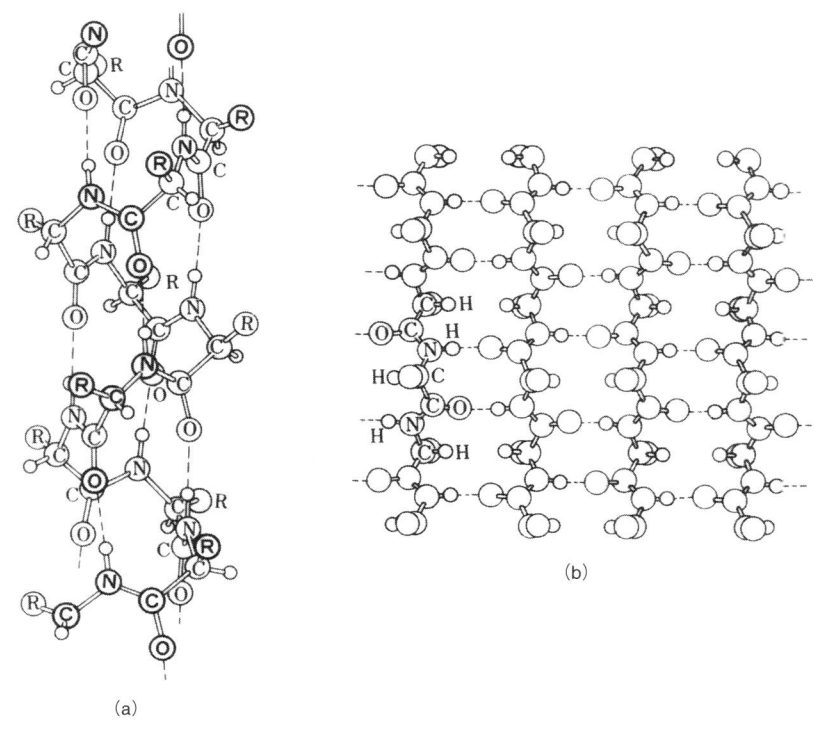

(a)

図7-2 (a) α-ヘリックス．(b) β-シート（逆平行）
(a) L. Pauling, R. B. Corey, H. R. Branson, *Proc. Nat. Acad. Sci.* 37, 205 (1951)
(b) L. Pauling, R. B. Corey, *Proc. Nat. Acad. Sci.* 37, 729 (1951)

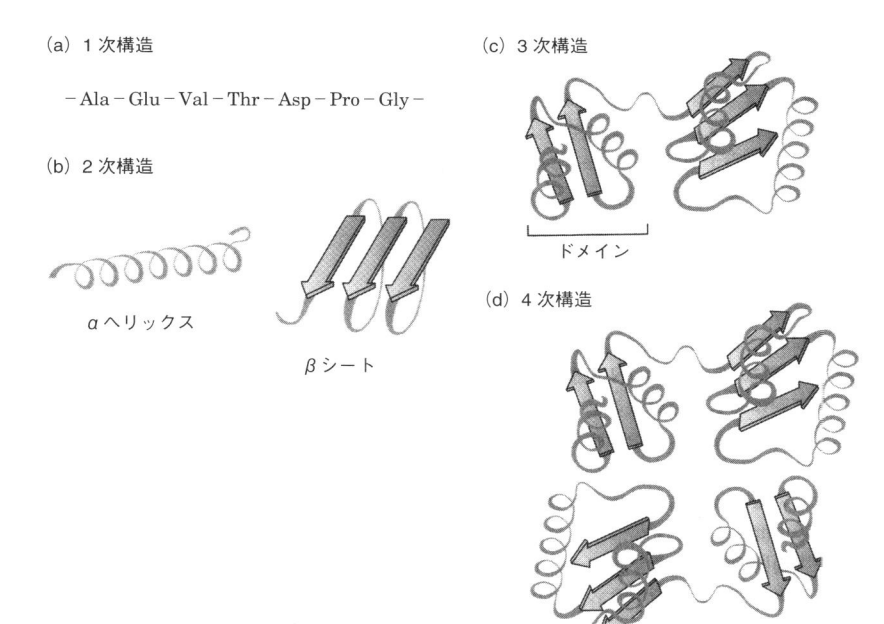

(a) 1次構造

－Ala－Glu－Val－Thr－Asp－Pro－Gly－

(b) 2次構造

αヘリックス

βシート

(c) 3次構造

ドメイン

(d) 4次構造

図7-3 タンパク質の階層構造
(Principles of Biochemistry Second Edition, H. R. Horton, L. A. Moran, R. S. Ochs, J. D. Rawn, K. G. Scrimgeour, Prentice-Hall, Inc. (1996))

く含む3重らせん構造領域を有するコラーゲンと呼ばれるタンパク質が含まれている。羊毛もケラチンでできている。また絹はフィブロインと呼ばれる$-(Gly-Ala-Gly-Ala-Gly-X)_n-$（X, Ala あるいは Ser）で表される一次構造を有するタンパク質でできている。カイコの繭から生糸をとる際には，フィブロイン同士を接着しているタンパク質セリシン（主に Ser(20～30%), Asp, Gly, Thr で構成されている）を熱水で洗い落とす。これまで廃棄されていたセリシンは，保湿剤などの化粧品や細胞培養用の培地，さらには肌触りの良い繊維の表面修飾材料として実用化されている。

(2) 生物体の働きを司るもの

生物が筋肉を動かしたり，食物を消化・吸収したりする現象は，実はすべて化学反応である。そしてそこには酵素と呼ばれる，主にタンパク質でできている高分子が働いている。それ自身は反応の前後で変化しないで，反応速度を変化させるものを一般に触媒と呼んでいる。生体内で触媒の働きをしているものは特に酵素と呼ばれ，常温，常圧，中性という穏和な条件下で反応を大きく加速する。これまでに3000種類以上の酵素が見つかっている。この場合の「種類」というのは触媒する反応による分類数のことで，数百万種といわれる地球上の生物では，全く同じ反応を触媒する酵素であっても，生物種によって少しずつその構造に違いがあるために，厳密な意味での種類は膨大な数になる。

酵素の名前（通称名）には，反応の対象となる物質（基質）名に「ase」をつけたものがたくさんある。尿素(urea)を加水分解するものは urease（ウレアーゼ），デンプン（amylose）では amylase（アミラーゼ），脂質（lipid）は lipase（リパーゼ）といった具合である。正式名称やその分類は国際生化学・分子生物学連合（IUBMB）の酵素委員会（Enzyme Committee）が決めており，EC ではじまる4組の数字で表される。たとえばわれわれの体内でアルコールを酸化しアセトアルデヒドにするアルコール脱水素酵素（alcohol dehydrogenase）は，正式には alcohol：NAD^+ oxidoreductase という名称で EC 1.1.1.1 として登録されている。ここで NAD^+ は補酵素（次頁参照）β-nicotinamide adenine dinucleotide である。

酵素の優れた触媒効果を示す例をひとつ挙げると，基質（酵素が作用する物質）である尿素をアンモニアと二酸化炭素に加水分解する酵素ウレアーゼは，同じ濃度の塩酸に比べ1兆倍以上もはやく反応を起こさせる。また酵素の反応は，その速度が大きいだけではなく，加水分解酵素なら加水分解，酸化還元酵素なら酸化還元反応というように決まった反応にだけ働く（反応選択性）。さらにタンパク質分解酵素は，L-体のアミノ酸からできているペプチド結合だけを切断するというように，決まった立体構造のものにだけ働く

（立体選択性）という特徴をもっており，これまでその働きはよく「鍵と鍵穴」に例えられてきた。

このような酵素の特性は ① タンパク質分子の表面上の特定の位置に触媒活性を示す部位（ポケット）があり，② その部位の構造は3次元的に配置が決まっており，③ いくつかのアミノ酸や金属イオン等が協同的に働いて，1つのアミノ酸では決して実現できない高能率の触媒効果を発揮していることによる（図7-4）。

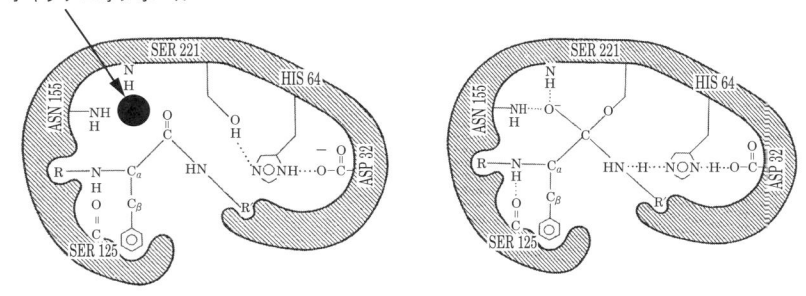

図7-4 主要な活性基がSerのO-H基であるタンパク質加水分解酵素（セリンプロテアーゼ）の触媒機構

基質であるタンパク質分子中のペプチド結合への，Ser221残基のOH基による求核攻撃をHis64のimidazole基およびAsp32の解離したcarboxyl基が助けている。またSer221およびAsn155のペプチド結合中のNHが，基質から四面中間体（右図）への変化を容易にしている。（オキシアニオンホール）（Robertus et al., Biochemistry, 11, 4302 (1972)）

酵素（enzyme，Eと略記する）は，一般に酵素・基質複合体（ESと略記）を経由する式(7-1)の様式で触媒作用を行うことが，B. Chance（アメリカ，1913-）により酵素ペルオキシダーゼを用いて明らかにされた。この機構は提案者の名を取って，Michaelis-Menten型の反応と呼んでいる。ここでSは基質（substrate），Pは生成物（product）を表す。

$$E + S \underset{k_{-1}}{\overset{k_1}{\rightleftarrows}} ES \overset{k_2}{\longrightarrow} E + P \tag{7-1}$$

上式からもわかるように，酵素は1分子で反応を1回しか触媒しないということではなく，反応が1回終了したらまた別の基質を捕まえて反応させるというように，ひとつの酵素分子が多数の分子の反応を繰り返し触媒する。たとえばカタラーゼという酵素は1分子で1秒間に4000万回も繰り返して，過酸化水素を水と酸素に分解する反応を触媒する。式(7-1)のk_2が，単位時間内の繰り返し回数（turn-over数と呼んでいる）を表している。

また，酵素には単独で触媒活性を発現するものも多いが，他の有機分子や原子団の助けを借りてその機能を遂行するものもある。そのような分子や原子団を補酵素と呼び，酵素に強く結合しているものを特に補欠分子族と呼ん

でいる。酵素から容易に脱離する補酵素は，酵素反応により変化した後に，別の場所で再生されることから，一種の基質と見なすことができ，補助基質とも呼ばれる。

ところで，これまでの触媒に代わる工業的に有用な酵素を求めて，過酷な環境で生きている微生物の探索が行われている。原油の中に住んでいるもの，強い酸やアルカリのなかで生きられるもの，高熱泉などの高温条件で暮らせるものなど様々な微生物が見つかっており，そこから採取された微生物由来の酵素のなかには，化学工業での触媒として利用されているものがある。また，好アルカリ性細菌由来のセルラーゼ（セルロース分解酵素），アミラーゼ，リパーゼ，プロテアーゼ（タンパク質分解酵素）は洗剤にも使われている。

鍵と鍵穴

鍵と鍵穴の関係にあるのが基質と酵素ではなく，酵素と遷移状態（transition state）であることを Pauling が示した。それにしたがえば，遷移状態と類似した構造を有し，しかも安定な分子は，酵素の強力な阻害剤になる。実際，数多くの遷移状態の類似物（transition-state analog）が酵素阻害剤として，疾病の治療に用いられている。

例えば，人類の大きな脅威である後天性免疫不全症（AIDS）の原因となるヒト免疫不全症ウイルス（human immunodeficiency virus, HIV）の構成タンパク質は，ウイルスの遺伝情報である RNA（後述）を鋳型として感染者自身が体内で生合成した polyprotein を加水分解してつくりだされる。この加水分解反応を担うタンパク質分解酵素（HIV protease）の阻害剤として，反応の遷移態状態の類似物（図 7-5(a)）が用いられている。HIV が，その遺伝情報である RNA から患者自身に DNA をつくらせる過程で働く逆転写酵素（reverse transcriptase 後述）の阻害剤（図 7-5(b)）と共に，AIDS 治療（発症の遅延，症状の軽減）に効果をあげている。

また，加水分解反応などの遷移状態の類似体に対して産生される抗体が，その反応の優れた触媒（抗体触媒 catalytic antibody）となることも見出されている。

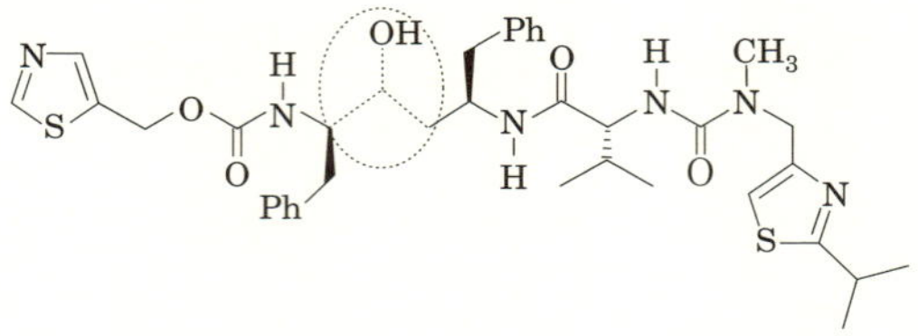

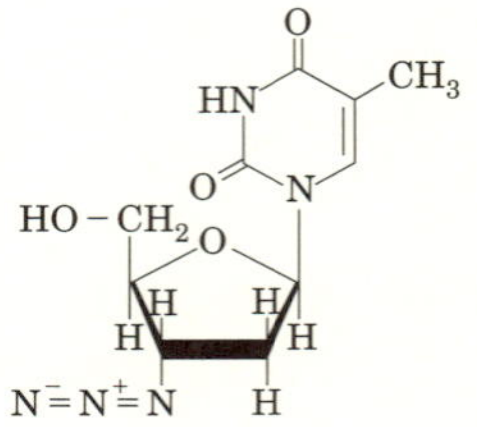

図 7-5 酵素阻害剤
(a) HIV プロテアーゼ阻害剤（点線部分が四面中間体類似構造） リトナビル
(b) 逆転写酵素阻害剤 アジドチミジン（3'-azido-3'-deoxythymidine, AZT）

(3) 生体防御機構

生体は常に外からの細菌，ウイルスなどの侵入の脅威にさらされている。そのような脅威から生命体を守るために巧妙な仕組みが用意されている。健康体では自己の体内に本来あるものと，そうでないものとは常に区別されており，異物があると認識された場合にはそれを攻撃，分解，除去する。異物を認識するのは抗体と呼ばれるタンパク質であり，その代表的な免疫グロブリン（immunoglobulin）では，2つに分かれた分子先端に特定の異物（抗原と呼ぶ）に，多点での静電相互作用，水素結合，疎水性相互作用などにより非常に強く結合する抗原結合部位がある（図 7-6）。ところが，自己と非自己を認識する仕組みに狂いが生じると，自分自身を攻撃するようになり，リウマチ，膠原病などの自己免疫疾患と呼ばれるいろいろの症状がでてくる。

ところでけがをして出血したときには，フィブリノーゲンと呼ばれるタンパク質が，タンパク質分解酵素トロンビンの働きによりフィブリンに変化して傷口で固まり，出血を止める働きをしている（図 7-7）。これも生体のもっ

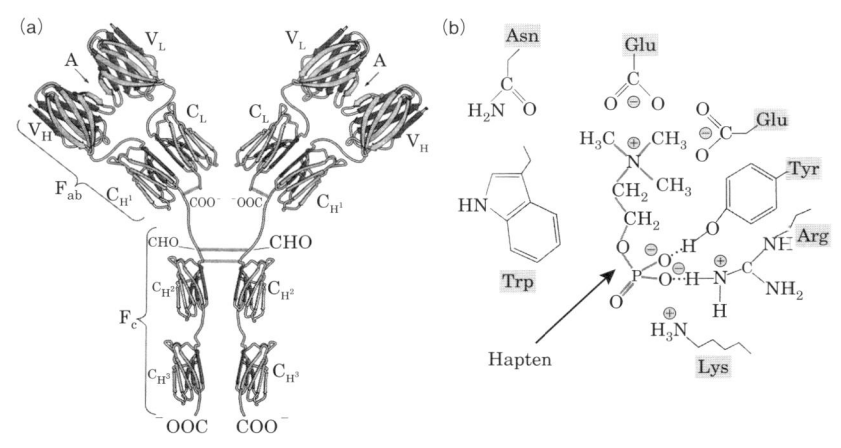

図7-6 (a) 免疫グロブリンG (IgG) の構造。A:抗原結合部 (b) 低分子の抗原 (hapten と呼ばれる　図ではホスホリルコリン) への抗体の結合の模式図

(a) Garrett&Grisham. *Biochemistry*. Saunders College Publishers (1995) (b) Padlan, *et al.*, *Immunochemistry*, 13, 945 (1976).

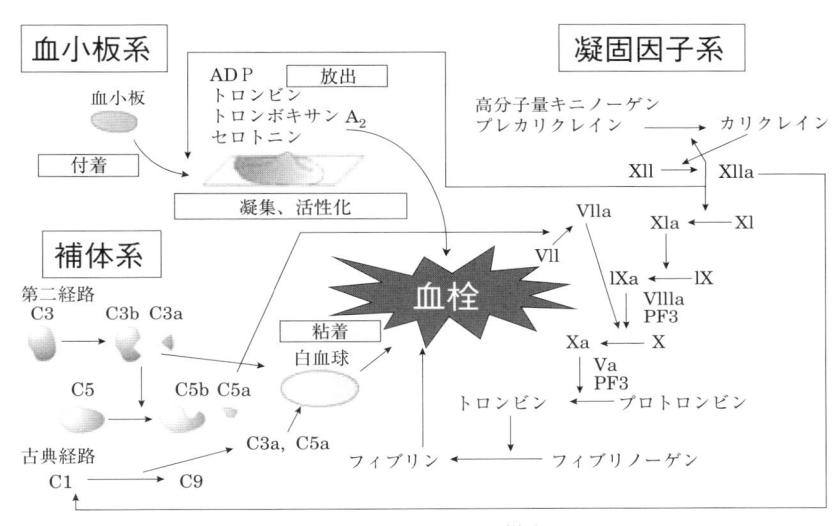

図7-7　凝血反応の様式

凝固因子系以外にも，血小板系，補体系が働く。多くの凝固因子はタンパク質分解酵素とその前駆体である。

ている重要な防御機構である。さらに体内での免疫力を高める働きをもっているインターフェロンもその中に含まれる。インターフェロンはC型肝炎の治療に大きな役割をはたしている。

(4) 情報の伝達にかかわるもの

ホルモンのなかで血中のブドウ糖濃度を調節するインスリンなど比較的分子量の大きなものはペプチドかタンパク質であり，そのホルモンを認識する受容体 (receptor) と呼ばれる部位は，ほとんどタンパク質からできている。

また，後述する遺伝子を制御しているタンパク質としてヒストンと呼ばれ

生物分子モーター

生命を維持するためには，筋肉などの器官による運動をはじめ各種の生体運動が必須であり，そこでは分子モーターと呼ばれる多くのタンパク質が活躍している。

例えば，細菌は長さ10～20 nm（1 nm は 10^{-9} m）で直径が 20 μm ほどの，らせん状のべん毛をもっている。べん毛は分子質量 52 kD（D は分子質量の単位でドルトンと読む。数値は分子量と同じ）のフラジェリンと呼ばれるタンパク質が一列に並んだ円筒状をしている。べん毛の基部には細胞膜に埋め込まれた約25種類のタンパク質からなるべん毛モーターがあり，水素イオンが菌体の外から流れ込む時のエネルギーを利用して回転を起こしている（図7-9）。一回転につき数百～千個の H^+ が流入しているという。回転駆動力を発生させるモーター，反転制御スイッチ，推進力を発生させるべん毛，モーターの回転子とべん毛繊維をつなぐフックからなるべん毛モーターは，まさに超分子複合体と呼ぶことができる。

回転ではなく左右にスライドするリニアモータータイプのタンパク質もある。例えば横紋筋中には，直径5 nm 分子質量43 kD のアクチンの自己集合体であるフィラメント上を，滑り運動する分子質量約500 kD のミオシンがある。ミオシンはアデノシン3-リン酸（ATP）を加水分解する酵素であり，ATP を結合することでアクチンから解離し，アデノシン2-リン酸（ADP）への加水分解後も活性化された状態を維持し，アクチンと相互作用して力を発生する（図7-10）。

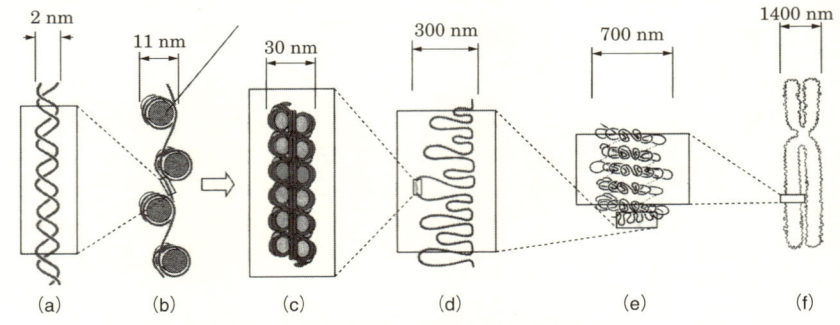

図7-8 真核生物の DNA の高次構造形成

(a) 二本鎖DNA (b) ヌクレオソームとソレノイド (c) クロマチン繊維 (d) 染色糸 (e) 染色体の部分構造 (f) 染色体（宮下徳治編，「ライフサイエンス系の高分子化学」，三共出版（2004））

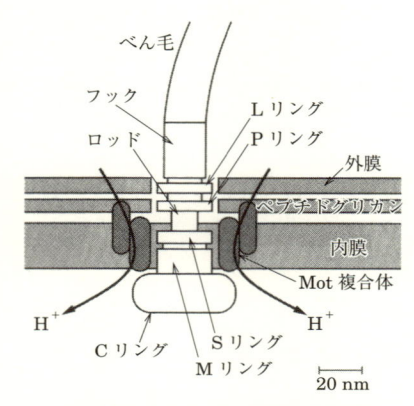

図7-9 べん毛モーターの模式図

（堀池靖浩，片岡一則編，「バイオナノテクノロジー」，オーム社（2003））

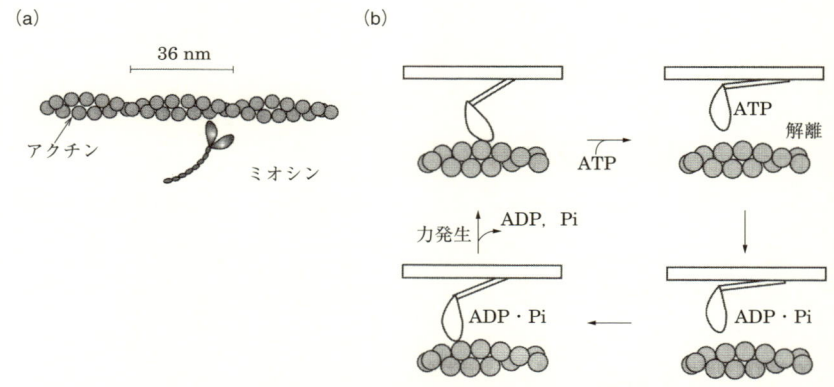

図7-10 (a) ミオシンとアクチンの模式図。(b) ATP の加水分解に伴うミオシンの構造変化によりアクチンとの相互作用が変化し，動きや力が発生する（クロスブリッジモデル）

（堀池靖浩，片岡一則編，「バイオナノテクノロジー」，オーム社（2003））

る塩基性のタンパク質がある（図7-8）。8個のヒストンからなる円盤状構造の回りをデオキシリボ核酸（DNA 後述）の2本鎖がらせん状に巻き付い

たものをヌクレオソームと呼ぶ。これが6個さらに巻きついた繊維構造のもの（ソレノイド）が，さらにスーパーソレノイドとして巻き付いている。DNAはらせん構造を利用して非常にコンパクトな構造をとっているが，遺伝子複製（後述）の際には簡単にほどける。その意味でヒストンも体内での情報伝達に関わっているタンパク質である。

後述するように，ヒト遺伝子の全塩基配列（ゲノム）の解析が完了し，分子生物学者の関心は一個の生物の有するすべてのタンパク質の集合（プロテオーム）に移っている。これにより，生体システムにおける細胞や生物体の応答を，詳細に理解することができるだけではなく，疾病の指標となる物質（バイオマーカー）や新薬の発見につながることが期待されている。

7-1-2 多糖類

糖は主に炭素，水素，酸素からなっており，その縮合体は，多糖類と呼ばれる。多糖類は主に ① 生体の機械的強度を上げる働き，② エネルギーを貯蔵する働きをはたしている。

生体の強度を上げている多糖類では，植物のもっているセルロース（cellulose）が最も代表的なものである。セルロースはブドウ糖（glucose Glcと略記）が脱水縮合したもので，木材，紙や綿，麻などとして人間にとって欠くことのできない生物由来の多糖類である。セルロースは図7-11(a)のようにブドウ糖の1の位置の炭素原子C1から上に伸びる結合に次のブドウ糖が結合（グリコシド結合，セルロースでは（β-(1→4)結合））した直線状の分子で，隣接するセルロース分子と水素結合によって固く結合しているために水には全く溶けない（図7-11(b)）。図7-11(a)に示したセルロース分子の右末端にあるグルコースの多くは開環して還元性を示すアルデヒド基となっていることから，還元末端，また左末端は非還元末端と呼ばれる。

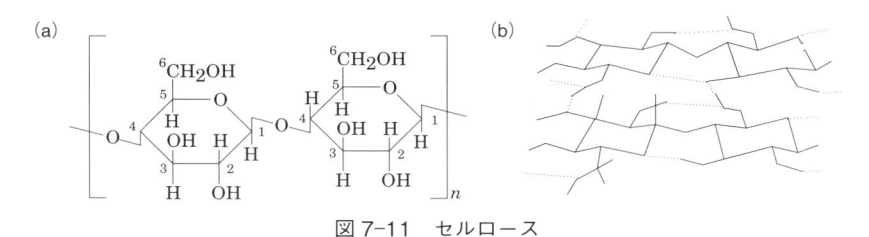

図7-11 セルロース

人間をはじめとするほ乳類はセルロースを消化する酵素をもたないが，草食動物はその腸内細菌がセルロースを分解してくれるために，セルロースを食べて生きてゆくことができる。木材屑，砂糖きびの絞りかすなどセルロースを含む材料は，これまで廃棄・焼却されていたが，資源の有効利用をはか

るために，最近では微生物による発酵，分解でエチルアルコール（バイオエタノール）を生成する研究が進められている。

　われわれが摂取する食物の中には植物由来のデンプン，ペクチン，アルギン酸などの多糖類がある。このうちデンプンに含まれるアミロース（amylose）はセルロースと同じようにブドウ糖が縮合したものであるが，図7-12(a)のようにC1の下方に次のブドウ糖が結合しており（α-(1→4)結合），その分子はらせん状の構造をとり（図7-12(b)）熱水に溶解する。このように構成単位が全く同じでも，結合の向きで高分子の構造や性質が全く違ってくる。

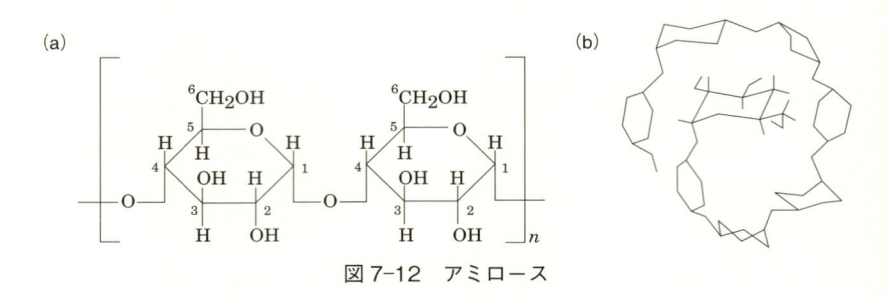

図7-12　アミロース

　デンプンは，唾液の中や，膵液の中の酵素によってブドウ糖に分解され吸収される。デンプンを含む食物をよく咀嚼すると，唾液中のアミラーゼによって，デンプンの一部がブドウ糖2分子からなる麦芽糖（maltose）に加水分解され，次第に甘くなることは誰もが経験している。ブドウ糖は生体内ではエネルギー源として用いられ，最後に二酸化炭素と水になる。体内に吸収されたブドウ糖のうち余分なものは，酵素の働きによりグリコーゲン（glycogen）と呼ばれる，多くの分岐をもった多糖類として肝臓内に蓄えられ，必要なときには再びブドウ糖に戻してエネルギーとして用いられる。

　ペクチン，マンナン，アルギン酸は植物由来の多糖類で，ペクチンはリンゴ，マンナンはこんにゃく，アルギン酸は海藻等に含まれている。摂取しても分解されることはほとんどないが，食物繊維として大切な物質である。アルギン酸は，セルロースを化学反応させてできたカルボキシメチルセルロースや，海藻由来の多糖類カラギーナンや寒天と共に，アイスクリームやゼリー，カマボコなどに増粘剤としてよく用いられている。ゼリーには，上記の増粘多糖類からなるものの他に，動物の骨や腱，皮膚に含まれるタンパク質であるコラーゲンを加熱，変性させて得られるゼラチンを加温溶解させたのちに，冷やして固まらせたものがある。煮魚の汁が冷えたときに固まる「煮こごり」もゼラチン質のゼリーである。

　節足動物の昆虫や，エビ，カニ等の甲殻類は，セルロースを構成するグル

コース残基の C2 炭素の置換基が−OH から−NHC(=O)CH$_3$ に換わった N-アセチルグルコサミン (GlcNAc) の縮合体であるキチンで体が被覆されている。エビやカニの殻はこれまでは廃棄されていたが，最近ではこれに含まれるキチンを有効利用する研究が進められている。膜状にして火傷の際の応急用被覆材として，あるいは多孔性微粒子として薬物を体内に運搬し，徐放する薬物送達システム (drug delivery system, DDS 後述) として，キチンやその誘導体の利用が試みられている。

多糖類は生体内のあらゆるところに分布している酵素によりつくられている。先に述べたグルコース単位からなる多糖類グリコーゲンの生合成を例にとると，グルコース一リン酸 (G1P) と，後で述べるヌクレオチド三リン酸 (NTP) が合成に用いられる。ほ乳類の筋肉では，NTP のうちでウリジン三リン酸 (UTP) が，酵素 G1P ウリジルトランスフェラーゼにより活性化モノマーである UDP-グルコースとなり ((7-2)式　PPi はピロリン酸)，さらに酵素グリコーゲンシンターゼの作用により，グリコーゲンの非還元末端にグルコース部分を転移する (式 7-3)。

$$G1P + UTP \longrightarrow UDP-グルコース + PPi \quad (7-2)$$

$$(グリコーゲン)_n + UDP-グルコース \longrightarrow (グリコーゲン)_{n+1} + UDP \quad (7-3)$$

タンパク質の中には，糖を含むものが数多くあり，糖タンパク質と呼ばれている。糖タンパク質の糖鎖とタンパク質との結合様式には，N-グリコシド結合と O-グリコシド結合がある。前者は，Asn 残基のアミド窒素に糖鎖が N-グリコシド結合したもので，マンノース (Man) と GlcNAc を含み枝分かれした五糖からなるコア構造をもっている (図 7-13)。後者は，N-アセチルガラクトサミン (GalNAc) が Ser または Thr に結合したムチン型糖鎖と呼ばれるもので，ガラクトース (Gal) と GalNAc が β-(1→3) 結合した二糖構造がみられる。

さらに，細菌細胞壁の硬い構造を維持している多糖は，ヘテロ多糖(GlcNAc と N-アセチルムラミン酸 (MurNAc) が β-(1→4) 結合している) がオリゴペプチド鎖で結びつけられた編み目構造を形成しているペプチドグリカンである (図 7-14)。

糖は生体の重要な情報も担っており，細胞の自己・非自己を判断する際の標識として働いている。よく知られている ABO の血液型は，細胞 (赤血球も含む) 膜表面にある糖脂質の親水部非還元末端の糖，また MN 型の血液型は，赤血球膜を貫く糖タンパク質グリコホリン A に結合している糖が何であるかに依っている。

シクロデキストリン

デンプンをある種の微生物が加水分解する際に，6～8分子のブドウ糖が縮合した環状分子シクロアミロース (シクロデキストリン図 7-15) が生成する。底のないバケツに似た構造をしているこの分子は，環の内部の極性が比較的低く，極性の低い分子を環内部にとり込む (包接と呼ぶ) 性質を有する。極性が低く水に難溶の薬剤や，揮発・分解しやすい分子を包接することで，水への溶解度を上昇させ，保存安定性を増すことが可能となるために，薬剤や香辛・調味料の製造に大きな効果を発揮している。多層構造 (ラミネート構造 6-2-7 項参照) をもったチューブに入ったワサビはその身近な例である。またシクロデキストリンは，分子全体がキラルな構造をしていることから，多孔性担体に固定して光学異性体の分割カラムとしても用いられている。

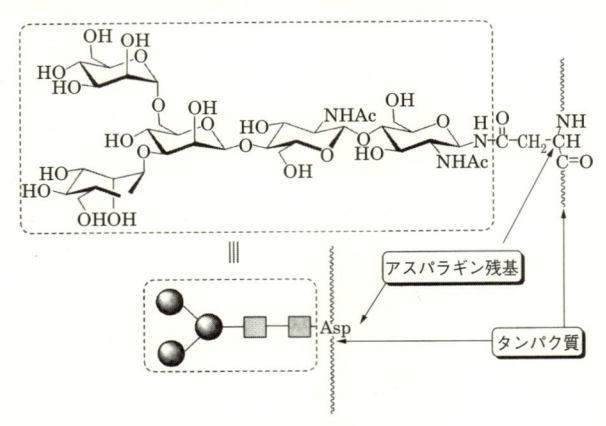

図7-13　N-グリコシド結合している糖タンパク質の模式図
（宮下徳治編，「ライフサイエンス系の高分子化学」，三共出版（2004））

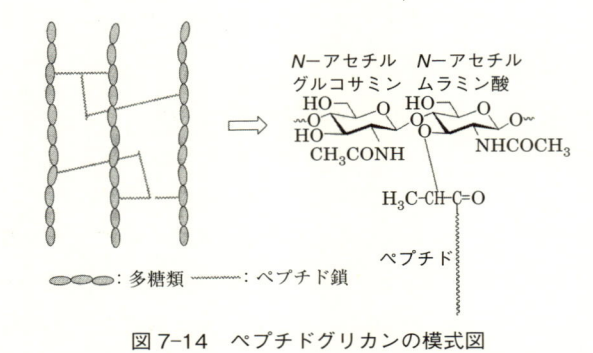

図7-14　ペプチドグリカンの模式図
（宮下徳治編，「ライフサイエンス系の高分子化学」，三共出版（2004））

図7-15　シクロヘキサアミロース（α-cyclodextrin）の化学構造

7-1-3　核　　酸

(1) デオキシリボ核酸（DNA）

子が親に似る，あるいは親を飛び越えて祖父や祖母に似るといった現象は

遺伝と呼ばれており，マメを使って遺伝の法則を発見したMendelの名を知らぬものはいないであろう。親から子への形質の遺伝には，デオキシリボ核酸（deoxyribonucleic Acid, DNA）と呼ばれる高分子が重要な役割をはたしている。アデニン（adenine, A），チミン（thymine, T），グアニン（guanine, G），シトシン（cytosine, C）の4種類の核酸塩基のいずれかが糖（デオキシリボース）と結合し，さらにリン酸エステルとなったデオキシリボヌクレオチドといわれる分子が縮合により直線状につながっており（図7-16），その3個ずつの組み合わせでひとつのアミノ酸を表している（表7-2）。換言すれば，遺伝情報を担うDNAは，タンパク質の1次構造を記憶している。

表7-2に示すように，3個の核酸塩基の組み合わせ（コドンcodon）には

表7-2 mRNAで見た核酸情報とアミノ酸情報との対応表*

第二番目の塩基

		U		C		A		G	
第一番目の塩基	U	UUU	Phe	UCU	Ser	UAU	Tyr	UGU	Cys
		UUC	Phe	UCC	Ser	UAC	Tyr	UGC	Cys
		UUA	Leu	UCA	Ser	UAA	End	UGA	End
		UUG	Leu	UCG	Ser	UAG	End	UGG	Trp
	C	CUU	Leu	CCU	Pro	CAU	His	CGU	Arg
		CUC	Leu	CCC	Pro	CAC	His	CGC	Arg
		CUA	Leu	CCA	Pro	CAA	Gln	CGA	Arg
		CUG	Leu	CCG	Pro	CAG	Gln	CGG	Arg
	A	AUU	Ile	ACU	Thr	AAU	Asn	AGU	Ser
		AUC	Ile	ACC	Thr	AAC	Asn	AGC	Ser
		AUA	Ile	ACA	Thr	AAA	Lys	AGA	Arg
		AUG	Met	ACG	Thr	AAG	Lys	AGG	Arg
	G	GUU	Val	GCU	Ala	GAU	Asp	GGU	Gly
		GUC	Val	GCC	Ala	GAC	Asp	GGC	Gly
		GUA	Val	GCA	Ala	GAA	Glu	GGA	Gly
		GUG	Val	GCG	Ala	GAG	Glu	GGG	Gly

＊鋳型の基となるDNAには，Uの代わりにTが含まれている。AUGはMetと翻訳開始の両方のコドンとして作用する。

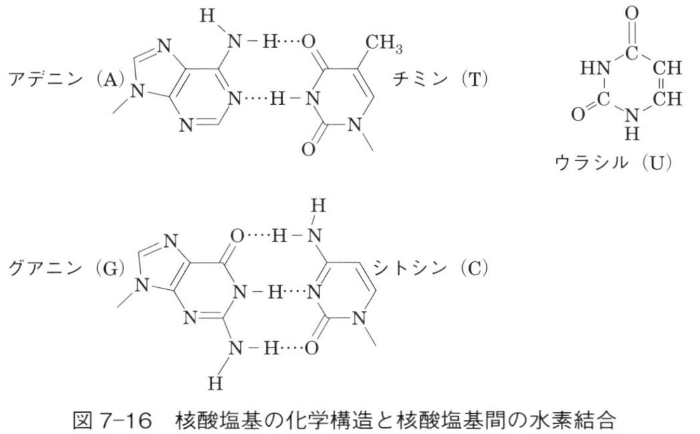

図7-16 核酸塩基の化学構造と核酸塩基間の水素結合
　　　（RNAではTの代わりをUが務めている）

64（$=4^3$）通りあるが，そのうちのいくつかは同じアミノ酸を表している。また核酸塩基のある組み合わせのものは，そこでの遺伝情報の開始，終了を示している。人間の遺伝子は，生殖細胞では約60億個（30億対）のデオキシリボヌクレオチドが繋がった高分子化合物であり，幅は2.0 nm，延ばすと1.5 m近くになるものが，細胞中の直径5 μmの核といわれる部分に，何本かに切られ，塩基性のタンパク質であるヒストンと共に折り畳まれて納められている（図7-8）。その全塩基配列（ゲノムと呼ばれる）の解明が，DNAシークエンサーと呼ばれる解析装置を多数駆使して国際的プロジェクトとして進められ，2003年に完了した。

1950年代にJ. D. Watson（アメリカ，1928-）とF. Crick（イギリス，1916-2004，両者は共に1962年ノーベル医学賞）によって明らかにされたように，DNA分子は，ふだんは2本のDNA分子がA-T，G-Cという相補的な核酸塩基間の水素結合（図7-16）により，二重らせん構造をとっている（図7-17）。この際，疎水性の高い核酸塩基を鎖内部に埋め込むことで水から遮蔽し，らせん内部の核酸塩基平面がvan der Waals力，疎水性相互作用，塩基間の双極子相互作用によりお互いに引力を及ぼしあう（スタッキング）ことで構造が安定化されている。向き合っている核酸塩基は，お互い同士その組合せが決まっていることから，どちらか一本の鎖があればそれ

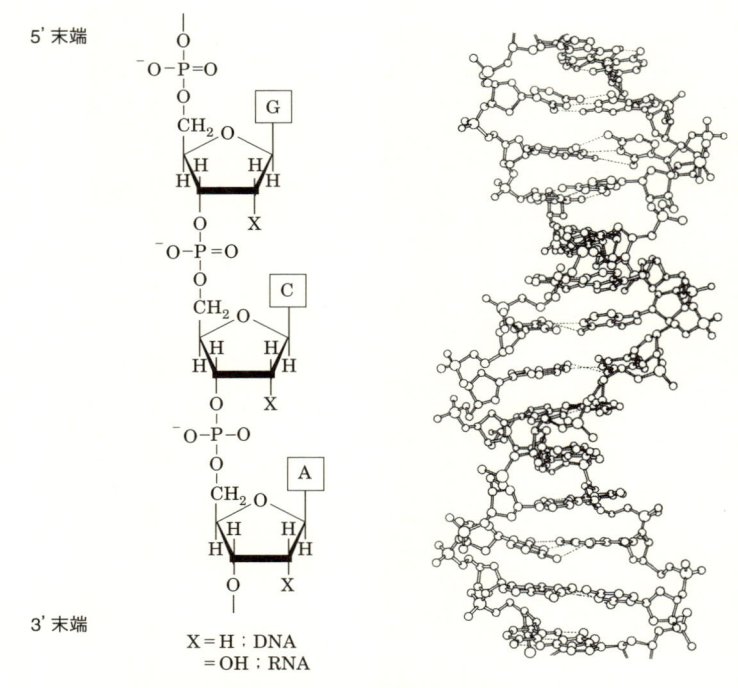

図7-17　DNAの模式図とDNAの二重らせん構造
（左図のDNAの上端は，糖部分の炭素原子の番号をもとに5'末端，また下端を3'末端と呼ぶ）

を鋳型として，もう一方の鎖は酵素DNAポリメラーゼにより簡単につくることができる。これを複製（replication）と呼び，細胞分裂の際に起こっている。

DNAポリメラーゼは，鋳型となるDNAに相補的な塩基を有するデオキシリボヌクレオチド三リン酸（dNTP）を，5'から3'の方向に順次結合させていく。この際のリン酸ジエステル結合の形成には，dNTPのポリリン酸結合のもっている結合エネルギーの一部が使われ，ピロリン酸（PPi）が遊離する（式(7-4)）。DNAを構成する二本の鎖はそれぞれ逆向きになっているので，鋳型となるDNAとは反対向きにDNA鎖が伸びていく。二重鎖のそれぞれを基に，逆向きにDNAが合成されている。この際，複製の伸長方向とは逆向き（ラギング鎖）の合成と，同じ向き（リーディング鎖）の合成が同時に起こっている。前者の場合，酵素が小刻みに移動しながら短いDNA鎖（岡崎フラグメント）を不連続的に合成していく（図7-18）。隣接する岡崎フラグメントは，最終的に酵素DNAリガーゼにより繋げられる。

$$(DNA)_n + dNTP \longrightarrow (DNA)_{n+1} + PPi \tag{7-4}$$

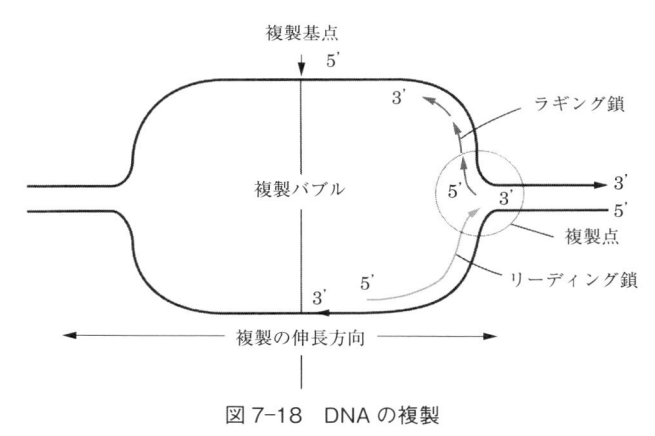

図7-18 DNAの複製
（藤原晴彦,「よくわかる生化学」, サイエンス社（2000））

(2) リボ核酸（RNA）

DNAに蓄えられたタンパク質の情報は，DNAとは糖や核酸塩基の構造が少し異なる（糖はリボース，またTの代わりにウラシル（uracil, U）が含まれる）リボ核酸（ribonucleic acid, RNA）の1つであるメッセンジャーRNA（messenger-RNA, mRNA）に写しとられる（転写 transcription）。さらに，これを鋳型として細胞内のリボソーム（ribosome）といわれる製造工場で，RNAの一種である転移RNA（transfer-RNA, tRNA）の協力を得てタンパク質が合成される（翻訳 translation）。これらのRNAは，4種類のリボヌクレオチド三リン酸（NTP）から，DNAの二本鎖のうちアン

チセンス鎖と呼ばれる方を鋳型として，酵素RNAポリメラーゼによりつくられる。

リボソームでつくり出された酵素タンパク質は，その優れた触媒作用によって体に必要な多くの物質をつくり出す（図7-19）。リボソームは3,4種類のリボソームRNA（rRNA）と50種類以上のタンパク質からなり，分子質量2,500 kD以上の超高分子・核酸タンパク質複合体である。

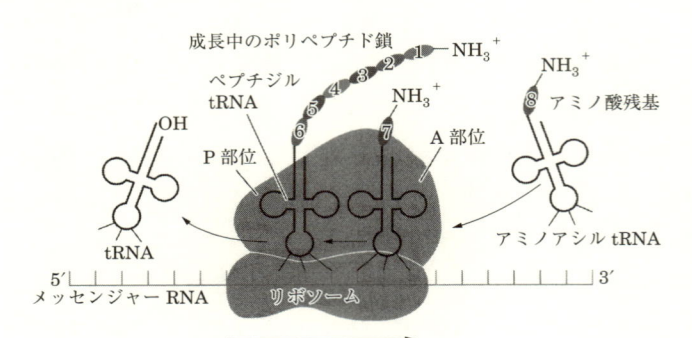

図7-19 タンパク質合成の模式図
（D. Voet, J. G. Voet, "Biochemistry 3rd Edition", John Wiley & Sons, Inc.（2004））

このようなDNA → RNA →タンパク質の関係は，生命現象の基本的な関係としてセントラルドグマと呼ばれてきた。ところが，1982年 T. R. Chech（アメリカ，1947-，1989年ノーベル化学賞）によりRNAのなかに触媒作用を示すものが発見され，リボ核酸（ribonucleic acid）と酵素（enzyme）の綴りの一部をとってribozymeと呼ばれている。さらにウイルスなどには，自分の持つ特殊な酵素（逆転写酵素）によって，RNAを鋳型としてDNAをつくり出すという例外も知られている。

(3) 遺伝子の変異

DNAの核酸塩基のうちグアニンが最も酸化されやすく，ガンや老化などの疾病を誘起する重要な要因となる。実際に，紫外線やラジカル種，ガンマ線などの照射により，DNAが酸化されグアニンの正孔（6-3-3項参照）が生じることが知られている。ところで，地球上の多様な生物は，遺伝子の突然変異により形成された生体分子をもつ生物が自然淘汰され，環境により適合している種がその数を増やしてきたものと考えることができる。タンパク質の1次構造を情報としてもっているDNAの変異により，アミノ酸の置換，欠失，挿入などタンパク質が原子レベルで変形され，親水性，疎水性，電荷などの変化をもたらすという意味で，タンパク質の分子進化は究極の「微細加工」ということもできる。

(4) 遺伝子の利用

最近，医療においてゲノム創薬，テーラーメイド医療という言葉がよく聞かれる。これは，遺伝子異常疾患の原因となっている異常遺伝子を正常遺伝子に置換したり，欠損遺伝子を補完するものであるが，難治性の疾患や生活習慣病などの治療も可能となる。この際に，後で述べる薬物送達システム（DDS）の1つといえる，治療用遺伝子を生体内の特定部位の組織や細胞に送達する遺伝子ターゲティングが用いられている。遺伝子治療の際に，遺伝子を細胞内に運ぶものをベクターと呼び，ウイルス，脂質2分子膜小胞（リポソーム），さらには負電荷を有するDNAと静電相互作用により複合体を形成するポリ-L-リシンのような陽イオン性の高分子などを遺伝子ベクターとして利用する試みが盛んに行われている。

ところで，DNAの二重らせんは比較的弱い水素結合で会合しており，高温にするか，高いpHにすると，相補的塩基対がはずれ，二重らせんは，2本の1本鎖へと解離する。これをゆっくり戻すと，元の2本鎖に戻る（hybridizationと呼ぶ）。この現象を利用すれば，短いDNAの1本鎖をもとに，これと相補的な核酸分子を検出することができる。特定の遺伝子の一塩基の違いは一塩基多型（single nucleotide polymorphism，SNPs）と呼ばれ，疾病の原因となる場合がある。そこで，構造が異なる多くの1本鎖DNAを固体基板上に固定したDNAチップが作成され，hybridizationを利用してSNPsの検査に用いられている。遺伝子一分子での解析はもちろん不可能であるが，ポリメラーゼ連鎖反応（polymerase chain reaction，PCR）（図7-20）と呼ばれる手法により大幅に増やした同一の遺伝子を用いればよい。

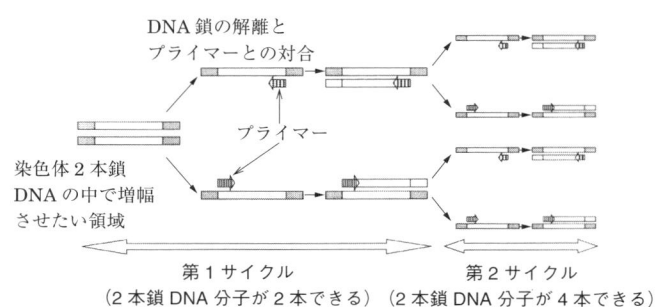

図7-20 polymerase chain reaction（PCR）の原理
（堀池靖浩，片岡一則編，「バイオナノテクノロジー」，オーム社（2003））

DNAチップと同様の考えにたったプロテインチップでは，タンパク質同士，あるいはタンパク質と特異的に相互作用する分子などの結合を測定する。また，糖鎖チップでは，構造の異なるオリゴ糖がチップに配列され，糖

Polymerase Chain Reaction（PCR）

この手法では，ターゲットとなるDNA，好熱菌由来で熱安定性の高いDNAポリメラーゼ，一組のプライマー（ターゲットDNAの特定の部分に相補的な塩基配列を有する20塩基程度のオリゴヌクレオチドで，酵素による合成の起点となる），そして基質となる4種類のデオキシリボヌクレオチド三リン酸（dNTP）を共存させる。

まず，95℃でDNAの2本鎖を解離（melting）させ，50～60℃でのhybridize，DNAポリメラーゼの至適温度72℃でのポリヌクレオチドの伸長反応を行なう（図7-20）。このプロセスを繰り返せば，30-40回のサイクルでDNAは当初の10^7倍にも増幅され，その構造解析が可能となる。

制限酵素

遺伝子を大腸菌等の遺伝子中に組み込み，有用物質の生産を図る遺伝子操作が盛んに行われている。この際に用いられるのが，2本鎖DNA中のある特定のヌクレオチド配列を認識して，その配列あるいはその近傍を切断する制限酵素（restriction enzyme）である。認識配列は多くの場合4～8個の塩基からなる回文構造をとる。現在までに100種類を超える制限酵素が見出され，試薬として市販されている。適当な制限酵素を用いて，目的とするDNAを処理することにより，必要な部分のみのDNA断片を得ることができる。一方で，大腸菌の環状DNA（プラスミド）や，大腸菌に感染するウイルス（バクテリオファージ）のDNAを，目的のDNA断片をつくる際に用いたものと同じ制限酵素で処理したものをつくる。これと目的のDNA断片を混合し，酵素リガーゼで連結させることで，大腸菌に目的遺伝子を導入することができる。

と抗体，受容体などとの相互作用を調べることができる。

いずれの場合にも，電位や電流変化を見る電気化学的計測，光の反射率（共鳴角）変化を見る表面プラズモン共鳴，光の吸収ピークのシフトで見る局在表面プラズモン共鳴，蛍光やリン光で見る光学的計測などを利用して，迅速かつ簡便な検出や解析が行われている。

ここまで述べてきたように，生物はタンパク質，多糖類，核酸など数多くの生体高分子を部品として，細胞内器官，細胞，組織，器官という階層単位により，その個体を形成している。この際，1つの生体高分子のみで機能を発現させるだけではなく，多数の分子の自己集合により超分子複合体を構成し，高次の器官や個体をつくり上げている。

7-2　生体材料高分子

7-2-1　生体分子の機能の利用

(1) 固定化酵素

先述したように，酵素は天然の優れた触媒であるが，一般的には強い酸性やアルカリ性条件，高温，有機溶媒中といった苛酷な条件下では使用ができない。回収が困難で繰り返し使用ができない。したがってコストが高いなどの欠点をもっている。それを解決する手段としては，例えば酵素を物理・化学的に安定な担体に結合（固定化）すれば，環境の変化に伴なう酵素の分子構造の変化（触媒効果の減少や失活につながる）を抑制できるうえに，回収も極めて容易で，繰り返し使用が可能となる。

実際，高分子電解質である酵素分子とイオン交換樹脂との間の静電的相互作用を利用した物理的結合や，アミノ基，カルボキシル基，水酸基などを表面にもっている高分子固体と酵素分子中の反応性側鎖との間の化学結合，さらには高分子の編み目の中への酵素分子の「閉じこめ（包括）」などによって，酵素を固定化することができる（図7-21）。また酵素に限らずバクテリアや細菌，酵母などの微生物も同様の手法で固定化することができる。このような固定化生体触媒による工業的規模でのアミノ酸（アスパルギン酸の工業的生産が，世界で初めて日本で行われた）や抗生物質などの有用物質の生産，食品の加工，微量の検体による迅速な臨床分析などが実用化されている。

例えば，牛乳を飲むとおなかの具合が悪くなる乳糖不耐症は，乳糖（ラクトース）を分解する酵素が成長と共に分泌量が減少したか，あるいは分泌されなくなったことによる。モンゴロイドに多い同症の人たちのために，乳糖を加水分解する酵素β-ガラクトシダーゼを，高分子ビーズの表面に固定化

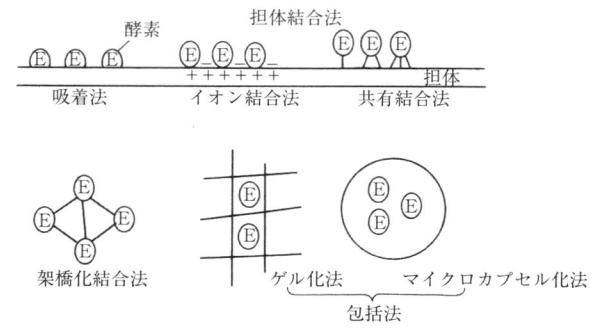

図 7-21　酵素の固定化法

したものを筒状容器に充填して反応器（バイオリアクターと呼ばれる）とし，これに通した加工乳が市販されている。

(2) 免疫診断用担体

第2章（42頁）で紹介した乳化重合によってつくられる高分子微粒子（ラテックスと通称される）は，粒径が揃っているために，その表面での反応は，同じロットの粒子ならほぼ同じようにおこる（これを「再現性がよい」と呼ぶ）。そこで例えば，微粒子の上に抗体を固定し，疾病の指標となる抗原を含む溶液に混ぜると，抗原と抗体の間の特異的結合反応（免疫反応）による高分子微粒子の凝集沈降現象が見られる（図 7-22）。これを利用して疾病の診断を簡便に行うことが可能となる。

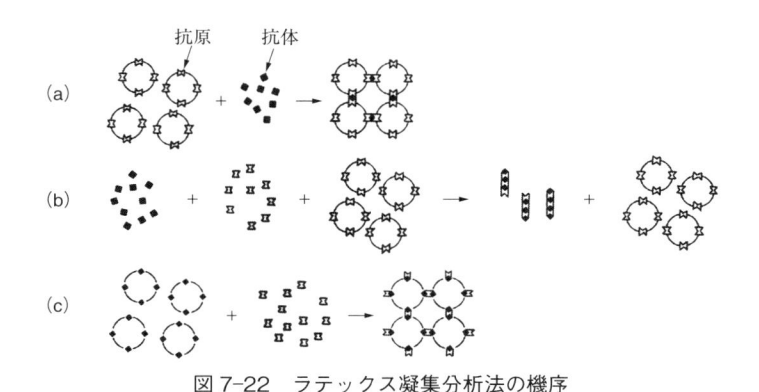

図 7-22　ラテックス凝集分析法の機序

また直径数 mm の微粒子に抗原や抗体（免疫グロブリン G（IgG）など）を結合させ，これを疾病の指標となる抗体や抗原を含む検体にいれる。この微粒子を取り出して，よく洗浄した後に，サンドイッチの要領で酵素標識した抗原や抗体を結合させ，粒子上に結合した酵素の活性から検体中にあった抗体や抗原の定量分析を行う方法がある（酵素標識免疫定量法 enzyme-linked immunosorbent assay, ELISA）（図 7-23）。酵素は1分子で繰り返し数多くの分子の反応を触媒するので，検体中の抗原や抗体に関する情報を

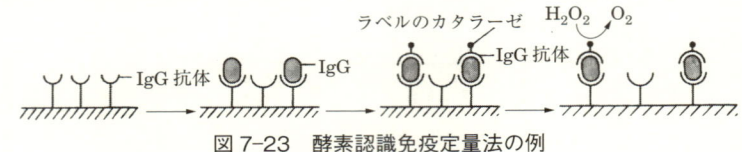

図 7-23 酵素認識免疫定量法の例
酵素カタラーゼを標識に用いる免疫グロブリン IgG の定量

著しく増幅してくれる。

いずれの手法も高分子微粒子の調製や表面の化学修飾が容易で，しかも粒径が揃っているためにデータの再現性がよいという特長をいかしたものである。

(3) バイオセンシング

微生物，酵素，抗体，細胞などの生物材料を分子識別素子として利用したセンサを，バイオセンサと呼び，基本的には生物素子部分と信号変換部分（トランスデューサー）からできている。生物素子が目的の物質を認識すると，被験物質の特異的な吸着や触媒反応などが起きる。それに伴う化学種の濃度変化，熱的あるいは光学的変化を，信号変換器により変換し出力する。中でも酵素センサは医療（臨床検査）や食品製造業（糖濃度の測定など）で広く利用されている。微生物センサでは，酵母を用いた生物化学的酸素要求量（BOD）センサが開発され，環境計測の分野で利用されている。

従来，種々の検出素子を微細化し集積度を増加させる際には，材料を微小化していく top-down 的手法が一般的であったが，現在では，生体高分子やその類似物の有する自己組織化能力により bottom-up する手法に置き換わられようとしている。遺伝子本体の DNA の電気伝導性を利用した技術の開発も始まっている。

(4) その他

生化学的特性を生かしたものとして化粧品がある。例えば皮膚の真皮層に含まれているムコ多糖類（アミノ糖をもっている多糖類の総称）であるヒアルロン酸は，その分子構造中に親水性基をたくさんもっており，その働きで吸湿，潤滑あるいは保湿の役割をはたす。もともと体内にあったものであるから敏感な皮膚に対する刺激もなく，生体親和性という点では申し分がない。従来は鶏のとさかや豚胎児のへその緒などからとられていたが，最近ではヒアルロン酸産生放線菌を改良して，大量につくることが可能になったため，保湿剤としてローションなどの化粧品に使われている。生体高分子を人工臓器に利用した例については，7-3 節で述べる。

7-2-2 生体高分子をつくる

　生体高分子の構造と機能が明らかになるにつれて，その人工的な合成や，模倣した分子の開発が精力的に行われている。ここでは，生体高分子あるいはその類似物の合成法について紹介する。

　第3章でもふれたが，ポリペプチドやオリゴヌクレオチドはいずれも，高分子ビーズ上で合成を行う固相合成法によりつくられている。同法は，オリゴペプチドを簡便に合成するために1962年 Merrifield により考案された。ペプチド合成の場合，まずスチレンとクロロメチルスチレンの共重合体ビーズに，アミノ基(N)-側を t-butyloxycarbonyl(Boc)-基などにより保護したアミノ酸を結合する。保護基の除去（脱保護と呼ぶ）後に，次の N-Boc-アミノ酸を dicyclohexylcarbodiimide（DCC）などの縮合剤を用いて結合する。この行程を繰り返した後に，樹脂上のポリペプチドを HF やトリフルオロ酢酸（TFA）溶液により切り出せばよい（図7-24）。目的とする分子をビーズ上に固定化し縮合を繰り返していくので，従来の液相合成法に比べて，生成物の精製，回収が非常に簡単である。手法の工夫により各ステップでの収率が向上し，現在では，100残基を超えポリペプチドというよりもタンパク質と呼ぶほうが適切な分子の合成が可能となっている。これまでに，124残基からなるリボヌクレアーゼをはじめ，99残基からなる HIV プロテアーゼなどのタンパク質，さらには，すべて D-アミノ酸からなる HIV プロテアーゼ（天然の酵素の鏡像異性体）も合成されている。

　オリゴヌクレオチドも同様の原理で合成されている。ジメトキシトリチル（DMTr）基で5'-末端を保護したヌクレオチドを3'-末端で固体支持体に

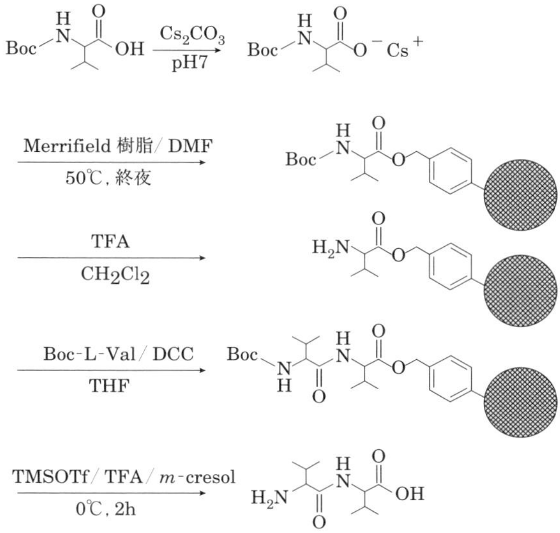

図7-24　固相合成によるジペプチド（Val-Val）の合成手順

固定し，トリクロロ酢酸で脱保護する。さらに，次の **DMTr** で保護したヌクレオチドのホスホロアミダイト誘導体を，テトラゾールを付加剤としてカップリングさせ，脱保護する。これを繰り返し，目的のオリゴヌクレオチドができたところで，アンモニア水処理により担体から切り離し，同時に塩基部分のアミノ基の保護基も外すことで目的のオリゴヌクレオチドが得られる（図 7-25）。

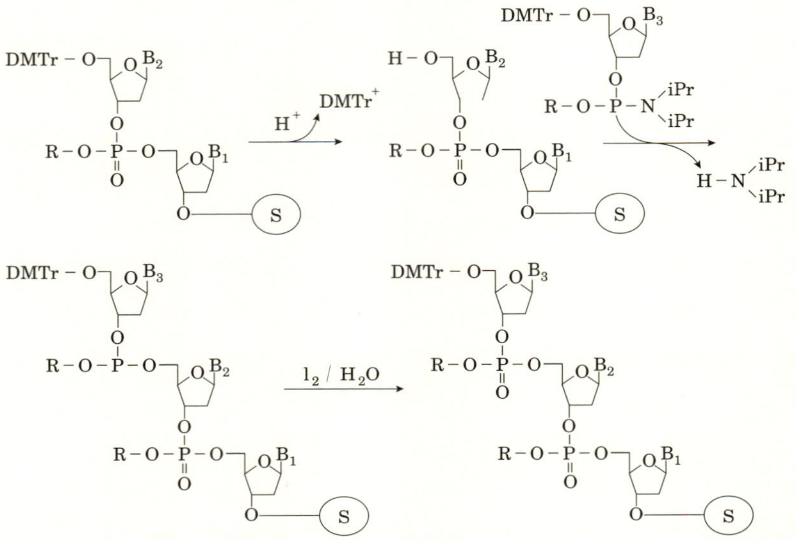

図 7-25　オリゴヌクレオチドの合成法。R，2-シアノエチル基。DMTr，ジメトキシトリチル基

　現在では，任意のオリゴペプチドやオリゴヌクレオチドの合成を行う企業が多数ある。もちろん，先述した遺伝子操作法により，大腸菌等の微生物に異種生物由来のタンパク質などの生体高分子をつくらせることも可能になっている。

　7-1-2 項で述べたように，糖は分子中に多くの OH 基をもっており，その選択的な保護・脱保護が容易ではないために，多糖を合成する試みは依然として煩雑である。一方で，酵素を用いることでグリコシド結合形成の際の保護・脱保護過程を回避できることから，酵素的な多糖類の合成技術がめざましく進歩してきた（図 7-26）。

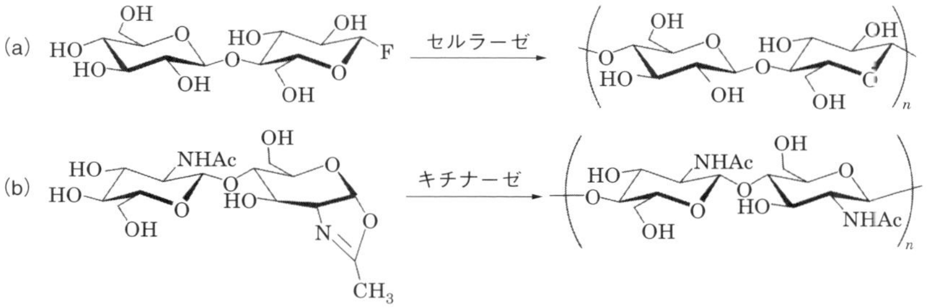

図7-26 セルロースおよびキチンの酵素的合成
(a) セルロース (b) キチン

7-3 人工臓器

　疾病や老化により，臓器の機能が失われたり低下した場合には，それを補うために生体の機能を模倣した材料を用いる。これを人工臓器と呼んでいる（図7-27）。身近なところでは，視力の低下を補う眼鏡やコンタクトレンズ，歯の代わりとなる義歯や，歯の充填剤がこれにあたる。さらに高度の機能を有する臓器の代替や補助を行う場合には，臓器の移植が望ましいが，それが困難な現状では，人工腎臓，人工肝臓，人工心臓などの人工臓器が用いられている。人工臓器使用の際に問題になるものに生体適合性があり，特に短期的には血栓形成が問題となる。

7-3-1 抗血栓性材料

　傷を負ったときに血液が傷口で固まる性質は命を守るために不可欠であるが，治療のために人工血管，人工心臓などの人工臓器を用いる際には厄介な問題を引き起こす。血管の中では血液は凝固しないが，それ以外のものと接すると固まってしまうからである。これを防止するためには抗血栓性材料を使う必要がある[7,8]。

　人工材料と生体との反応を考えてみると，まず水や塩類が材料と接触し，次にタンパク質が材料表面に吸着し，さらにそのタンパク質吸着層に細胞が接触し，接着して伸展する。つまり，細胞は材料と直接接触せず，吸着したタンパク質層を介して接着している。したがって，タンパク質の吸着挙動が，材料の血液適合性を大きく左右することになる。

　生体内ではヘパリンという酸性基を有する多糖類が血栓生成を抑制しており，これを高分子材料表面に静電相互作用で吸着させたり，スペーサーを介して化学結合させたりして抗血栓性をもたせる試みがある。さらに血栓を溶かす酵素ウロキナーゼを固定化したカテーテルも開発されている。

番号	名称	使用されている主な材質
1	眼鏡	PMMA　DAP　CR-39　MR-6　MR-7
	コンタクトレンズ	PMMA　PHEMA
	眼内レンズ	PMMA
2	人工歯　義歯	PMMA
	充填材	メタクリル酸系ポリマー
3	人工食道	PE/天然ゴム
4	人工心臓	セグメント化PU
	人工弁	パイロライトカーボン
	ペースメーカー	PU
	人工肺	多孔質PP
5	人工乳房	シリコーン
6	人工肝臓	多孔性ポリマービーズ　活性炭
7	人工腎臓	セルロース　酢酸セルロース，ポリ（エチレン-ビニルアルコール）　PMMA　ポリスルホン
8	外シャント*	PTFE
9	人工血管	PET　延伸PTFE
10	人工股関節	金属/超高分子量PE
	骨セメント	PMMA
11	人工指関節	シリコーン
12	人工靱帯	ポリエステル　PTFE
13	人工骨	アルミナ/ヒドロキシアパタイト，メタル（Ti合金）

*シャントとは分路の意味。この場合血管の分路を人工的に作ること。透析などで利用される。

PU：ポリウレタン，DAP：ジアリルフタレート，CR-39：アリルジグリコールカーボネート，MR-6, MR-7：チオウレタン系樹脂

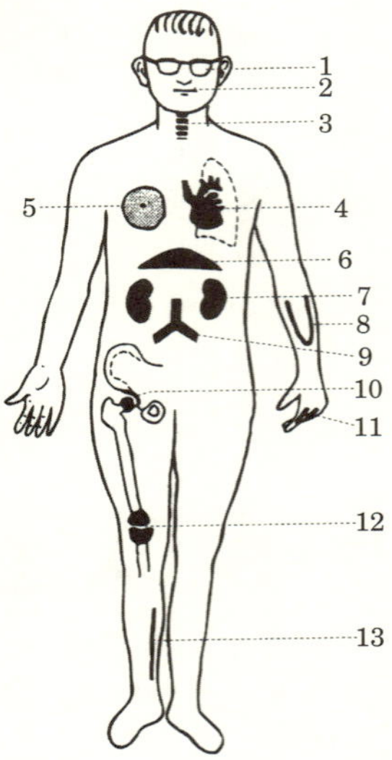

図7-27　人工臓器の利用例

（日本生体医工学会編，中林，石原，岩崎，「バイオマテリアル」，p.7，コロナ社（1999））

親水性の2-ヒドロキシエチルメタクリレート（HEMA）と，疎水性のスチレンからなるブロック共重合体は，固体状態ではポリ（2-ヒドロキシエチルメタクリレート）（PHEMA，図7-28(a)）の部分とポリスチレンの部分が縞のような相分離構造をとる（同様の構造は図3-7を参照）。電子顕微鏡を用いて観測された乾燥試料表面の相分離構造は，血液と接触した際には，界面自由エネルギーのより低い状態に徐々に変化すると考えられるが，

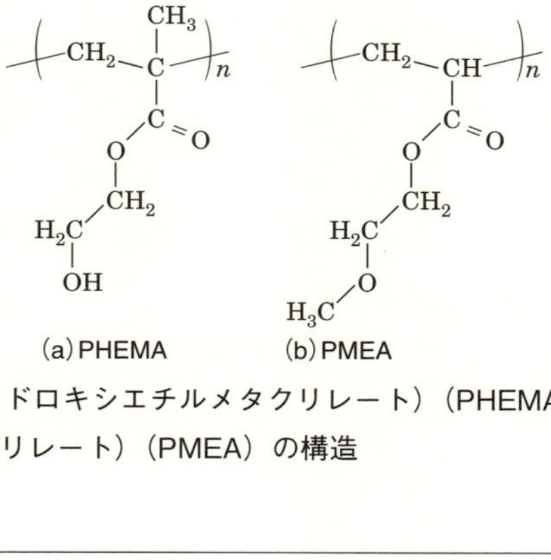

(a) PHEMA　　(b) PMEA

図7-28　ポリ（2-ヒドロキシエチルメタクリレート）（PHEMA）とポリ（2-メトキシエチルアクリレート）（PMEA）の構造

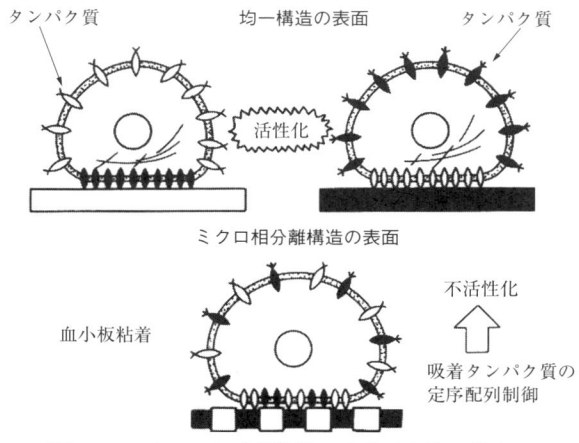

図 7-29 ミクロ相分離構造と生体適合性の模式図
（高分子学会編，「高分子新素材便覧」，丸善（1989））

この材料が優れた抗血栓性を示すことが明らかにされ，相分離構造を有する高分子材料の開発が進んだ（図7-29）。

ポリウレタン（第2章参照）は抗血栓性に優れ，しかも体内に埋植した後に体の動きに対応して伸び縮みする材料である。柔軟な分子鎖（ソフトセグメント）と剛直な分子鎖（ハードセグメント）からなるブロック共重合体では，弾性率および伸度はソフトセグメント部分の分子量に依存する。またハードセグメント間の水素結合と van der Waals 力は引き裂き強度に影響を与える。ポリウレタンのほかに，ポリエーテルポリウレタンやポリエーテルポリウレタンウレアなどの高分子が抗血栓性材料として用いられている。いずれの材料も，少なくとも乾燥状態では先述した相分離構造をとっていることが，優れた抗血栓性の理由と考えられている。

さらに最近，細胞膜に含まれるリン脂質の一種レシチンの構造を模倣した双性イオン型（ホスホベタイン型）の高分子材料が，優れた抗血栓性を有することが見出された。同様の双性イオン基を側鎖に有するスルホベタインやカルボキシベタイン型の高分子も高い抗血栓性や生体適合性を有することから，その医療への応用が期待されている（図7-30）。

また，親水性高分子の中でもポリエチレングリコールが生体親和性を有することに着目し，オリゴエチレングリコールを側鎖に有する高分子の医療への応用が盛んに行われている。特に2-メトキシエチルアクリレート（MEA）の重合体（PMEA，図7-28(b)）は，優れた生体適合性を有している。

(a) $\mathrm{-(CH_2-\underset{\underset{\underset{C_4H_9}{|}}{\underset{O}{|}}}{\overset{\overset{CH_3}{|}}{\underset{|}{C}}}\,)_m(CH_2-\underset{\underset{\underset{O^-}{|}}{\underset{C_2H_4-O-P-O-C_2H_4-N^+-CH_3}{|}}}{\overset{\overset{CH_3}{|}}{\underset{|}{C}}}\,)_n}$

(b) $\mathrm{-(CH_2-\underset{\underset{\underset{O-C_4H_9}{|}}{\underset{O=C}{|}}}{\overset{\overset{CH_3}{|}}{\underset{|}{C}}}\,)_m(CH_2-\underset{\underset{\underset{C-NH-CH_2-CH_2-CH_2-N^+(CH_2)_m-S-O^-}{|}}{\underset{O}{\parallel}}}{\overset{\overset{CH_3}{|}}{\underset{|}{C}}}\,)_n}$

(c) $\mathrm{-(CH_2-\underset{\underset{\underset{O-C_4H_9}{|}}{\underset{O=C}{|}}}{\overset{\overset{CH_3}{|}}{\underset{|}{C}}}\,)_m(CH_2-\underset{\underset{\underset{C-O-CH_2-CH_2-N^+-CH_2-C(=O)O^-}{|}}{\underset{O}{\parallel}}}{\overset{\overset{CH_3}{|}}{\underset{|}{C}}}\,)_n}$

図 7-30　双性イオン型高分子の構造
(a) ホスホベタイン，(b) スルホベタイン，(c) カルボキシベタイン型高分子

7-3-2　人工腎臓

　不要な低分子物質を含む高分子溶液を，閉じた構造の膜内部にいれ，外側にきれいな溶媒を流す，あるいはきれいな溶媒中に，溶液をいれた袋状の膜をつるすことにより不要物質を除去することができる（透析と呼ぶ）。同様の原理を用いて，血液中の低分子有害物質を除去する治療法（人工透析法）には中空糸型透析器(図7-31)が用いられており，人工腎臓と呼ばれている。腎不全患者の血液から尿素・尿酸・クレアチニンなどの代謝老廃物を取り除くために，血液を透析器の中空糸内部に通し，外側に等張液（血液と同じ浸

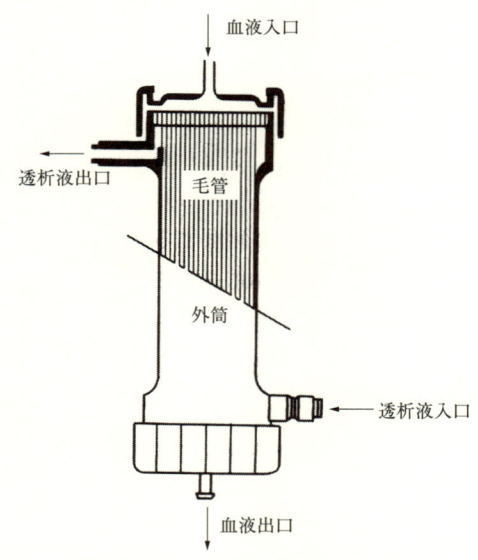

図 7-31　中空糸型人工腎臓
(高分子学会編，「高分子新素材便覧」，丸善（1989））

透圧を示す溶液，生理的食塩水もそのひとつ）を流す．2005年末現在，日本全国で25万人余りの患者が毎週2～3回この透析治療を受けている．中空糸の材料としては再生セルロース，酢酸セルロース，PMMA，エチレン・ビニルアルコール共重合体などが用いられている．さらに膜の孔径を大きくすることにより血液中のタンパク質を取り出し，そのうちで疾病の原因となる物質（自己免疫疾患のリウマチであれば免疫グロブリン）を除去した後に，残りを再び体内に戻す治療も行われている．

7-3-3 人工心臓

　血液を迎え入れ，送り出す心臓の主たる機能は機械的なものであるが，血液が常に接触しているために，高い血液適合性が求められる．患者の生活のしやすさを考慮すると埋め込み型にすることが望ましく，そのために開発が進んでいるコンパクトな人工心臓の血液接触部には，先に述べたリン脂質型の高分子共重合体が被覆材として利用されている．また，手術時の一時的な血液循環・ガス交換を行うための人工心肺には，ポリ（2-メトキシエチルアクリレート）（PMEA）が被覆材として使用され，良好な結果をあげている．

7-3-4 人工肝臓

　摂取した薬物による中毒を治療するために，活性炭を充填したカラムに血液を循環させ薬物を吸着除去する手法が，人工肝臓の最も古い例であろう．最近では，体内の工場とも呼べる多様な肝臓の機能を果たさせるために，中空糸型透析器を用いて肝臓細胞そのものを培養する試みがある．人工臓器の中でも，生体細胞そのものを利用している点では，7-2-1項に分類することもできる．動物実験では，肝細胞表面のアシアロ糖タンパク受容体とうまく相互作用のできるガラクトース（Gal）を側鎖に有する高分子が用いられ，良好な結果を得ている（図7-32）．実際の治療に用いるには，界面における糖担持分子の運動性，密度を最適化し，肝細胞の数の大幅増加と生きている時間の延長をいかに成し遂げるかが問題である．

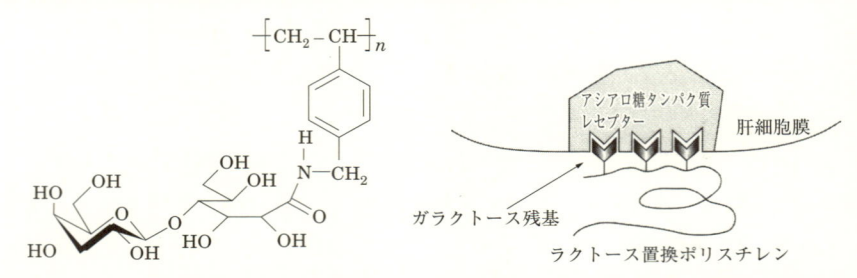

図7-32　人工肝臓に用いられているガラクトース担持高分子と，肝細胞中の受容体との相互作用の模式図

ラクトース（Gal-β-(1→4)-Glc）のグルコース部分を開環させ，ポリスチレンに結合させている。（宮下徳治編,「ライフサイエンス系の高分子化学」, 三共出版（2004））

7-3-5　人工膵臓

　糖尿病患者の治療にはインスリン投与が行われるが，毎日の注射の煩雑さを解決する手段として考案されたものに人工膵臓がある。例えばインスリンを分泌する膵臓ランゲルハンス島のβ-細胞を寒天のビーズ中に閉じこめたものは，体内に戻しても拒絶反応もなく長期間インスリンを分泌することが見出されており，実用化が待たれる。

　数十年前までの医療が，薬物投与，外傷の縫合による治療や患部の摘出で終わっていたのに対して，シクロスポリンやタクロリムスのような優れた免疫抑制剤の登場と共に，角膜をはじめ腎臓，肝臓，骨髄，心臓など様々な臓器を移植する技術が急速に発達してきた。しかしながら，臓器提供者の数が極めて少ないことや，長期間の免疫抑制剤投与による副作用を考慮すると，患者や近親者の細胞を培養，増殖して組織や臓器をつくり移植を行う組織工学が大きな利点を有している。この技術はすでに一部臨床応用され，再生医療と呼ばれる医学上の一分野となっている。

　基材の上で培養した細胞を再生医療に利用するには，細胞接着を制御し，細胞外のコラーゲン，エラスチン，ヒアルロン酸などの細胞外マトリックス（extracellular matrix, ECM）を組織化し，目的の器官に特異的な機能発現を可能にする必要がある。一般に細胞は，静電相互作用，疎水性相互作用，水素結合などの他に，ECMに含まれるラミニンやフィブロネクチンなどの接着タンパク質と細胞膜表層の受容体との生化学的相互作用によっても接着性の制御ができる。そこで最近では，細胞接着タンパク質の活性部位にあるアミノ酸残基 Arg-Gly-Asp（RGD）を表面に有する人工材料を用いて，細胞の接着や培養，さらには分化を行う試みが成されている。さらに，第6章で述べたポリ-N-イソプロピルアクリルアミドのような温度応答性高分子を基材上に導入したものは，培養後，温度を下げるだけで細胞を損傷するこ

となく基材から脱離回収することができ，細胞シートとして実用化されている。

7-4 薬物送達システム

　薬は両刃の剣で，薬にもまた毒にもなる。特に抗ガン剤はまた発ガン剤にもなりうる。したがって薬物の投与の際に，患部のみに選択的に薬物が到達するようにし，他の部位に対する副作用を極力抑えることが必要である。これを薬物送達システム（drug delivery system，DDS）と呼んでいる。例えば，薬物をマイクロカプセルに封入し目的部位に到着後溶出させる（腸溶剤），体内での徐放をはかることにより，毎日の服用の煩雑さを取り除く（体内埋め込み），薬物を微粒子内に閉じこめたものを血管内に注入させ，患部の毛細血管に入ってつまることによって癌細胞への栄養分の到達を抑えながら，十分な濃度の薬物を局部的に放出させる（化学的塞栓療法）などの治療法が高分子材料を用いて実際に行われている。

　また患部の細胞に特異的に結合する抗体などを，脂質の薄い膜でできた直径数十〜数百 nm の袋（リポソーム（liposome）と呼ぶ）の表面につけ，袋の中に封入した薬剤を患部にうまく運ぶ手法も試みられている（患部を狙い打ちすることからミサイル療法と呼ばれている）。しかし体内には細網内皮系の貪食細胞など，外部からの異物を排除する仕組みがあり，これをくぐりぬけて目的部位に到達させる巧妙な手法の開発が必要である。

7-5 生分解性高分子

　ゴム・プラスチックなどの人工高分子はこれまで，より丈夫なものを目指して開発が進められてきたが，得られた材料の多くは，いったん不要になると長期間にわたり分解せず，海洋や土壌の汚染につながる。そこで最近では微生物のもつ酵素や光などで次第に分解していく高分子材料の開発が盛んである。なかでも微生物により分解していく生分解性高分子が注目を集めており（3-3-3項参照），微生物のつくる高分子（プルラン，カードランなどの多糖類，ポリアミノ酸，ポリエステル），動植物由来の天然高分子（セルロース，デンプン，キチン，キトサンなどの多糖類，ポリアミノ酸），合成高分子（ポリビニルアルコール，ポリ-ε-カプロラクトンなどのポリエステル）に分類できる。

　微生物，動植物のつくる高分子は当然ながら生分解性がある。なかでも植

物が光合成により二酸化炭素からつくり出し，再生可能な高分子であるセルロースは，年間総生産量が1,000億トンに達し，地球上の限られた資源やエネルギーを有効利用するうえで極めて重要な物質である。繊維，紙，燃料としての利用のみならず，高活性の加水分解酵素（セルラーゼ）により分解し，資化する技術の開発が急務である。

ポリ乳酸（poly(lactic acid)，PLA）は，トウモロコシなどのデンプンを分解したグルコースから得られる乳酸を環状二量化したラクチドの開環重合（第2章参照）で主としてつくられる（図7-33）。乳酸から直接重縮合を行う簡易手法も開発されている。ポリ乳酸は現在用いられている人工的につくられた生分解性高分子の中で，最も重要なものの1つであるが，結晶性が高く硬くかつ耐衝撃性が低い（脆い）ために，グリコール酸の環状二量化物（グリコリド）などとの共重合体として用いられている（図7-34）。ポリ乳酸は通常環境下や土壌，水中ではほとんど分解しないが，堆肥中では半年以内でほぼ分解される。ポリ乳酸の成型加工性を上げるためにポリ乳酸と粘土の複合化技術も開発され，多くの形態で幅広い利用が行われ始めている。手術用縫合糸は医用高分子の範ちゅうに入るが，最近では数カ月で体内で分解，吸収され抜糸する必要のないポリグリコール酸や，グリコール酸・乳酸共重合体などが用いられている。

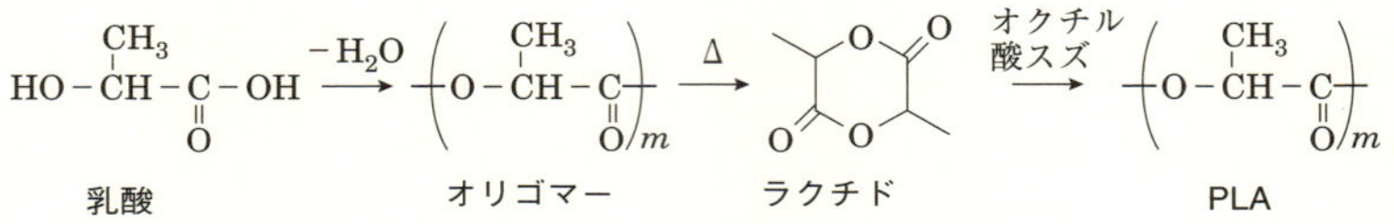

図7-33　ポリ乳酸の合成法

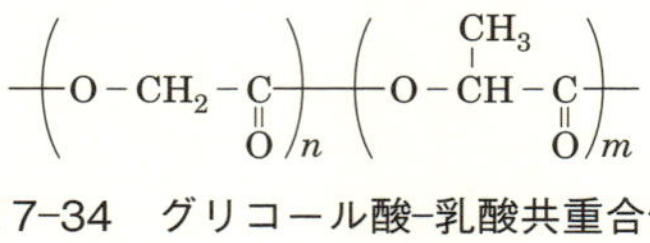

図7-34　グリコール酸-乳酸共重合体

3-ヒドロキシブタン酸に代表されるヒドロキシアルカン酸の縮合物（ポリエステル）は，微生物により糖，アルコール，油脂，有機酸などの天然原料からエネルギー貯蔵物質としてつくられ，その細胞内に蓄積する。使用後は自然環境中の微生物により，水と二酸化炭素に完全に分解される。単一のヒドロキシ酸からなる高分子は，ポリ乳酸と同様に固くて脆いことから，ポリ（3-ヒドロキシブタン酸-co-3-ヒドロキシ吉草酸）のように共重合体として用いられている。このほか，コハク酸とブタンジオールとの共重合により得られる分子量1～2万のポリエステル（PBS）を，ヘキサメチレンジイソシアネートにより鎖延長させ，高分子化したものも用いられている（図

7-35)。

(a) $\left(\text{O}-\overset{\text{CH}_3}{\underset{}{\text{CH}}}-\text{CH}_2-\overset{}{\underset{\text{O}}{\text{C}}}\right)_n$

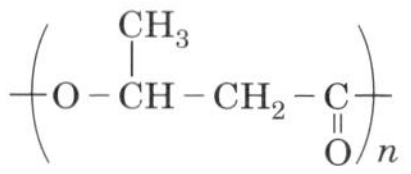

(b) 構造式

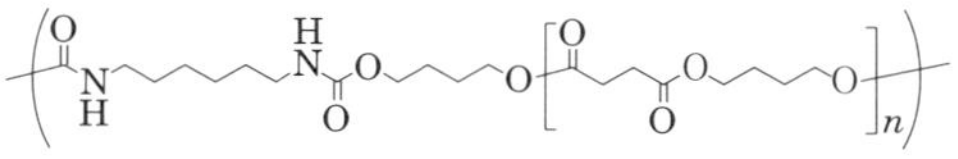

図7-35 生分解性ポリエステル
(a) ポリ（3-ヒドロキシブタノエート）(b) コハク酸ブタンジオール共重合体

ポリ乳酸の場合，食料となりうるトウモロコシデンプンを出発物質としているという問題があるが，コハク酸は，最大のバイオマスであるセルロースから微生物により産生でき，ブタンジオールもコハク酸の還元により合成できるために，結果としてPBSはバイオマスのみを炭素源として得ることができるという大きな利点がある。デンプンにエチレン-ビニルアルコール共重合体あるいはPBSを混合し，可塑剤を添加したポリマーブレンドも用いられている。

欧米にはプラスチックによる梱包や包装を禁じる国があり，日本でも過剰包装に対する反省が叫ばれている。スーパーマーケットの買い物用ビニール袋にも生分解性プラスチック製のものが登場している。農業分野や，日常生活でも生分解性プラスチックの使用が始まっている（表7-4）。

表7-4 生分解性ポリマーの用途

分類		用途
回収の困難な分野	農業	マルチフィルム　野菜包装用ネット　徐放性肥料・農薬素材　移植用苗ポット
	土木・建築用資材	保水素材　土のう　植生ネット
廃棄できる分野	食品包装	食品包装フィルム　食品容器・トレー　弁当箱
	日用雑貨	ゴミ袋　食器
	衛生用品	紙おむつ　生理用品

（高分子学会編，木村良晴他，「天然素材プラスチック」，共立出版 (2006)）

かけがえのない地球環境を守るためには，生分解性の低い高分子は極力つくらない，使わない（リデュース，reduce），どうしても使わなければならないときには，繰り返し使用する（リユース，reuse），また回収後に出発物（モノマー）への分解，あるいは再成型が可能なものを選ぶ（リサイクル，recycle），さらに壊れたら可能なかぎり修理して使う（repair）という，4つのRを心がけることが必要である。

参考文献

1) ヴォート，生化学，（第3版），東京化学同人（2005）
2) ホートン，生化学（第3版），東京化学同人（2003）
3) 宮下徳治編，「ライフサイエンス系の高分子化学」，三共出版（2004）
4) 堀池靖浩，片岡一則編，「バイオナノテクノロジー」，オーム社（2003）
5) 藤原晴彦，「よくわかる生化学―分子生物学的アプローチ」，サイエンス社（2000）
6) 矢尾板仁，相沢益男，「ビギナーのための生物化学-生命のハードとソフト」，三共出版（2006）
7) 岩田博夫，「バイオマテリアル」（高分子先端材料 One Point 3 高分子学会編），共立出版（2006）
8) 石原一彦，畑中研一，山岡哲二，大矢裕一，「バイオマテリアルサイエンス」，東京化学同人（2003）
9) 高分子学会編，「高分子新素材便覧」，丸善（1989）
10) 木村良晴他，「天然素材プラスチック」（高分子先端材料 One Point 5 高分子学会編），共立出版（2006）
11) 日本生体医工学会編，中林宣男，石原一彦，岩崎泰彦，「バイオマテリアル」，コロナ社（1999）

章末問題

問1 三種類の生体高分子（タンパク質　多糖類　核酸）の，高分子化合物としての類似点と相違点をまとめよ。

問2 グルコース2分子を縮合してできる分子の構造をすべて挙げよ。

問3 あるDNA配列を仮定し，
  (1) その配列を1つずつずらして読み出せば，アミノ酸配列がどう変わるか。
  (2) その配列のうち1つが変化したら，アミノ酸配列はどう変わるか。

問4 生命の発生に関して，タンパク質が最初にできたとする考え方と，核酸が最初にできたとする考え方がある。それぞれの説の長所と短所を考えてみよ。

章末問題　解答

第1章

問1　$\overline{M_N} = 500\,\text{kDa}$, $\overline{M_W} = 630\,\text{kDa}$, $\overline{M_Z} = 710\,\text{kDa}$, $\overline{M_W}/\overline{M_N} = 1.27$

問2
(1) いずれもエステルの加水分解反応である。構造は第3章80頁のコラム参照。CTAではトリアセテートなのでグルコース単位の2, 3, 6位の3つのOH基がいずれもアセチル化しているが、これがすべて外れる。ニトロ化では逆にOH基が硝酸エステルを形成する。（反応式は省略する。）

(2) 4つのデータセット（CTA（◆）, 表1のセルロース（●）, 表2のセルロース（○）, ニトロセルロース（▲））の $\log([\eta])$ を $\log(DP)$ に対してプロットすると次図のようになる。いずれも傾きは0.999から1.000の間にあり、1に極めて近い。

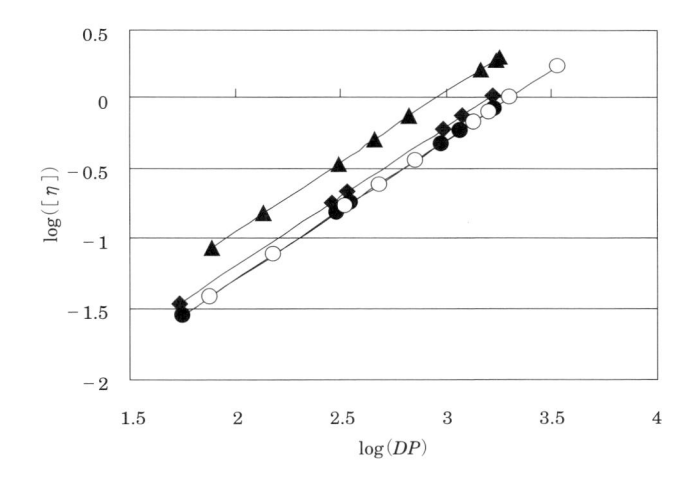

(3) 式 $[\eta] = kM^\alpha$ で、k が高分子（と溶媒）により異なるからである。Staudingerは $[\eta]$ から DP を求めるとき、（M ではなく DP 単位で計算して）k（元の表では K_m）としCTAに 6.5×10^{-4}、セルロースに 5×10^{-4}、ニトロセルロースに 11×10^{-4} の値（①の実験より求めた）を使っている。上図の y 軸切片から k が求まるが、ここではそれぞれ、6.3×10^{-4}、5.0×10^{-4}、11.1×10^{-4} という値が得られる。

(4) 例えば、高分子の丁度真ん中で分解が起こったとすると、一本の鎖の分子量は半分になる。全部がそうなると $[\eta]$ は（$\alpha = 1$ だと）半分になる。もっと短く切断された鎖が多く混ってくると、粘度（およびそれから得られた分子量や重合度）は劇的に減少する。

問3 天然ゴム（ポリイソプレン：ポリ（2-メチル-ブタジエン））では高分子両末端に1つずつメチル基（かメチレンラジカル）が増えることになるが、化学的に調べても、末端基の様子はわからなかった。したがって、末端のない環状構造が提唱された。天然ゴムの平均分子量は数十万あり、重合度は5000以上となる。このような状況で1分子に2個の末端の状態を正確に把握することは困難だったのである。

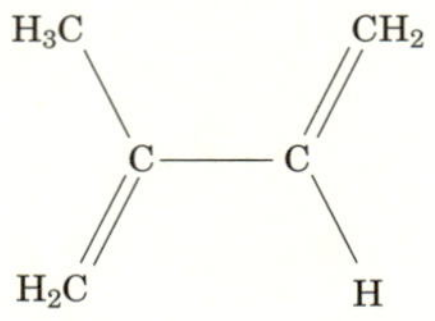

イソプレン 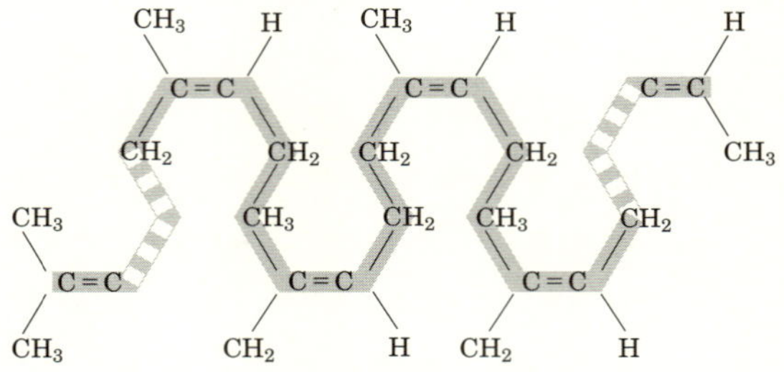　　　　　　　　ポリイソプレン

問4 最も類似している点は、両者がカルボキシ基とアミノ基から形成されるアミド結合によって高分子化されている点であろう。広義には両者ともポリアミドと呼べる。異なる点は、ナイロン66がジカルボン酸とジアミンとからなり、アミド結合を形成する2つの官能基が異なる分子種から供給されている点にあるが、これは、カプロラクタム（アミノカプロン酸の環状縮合物）から作られるナイロン6（第2章参照）ではあてはまらない。アミノカプロン酸は ε アミノ酸であり、これに対してポリペプチドであるフィブロインは α アミノ酸からできている。絹フィブロインは Gly, Ala, Tyr, Ser の4種のアミノ酸で90%以上が構成されるが、これを仮に Gly, Ala の2種が交互に並んでいるポリペプチドと考えた場合、C:N:O:H の分子比は 5:2:2:8 であるが、ナイロン66や6ではこの比が 6:1:1:11 となる。従ってナイロンでは絹よりも C（および H）の含量が大きく、N, O の含量が少ない。（実際には Ser や Tyr が10数%あるのでもっと差が開く。）このことも性質上の大きな差となって現れる。

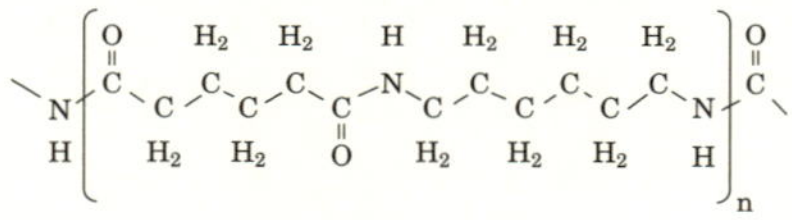

ナイロン66 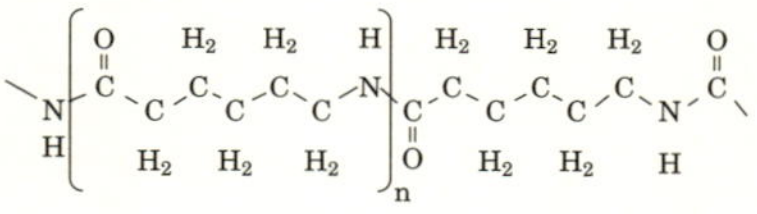　　　　　　　ナイロン6
　　　　　　　　　　　（66との対比上2単位を示す。）

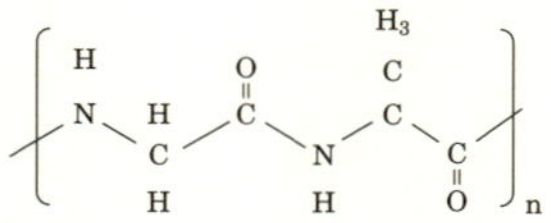

模式的なフィブロイン

問 5 $\pi = cRT$ が成立するならば，この溶液は重量モル濃度 0.0001 であるので，25℃で測定したとして

$c = 0.0001, R = 0.082\ \mathrm{dm^3\ atm\ K^{-1}\ mol^{-1}}$　$T = 298\ \mathrm{K}$ より　$p = 0.0024$ 気圧となる。

水銀柱（比重 13.5）で，1.8 mm，比重 0.95 の液体なら 26 mm。

第 2 章

問 1 4個のフッ素原子上の非共有電子対の入った占有軌道と二重結合のπ軌道との間の相互作用のため，モノマーは著しく不安定化されているが，重合後には相互作用がなくなるため。

問 2 過酸化ベンゾイルは分解によって酸素ラジカル（ベンゾイルオキシラジカル）を生じる。OH 結合に比べて CH 結合は弱いため，この酸素ラジカルはポリマーから水素を引き抜いて，ポリマー中にラジカルをつくることができ，このラジカルからの重合によって，グラフト共重合体が生成する。アゾビスイソブチロニトリルから生ずる炭素ラジカルにはこのような性質がない。どちらのラジカルもモノマーとは反応するため，ホモ重合は共に進行する。

問 3 MMA 由来の生長末端は軌道のエネルギー準位が比較的低く安定で，LUMO のエネルギー準位が低い MMA モノマーとは反応しやすいが，St とは反応しにくい。このため，MMA を先に重合させると，MMA の生長末端は St と反応しにくく，大部分は未反応のまま残るが，いったん St と反応して St 末端となったものは，より反応性が高い（軌道準位が高い）ため，引き続いて St と反応する（2 段階目の St のアニオンホモ重合に関してのみ言えば，開始が遅く，生長が早い場合に該当する）。このため，生成するコポリマーは，長く，かつ不ぞろいの St ブロックがついた少量のブロックコポリマーが MMA ホモポリマーと混ざったものとなる。St を先に重合させた場合，2 段階目の MMA の重合は開始が早く，生長が遅いため，鎖長のよくそろったブロックコポリマーができる。

問 4 式（2-95）において，アゼオトロープ共重合体ができる場合，$d[\mathrm{M_1}]/d[\mathrm{M_2}] = [\mathrm{M_1}]/[\mathrm{M_2}]$ であるため

$$r_1[\mathrm{M_1}] + [\mathrm{M_2}] = [\mathrm{M_1}] + r_2[\mathrm{M_2}]$$
$$[\mathrm{M_1}]/[\mathrm{M_2}] = (1 - r_2)/(1 - r_1)$$

$r_1 = 0.52, r_2 = 0.46$ を代入すると

$$[\mathrm{M_1}]/[\mathrm{M_2}] = 1.13$$

より，St　53 mol%，MMA　47 mol% の仕込み比である。

問 5 数平均重合度 DP は最初に存在した官能基の数と，その時点での官能基の数の比で表される。最初に存在した官能基の数は $2 \times (\mathrm{a + b})$ 個，重合が完結した

時点で，官能基 A は $2 \times (a-b)$ 個残っているため

$$DP = (a+b)/(a-b)$$

となる。

問6 上式より，$a = 1.01, b = 1$ であるため，平均重合度は

$$DP = 2.01/0.01 = 201$$

繰り返し単位の分子量が 254.28 であるため，$M_0 = 127.14$

$$M_N = 201 \times 127 \approx 25{,}600$$

問7

(1) $\left[\!-\!O\!-\!\underset{\|}{\overset{O}{C}}\!-\!(CH_2)_4\!-\!\underset{\|}{\overset{O}{C}}\!-\!O\!-\!CH_2CH_2\!-\!\right]_p$

(2) 3.09，3.33，3.46 g の水はそれぞれ，0.171，0.185，0.192 mol（水の分子量 18.02）にあたる。200 分後の反応率は式（2-104）より

$$p = 0.192/0.2 = 0.96$$

また，50 分，100 分後の反応率はそれぞれ，0.86，0.92 である。

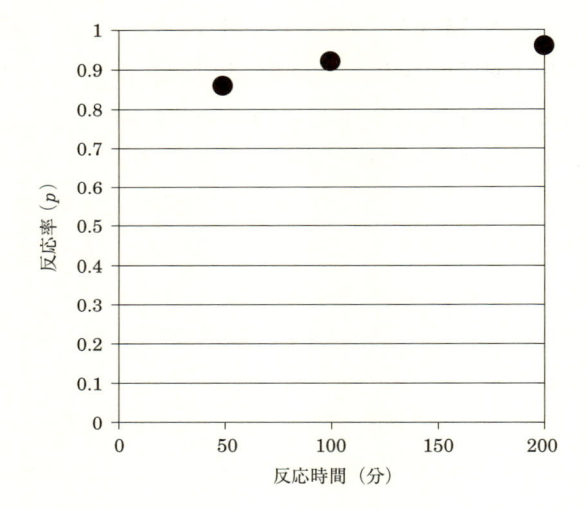

繰り返し単位の分子量 172.18 より，$M_0 = 86.09$。

200 分後の数平均重合度は式（2-106）より

$$DP = 1/(1-p) = 25$$

また，50 分，100 分後の数平均重合度はそれぞれ，7.0，13 である。

式（2-105）より，プロットは y 切片 1 で傾き $k_H C_0$ の直線となる。$k_H C_0 = 0.12$ となるので，$DP = 200$ となるのは

$$200 = 1 + 0.12\,t$$

$t = 1.7 \times 10^3$ 分後となる。

(3)

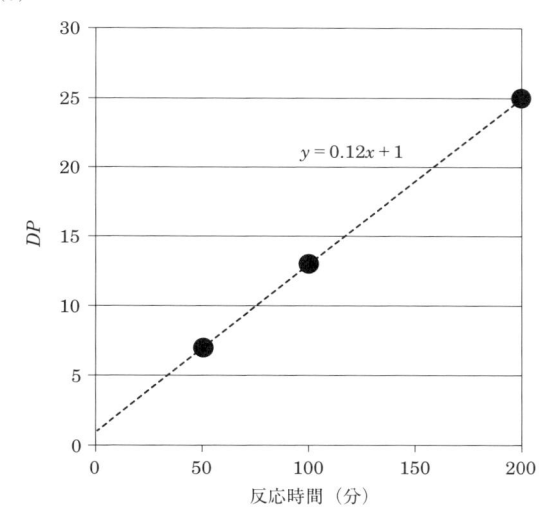

[グラフ: 横軸 反応時間（分）0〜200, 縦軸 DP 0〜30, データ点 (50, 7), (100, 13), (200, 25), 近似直線 $y = 0.12x + 1$]

問8 (1) CBr_4 溶媒中で行ったため，溶媒への連鎖移動が頻発し，分子量の非常に低いポリマーが生成した。溶媒をベンゼンあるいはトルエンに変更するとよい。

(2) 濃塩酸は塩化水素の水溶液である。塩化水素によるカチオン重合では，対アニオンの塩化物イオンが生長末端カチオンに付加して重合は速やかに停止した。（水が重合系中に存在するため，水による連鎖移動も起こる可能性もある）。よって強酸かつ水を含まない濃硫酸やトリフルオロメタンスルホン酸に開始剤を変更する。

(3) THFはカチオン重合するため，THFの重合が併発した。溶媒をジクロロメタンに変更する。

(4) n-ブチルリチウムのカルボニル基への攻撃が起こり，重合がまったく進まなかった。立体効果によってカルボニル基を攻撃しない t-ブチルリチウムに開始剤をかえるか，ジフェニルエチレンと反応させてから，MMAを加える必要がある。

(5) 水中還流下ではイソシアナートが速やかに加水分解してしまった。重合は無溶媒でおこない，発泡性ポリウレタンをつくる場合は少量の水を添加して反応をおこなう。

① $-[CH_2-CH]_p-$ 側鎖 $-COOCH_3$

② $-[CH_2-CH]_p-$ 側鎖 Ph

③ $-[CH_2-CH]_p-$ 側鎖 $-O-CH(CH_3)-CH_2-CH_3$

④ $-[CH_2-C(CH_3)]_p-$ 側鎖 $-COOCH_3$

⑤ $-[OCNH-(CH_2)_6-NHCO-(CH_2)_4]_p-$

問9 （環状硫黄は環歪みがない安定な化合物であるが開環重合する。これは環状硫黄が高い対称性を持ち，回転や振動の自由度が小さいため，重合した方がエントロピー的に有利（$\Delta S > 0$）であり，これが重合エンタルピーの不利さ（$\Delta H > 0$）に打ち勝つためである。このため，）環状硫黄は，通常の連鎖重合とは全く反対に低温ではエンタルピーでの不利さが勝るため重合せず，高温では重合する。

平衡モノマー濃度 1 mol L^{-1} となる温度（天井温度ではなく，床温度と言う）は $\Delta H/\Delta S$ より，約 352K（79℃）と計算され，環状硫黄を重合させるためには，この温度以上に加熱することが必要である（硫黄は加熱すると，約 95℃ で斜方硫黄から単斜硫黄に変わり，約 115℃ で融解する。重合には融点以上への加熱が必要である）。加熱していくと，S–S 結合が切れてラジカルが生じ，開環重合が進む。徐冷すると解重合が進むが，急冷するとポリマーであるゴム状硫黄が合成される。（通常，分子量 200,000 程度のものがとれる。熱力学的に不安定なため，室温でゆっくりと斜方硫黄に変わる。）

第 3 章

問 1 セルロースには繰り返し単位あたり 3 個の水酸基があるので，重合度 1,000 のセルロースには 3,000 個の水酸基がある。置換度 2.0 は，その 2/3 の 2,000 個が酢酸と反応していることを意味する。この値を 0.6 : 0.4 : 1 で分配した値がそれぞれの位置での反応数である。

2 位：$2{,}000 \times 0.6/2 = 600$，　3 位：$2{,}000 \times 0.4/2 = 400$，
6 位：$2{,}000 \times 1/2 = 1{,}000$

問 2 ①セリウム（Ⅳ）イオンを用いるレドックス重合でビニルモノマーをグラフト共重合する方法，②セルロースの水酸基にカルボキシル基を有するアゾ開始剤を結合させた後に，ビニルモノマーをグラフト共重合する方法，③セルロースの水酸基を開始点とするラクチドやカプロラクトンの開環重合によりポリエステルをグラフトさせる方法，などがある。

問 3 280 nm の光子 1 個が持つエネルギー E は

$$E = hc/\lambda = 6.626 \times 10^{-34}(\text{Js}) \times 2.997 \times 10^{8}(\text{ms}^{-1})/280 \times 10^{-9}(\text{m})$$
$$= 7.09 \times 10^{-19}(\text{J})$$

出力 1 W の光源から 10 s に放出されるエネルギー E_{total} は

$$E_{total} = 1(\text{W}) \times 10(\text{s}) = 10(\text{Ws} = \text{J})$$

したがって，この間に放出される光子数は

$$10(\text{J})/7.09 \times 10^{-19}(\text{J}) = 1.41 \times 10^{19}$$

光子数に量子収率 0.1 をかけた値が反応数になる。

$$1.41 \times 10^{19} \times 0.1 = 1.41 \times 10^{18}$$

問 4 $0.98^{124} = 0.0816$　　答え 8.2%

問 5 ポリメタクリル酸メチル（PMMA）は，高温では末端から順次モノマーが脱離する解重合を起こしやすい。はじめにランダムに主鎖が切断して末端にラジカルを持つ 2 つの断片が生じるが，PMMA は 1, 1–二置換ポリマーであるため，α–位の炭素ラジカルが安定化されて，β–位で結合の切断が起こる。この切断によりモノマーと新たに α–炭素ラジカルが生じる。この反応が連続的に起こ

るのが解重合である。

ポリエチレンでは連鎖中のほとんどすべての C−C 結合の解離エネルギーが等しいためランダム分解が起こりやすい。また，生じたラジカルが，連鎖上の水素を引き抜き抜くことで移動してから切断反応を起こすことも，さまざまな分子量の分解生成物が生じる要因である。

問 6 20 kV の電位差で加速された電子 1 個の持つエネルギーは 2×10^4 eV（1 eV $=1.602\times10^{-19}$ J）に等しい。これと等しいエネルギーを持つ電磁波の波長は次式で与えられる。

$$\lambda = hc/E$$
$$= 6.626\times10^{-34}(\text{Js})\times2.997\times10^8(\text{ms}^{-1})/2\times10^4\times1.602\times10^{-19}(\text{J})$$
$$= 6.2\times10^{-11}(\text{m}) = 0.062(\text{nm})$$

この波長は X 線の領域にある。

問 7 電気量は $0.1(\text{A})\times3600(\text{s}) = 360(\text{As}=\text{C})$

Faraday 定数（9.648×10^4 Cmol^{-1}）より電子のモル数を求めると $360(\text{C})/9.648\times10^4(\text{Cmol}^{-1}) = 3.731\times10^{-3}(\text{mol})$

Li$^+$ は 1 価のイオンであるからドーピングされる物質量は 3.731×10^{-3}(mol) である。

問 8 得られるのはスチレンとスチレンスルホン酸の 9：1 共重合体である。スチレンとスチレンスルホン酸の分子量はそれぞれ 104 と 183 であるので，この共重合体 1 g 中のモノマーユニットのモル数は，$1/(104\times0.9+183\times0.1) = 8.94\times10^{-3}$ mol である。この 1/10 がイオン交換能のあるスルホ基のモル数であるから，交換容量の上限は 0.894 mmol g^{-1} である。

問 9 酢酸ビニルの分子量は 86 であるので 1 g のポリ酢酸ビニルに含まれるモノマーユニットのモル数は $1/86 = 11.6\times10^{-3}$ mol である。反応により消費された水酸化ナトリウムのモル数は $1\times10/1,000-1\times1/1,000 = 9\times10^{-3}$ mol であり，この値はケン化されたモノマーのモル数に等しい。したがってケン化度は $9/11.6\times100 = 77.6\%$ である。

第 4 章

問 1

$$\boldsymbol{R}^2 = \left(\sum_{i=1}^{n}\boldsymbol{b}_i\right)\cdot\left(\sum_{i=1}^{n}\boldsymbol{b}_i\right) = \boldsymbol{b}_1\cdot\boldsymbol{b}_1 + \boldsymbol{b}_1\cdot\boldsymbol{b}_2 + \cdots + \boldsymbol{b}_n\cdot\boldsymbol{b}_{n-1} + \boldsymbol{b}_n\cdot\boldsymbol{b}_n$$
$$= \sum_{i=1}^{n}b_i^2 + 2\sum_{i=1}^{n-1}\sum_{j=i+1}^{n}\boldsymbol{b}_i\cdot\boldsymbol{b}_j$$

問 2 $\sum_{i=1}^{n}b_i^2 = \sum_{i=1}^{n}b^2 = nb^2$ および $\langle\boldsymbol{b}_i\cdot\boldsymbol{b}_j\rangle = \langle b_ib_j\cos\theta_{ij}\rangle = b^2\langle\cos\theta_{ij}\rangle$ より，式（4-4）が得られる。

章末問題 第4章 解答

$R_{ij} \cdot R_{ij}$
$= (s_j - s_i) \cdot (s_j - s_i)$
$R_{ij}^2 = s_i^2 + s_j^2 - 2s_i \cdot s_j$

$\sum_{i=0}^{n}\sum_{j=0}^{n} s_i \cdot s_j$
$= \sum_{i=0}^{n} s_i \cdot \sum_{j=0}^{n} s_j = 0$
$\because \sum_{i=0}^{n} s_i = \sum_{j=0}^{n} s_j = 0$

$n=2$ の場合
$\sum_{i=0}^{2} s_i = s_0 + s_1 + s_2$
$= (a-g) + (b-g) + (c-g)$
$= a + b + c - 3g$
$= 0$

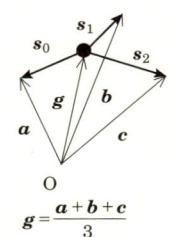

$g = \dfrac{a+b+c}{3}$

$\sum_{i=0}^{n} i = \dfrac{n(n+1)}{2}$

$\sum_{i=0}^{n} i^2 = \dfrac{n(n+1)(2n+1)}{6}$

問3 両辺の和をとり、与えられた関係を代入すると、次式が得られる。

$$\sum_{i=0}^{n}\sum_{j=0}^{n} R_{ij}^2 = \sum_{i=0}^{n}\sum_{j=0}^{n} s_i^2 + \sum_{i=0}^{n}\sum_{j=0}^{n} s_j^2 - 2\sum_{i=0}^{n}\sum_{j=0}^{n} s_i \cdot s_j$$

$$= (n+1)\sum_{i=0}^{n} s_i^2 + (n+1)\sum_{j=0}^{n} s_j^2 = 2(n+1)\sum_{i=0}^{n} s_i^2 = 2(n+1)^2 S^2$$

したがって、$\langle S^2 \rangle$ は以下のように R_{ij} であらわされる。

$$\langle S^2 \rangle = \dfrac{1}{2(n+1)^2} \sum_{i=0}^{n}\sum_{j=0}^{n} \langle R_{ij}^2 \rangle = \dfrac{1}{(n+1)^2} \sum_{i=0}^{n-1}\sum_{j=i+1}^{n} \langle R_{ij}^2 \rangle$$

問4 問2で求めたように、$\langle R^2 \rangle$ を求めるには、$\langle \cos \theta_{ij} \rangle$ を計算する必要がある。熱運動により高分子鎖が変形し、θ_{ij} が $-\pi \leq \theta_{ij} \leq \pi$ の範囲で一様に分布すると、$\cos \theta_{ij}$ は $-1 \leq \cos \theta_{ij} \leq 1$ の範囲で、正負の値が等しい確率で出現するため、$\cos \theta_{ij}$ の和がゼロになる。したがって、その平均値はゼロになる。

問5 R_{ij} の定義において $i=0$ および $j=n$ のとき $R_{0n} = R$ である。自由連結鎖の場合、$\langle R^2 \rangle = \langle R_{0n}^2 \rangle = nb^2$ より、$\langle R_{ij}^2 \rangle = |i-j|b^2$ となり、これを問3で求めた関係に代入し、ij について和をとると、式(4-7)が得られる。

$$\langle S^2 \rangle = \dfrac{1}{(n+1)^2} \sum_{i=0}^{n-1}\sum_{j=i+1}^{n} \langle R_{ij}^2 \rangle = \dfrac{1}{(n+1)^2} \sum_{i=0}^{n-1}\sum_{j=i+1}^{n} |i-j|b^2$$

$$= \dfrac{b^2}{(n+1)^2} \sum_{i=0}^{n-1}\sum_{j=i+1}^{n} (j-i) \approx \dfrac{1}{6} \langle R^2 \rangle$$

問6 b_i に対して b_{i+1} が回転しても、常に $\theta_{i,i+1} = \theta$ より、$\langle \cos \theta_{i,i+1} \rangle = \cos \theta$ となる。これは、結合ベクトルの大きさが一定 ($b_i = b$ $i=1, 2, \cdots n$) のとき、$\langle b_i \cdot b_{i+1} \rangle = \langle b^2 \cos \theta_{i,i+1} \rangle = b^2 \cos \theta$ となることを意味している。

以下に示すように、b_i と b_{i+2} の内積の平均 $\langle b_i \cdot b_{i+2} \rangle$ は、b_i と b_{i+2} の平均ベクトル B_{i+2} の内積に等しい。

$$\langle b_i \cdot b_{i+2} \rangle = \dfrac{b_i \cdot b_{i+2,\phi_1} + b_i \cdot b_{i+2,\phi_2} + \cdots + b_i \cdot b_{i+2,\phi_m}}{m}$$

$$= b_i \cdot \left(\dfrac{b_{i+2,\phi_1} + b_{i+2,\phi_2} + \cdots + b_{i+2,\phi_m}}{m} \right) = b_i \cdot B_{i+2}$$

また、B_{i+2} は幾何学的に $B_{i+2} = b_{i+2} \cos \theta \times \dfrac{b_{i+1}}{b_{i+1}}$ を満足する。

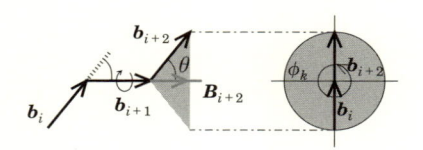

B_{i+2}：b_{i+2} の回転平均
ϕ_k：b_{i+2} の回転角

結合ベクトルの大きさが一定 ($b_i = b$ $i=1, 2, \cdots n$) のとき、$B_{i+2} = \cos \theta \times b_{i+1}$

となるため，$\langle \boldsymbol{b}_i \cdot \boldsymbol{b}_{i+2} \rangle$ は次式のようになる。

$$\langle \boldsymbol{b}_i \cdot \boldsymbol{b}_{i+2} \rangle = b^2 \langle \cos \theta_{i,i+2} \rangle$$

$$= \boldsymbol{b}_i \cdot \boldsymbol{B}_{i+2} = \boldsymbol{b}_i \cdot (\cos \theta \times \boldsymbol{b}_{i+1}) = \cos \theta \times \boldsymbol{b}_i \cdot \boldsymbol{b}_{i+1}$$

$$= b^2 (\cos \theta)^2$$

これより，$\langle \cos \theta_{i,i+2} \rangle = (\cos \theta)^2$ であることがわかる。$j > i+2$ についても同様な関係が成立するため，一般に，$j = i + k$ $(k = 1, 2, \cdots, n-i)$ に対して $\langle \cos \theta_{ij} \rangle = (\cos \theta)^{j-i}$ が成立する。

問7 式（4-8）を $\langle R_{ij}^2 \rangle$ に適用すると，$\langle R_{ij}^2 \rangle = |i-j| b^2 \dfrac{1+\cos\theta}{1-\cos\theta}$ となり，これを問3で求めた関係に代入し，ij について和をとると，n が充分大きい場合，以下のように式（4-7）の関係が得られる。

$$\langle S^2 \rangle = \frac{1}{(n+1)^2} \sum_{i=0}^{n-1} \sum_{j=i+1}^{n} \langle R_{ij}^2 \rangle = \frac{1}{(n+1)^2} \sum_{i=0}^{n-1} \sum_{j=i+1}^{n} |i-j| b^2 \times$$

$$\left\{ \frac{1+\cos\theta}{1-\cos\theta} - \frac{2\cos\theta}{n} \frac{1-(\cos\theta)^n}{(1-\cos\theta)^2} \right\}$$

$$= \frac{b^2}{(n+1)^2} \left\{ \frac{1+\cos\theta}{1-\cos\theta} - \frac{2\cos\theta}{n} \frac{1-(\cos\theta)^n}{(1-\cos\theta)^2} \right\} \sum_{i=0}^{n-1} \sum_{j=i+1}^{n} (j-i)$$

$$\approx \frac{nb^2}{6} \frac{1+\cos\theta}{1-\cos\theta} = \frac{1}{6} \langle R^2 \rangle$$

問8 与式を式（4-8）に代入し，$L = nb$ の関係を利用すると $\langle R^2 \rangle$ が計算できる。また，得られた結果を $\langle R_{ij}^2 \rangle$ に適用し，問3で求めた関係に代入して，ij について和をとると，$\langle S^2 \rangle$ が得られる。

問9 $n_x = 5$, $x = b_x$ の場合，$n_x(+) = 3$, $n_x(-) = 2$ であることがわかる。5歩のうち3歩右へ歩く歩き方は右図に示したように，全部で10通りある。5歩から3歩を選ぶ選び方 N は，次式で計算できる。

$N = (1歩目の選び方) \times (2歩目の選び方) \times (3歩目の選び方)$

$$= 5 \times 4 \times 3 = \frac{5 \times 4 \times 3 \times 2 \times 1}{2 \times 1} = \frac{5!}{2!}$$

上式は同じ選び方，例えば①-②-③や①-③-②などを重複して数えているため，選んだ3歩の並べ方の数 $3 \times 2 \times 1 = 3!$ で割る必要がある。

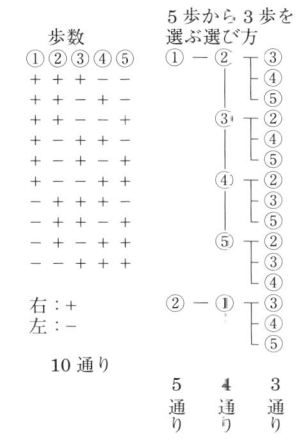

$$N_5 = \frac{5!}{3!2!} = \frac{総歩数！}{右歩数！左歩数！} = 10$$

上式から類推すると，n_x 歩後に x に到達する歩き方の数 N_{n_x} は，次式で計算できる。

$$N_{n_x} = \frac{n_x!}{n_x(+)! \, n_x(-)!}$$

右図に示すように，1歩ごとに左右2とおりの歩き方があるため，n_x 歩あるく歩き方の数は 2^{n_x} になる。

問10

$$p(x) = \frac{n_x \text{歩後に} x \text{に到達する歩き方の数}}{n_x \text{歩あるく歩き方の数}} = \frac{\dfrac{n_x!}{n_x(+)! \, n_x(-)!}}{2^{n_x}}$$

に $n_x(+) = (n_x b_x + x)/2b_x$，$n_x(-) = (n_x b_x - x)/2b_x$，$\ln n! \approx n \ln n - n$ の関係を代入すると次式が得られる。

$$p(x) = \frac{n_x!}{\dfrac{\{(n_x b_x + x)/2b_x\}! \{(n_x b_x - x)/2b_x\}!}{2^{n_x}}}$$

$$\ln p(x) = \ln n_x! - \ln 2^{n_x} - \ln\{(n_x b_x + x)/2b_x\}! - \ln\{(n_x b_x - x)/2b_x\}!$$

$$= -\frac{x^2}{2n_x b_x^2}$$

$$p(x) = \exp\left(-\frac{x^2}{2n_x b_x^2}\right)$$

規格化条件 $\int_{-\infty}^{\infty} Cp(x)dx = 1$ を満たす定数 C を求めると

$$\int_{-\infty}^{\infty} C\exp\left(-\frac{x^2}{2n_x b_x^2}\right)dx = 2\int_{0}^{\infty} C\exp\left(-\frac{x^2}{2n_x b_x^2}\right)dx = C(2\pi n_x b_x^2)^{1/2} = 1$$

$$C = \left(\frac{1}{2\pi n_x b_x^2}\right)^{1/2}$$

問11 $R_{ij} \leq b$ で $w(R_{ij}) = \infty$ より $g(R_{ij}) = 0$，$R_{ij} > b$ で $w(R_{ij}) = 0$ より $g(R_{ij}) = 1$ となる。

$$\beta = \int_{0}^{\infty} 4\pi R_{ij}^2 \{1 - g(R_{ij})\} dR_{ij}$$

$$= \int_{0}^{b} 4\pi R_{ij}^2 (1-0) dR_{ij} + \int_{b}^{\infty} 4\pi R_{ij}^2 (1-1) dR_{ij}$$

$$= \int_{0}^{b} 4\pi R_{ij}^2 \, dR_{ij} = \frac{4\pi}{3} b^3$$

問12 i 本目の高分子を配置する方法の数は，次式で計算できる。

$$w_i = \underbrace{\{nN_p - n(i-1)\}}_{\substack{\text{第1セグメン}\\\text{トの配置の仕}\\\text{方の数}}} \underbrace{Z[\{nN_p - n(i-1)\}/nN_p]}_{\substack{\text{第2セグメントの配}\\\text{置の仕方の数}}} \underbrace{[(Z-1)[\{nN_p - n(i-1)\}/nN_p]]^{n-2}}_{\substack{\text{第3〜}n\text{セグメントの配置の}\\\text{仕方の数}}}$$

$W_p = (1/N_p!) \prod_{i=1}^{N_p} w_i$ に代入すると，次式が得られる。

$$W_p = \frac{1}{N_p!} \prod_{i=1}^{N_p} \frac{Z(Z-1)^{n-2}}{(nN_p)^{n-1}} \left[n\{N_p - (i-1)\} \right]^n$$

$$= \frac{Z^{N_p}(Z-1)^{N_p(n-2)}}{(nN_p)^{N_p(n-1)} N_p!} n^{nN_p} (N_p!)^n$$

式 (4-25) に代入し $\ln N_p! \approx N_p \ln N_p - N_p$ の関係を利用すると，S_p を求めることができる。

$$S_p = k\ln\left\{ \frac{Z^{N_p}(Z-1)^{N_p(n-2)}}{(nN_p)^{N_p(n-1)} N_p!} n^{nN_p} (N_p!)^n \right\}$$

$$= k\left[N_p\{\ln Z(Z-1)^{n-2}\} + nN_p\ln n + n\ln N_p! - (n-1)N_p\ln n \right.$$
$$\left. - (n-1)N_p\ln N_p - \ln N_p! \right]$$

$$\approx k\left[N_p\{\ln Z(Z-1)^{n-2}\} + N_p\ln n - nN_p \right] \quad (n \gg 1)$$

問13 $S_{ps} = k\left[-N_p\ln(N_p/N_{ps}) - N_s\ln(N_s/N_{ps}) - nN_p + N_p\ln\{Z(Z-1)^{n-2}\} \right]$

問14 ΔG_{mix} の各項を n_p で微分すると以下のようになる。

$$(\chi n_s \phi_p)' = \chi \left(\frac{n_s n n_p}{n_s + n n_p} \right)' = n\chi \phi_s (1 - \phi_p) = n\chi \phi_s^2$$

$$(n_p \ln \phi_p)' = \left(n_p \ln \frac{n n_p}{n_s + n n_p} \right)' = \left(1 - \frac{n n_p}{n_s + n n_p} \right) + \ln \frac{n n_p}{n_s + n n_p}$$

$$= \phi_s + \ln \phi_p$$

$$(n_s \ln \phi_s)' = \left(n_s \ln \frac{n_s}{n_s + n n_p} \right)' = -n\phi_s$$

上式を足すことで，$\Delta \mu_{s\,mix}$ が得られる。

ΔG_{mix} の各項を n_s で微分すると以下のようになる。

$$(\chi n_s \phi_p)' = \chi \left(\frac{n_s n n_p}{n_s + n n_p} \right)' = \chi \phi_p (1 - \phi_s) = \chi \phi_p^2$$

$$(n_p \ln \phi_p)' = \left(n_p \ln \frac{n n_p}{n_s + n n_p} \right)' = -\frac{n_p}{n_s + n n_p} = -\frac{1}{n}\phi_p$$

$$(n_s \ln \phi_s)' = \left(n_s \ln \frac{n_s}{n_s + n n_p} \right)' = (1 - \phi_s) + \ln \phi_s = \phi_p + \ln \phi_s$$

上式を足すことで，$\Delta \mu_{s\,mix}$ が得られる。

問15 与式を変形して平衡の条件を代入し，次式のような近似と変数の置き換えを行うことで，式 (4-37) を求めることができる。ただし，圧力の増加にかかわらず V_s は一定であるとする。

$$-\ln(1 - x_p) \approx x_p \ (x_p \ll 1), \ x_p = \frac{n_p}{n_p + n_s} \approx \frac{n_p}{n_s}, \ V_s \approx \frac{V}{n_s}, \ c = \frac{n_p M}{V}$$

章末問題 第4章 解答

与式の変形と平衡条件の代入

$$\mu_s(x_s, p^* + \pi) = \mu_s^*(p^*) + RT\ln x_s + \int_{p^*}^{p^*+\pi} V_s\, dp$$

$$\mu_s(x_s, p^* + \pi) - \mu_s^*(p^*) = RT\ln x_s + \int_{p^*}^{p^*+\pi} V_s\, dp = 0 \qquad (平衡)$$

$$\int_{p^*}^{p^*+\pi} V_s\, dp = -RT\ln x_s,\ V_s \int_{p^*}^{p^*+\pi} dp = -RT\ln(1-x_p),\ \pi V_s \approx RT x_p$$

$$\pi = \frac{RT}{V_s}\frac{n_p}{n_s} = \frac{RT}{V_s}\frac{V_s}{V}\frac{cV}{M} = \frac{cRT}{M}$$

問16
$$\pi = -\frac{1}{V_s}RT\ln x_s = -\frac{\mu_s - \mu_s^*}{V_s}$$
$$= -(1/V_s)\{\ln(1-\phi_p) + (1-1/n)\phi_p + \chi \phi_p^2\}$$
$$= (1/V_s)\{(1/n)\phi_p + (1/2-\chi)\phi_p^2 + \cdots\}$$
$$= c/M + (1/2-\chi)(n^2 V_s/M^2)c^2 + \cdots$$

セグメントのモル体積≈溶媒分子のモル体積とすると，nV_sは高分子鎖のモル体積にほぼ等しい。これにモル濃度c/Mをかけ算することで，高分子鎖の体積分率になるため，$\phi_p \approx (nV_s)(c/M)$とした。

問17 与式より$n'_{p1} = \dfrac{V'_1}{V_p}\phi'_{p1}$, $n'_{p2} = \dfrac{V'_2}{V_p}\phi'_{p2}$, $\dfrac{V'_1}{V'_2} = \dfrac{n'_{p1}\phi'_{p2}}{n'_{p2}\phi'_{p1}}$ が得られる。

$$\phi_{p0} = \frac{(n'_{p1} + n'_{p2})V_p}{V'_1 + V'_2} = \frac{V'_1}{V'_1 + V'_2}\phi'_{p1} + \frac{V'_2}{V'_1 + V'_2}\phi'_{p2}$$
$$\approx \frac{n'_{p1}}{n'_{p1} + n'_{p2}}\phi'_{p1} + \frac{n'_{p2}}{n'_{p1} + n'_{p2}}\phi'_{p2} \quad (\phi'_{p1} \approx \phi'_{p2}\text{のとき})$$

$$n_{p0}\phi_{p0} = n'_{p1}\phi'_{p1} + n'_{p2}\phi'_{p2}$$

問18
$$\Delta G'_{1+2} = \frac{n'_{p1}}{n_{p0}}\Delta G'_1 + \frac{n'_{p2}}{n_{p0}}\Delta G'_2 = \frac{1}{n'_{p1} + n'_{p2}}\left(n'_{p1}\Delta G'_1 + n'_{p2}\Delta G'_2\right)$$

$$= \frac{\phi_{p0} - \phi'_{p1}}{\phi'_{p2} - \phi'_{p1}}\left(\frac{\phi'_{p2} - \phi_{p0}}{\phi_{p0} - \phi'_{p1}}\Delta G'_1 + \Delta G'_2\right)$$

$$= \Delta G'_1 + \frac{\phi_{p0} - \phi'_{p1}}{\phi'_{p2} - \phi'_{p1}}\left(\Delta G'_2 - \Delta G'_1\right)$$

問19 ϕ_{p1}とϕ_{p2}の間隔が狭くなり，T_0において上に凸の領域が消失する。

問20 右図において，ϕ'_{p1}，ϕ'_{p2}のようにϕ_{p0}からの変化が小さいときはΔG_{total}が増加するため，ϕ_{p0}にもどり，ϕ_{p1}，ϕ_{p2}のように，変化が大きいときはΔG_{total}が減少するため，自発的に相分離する。

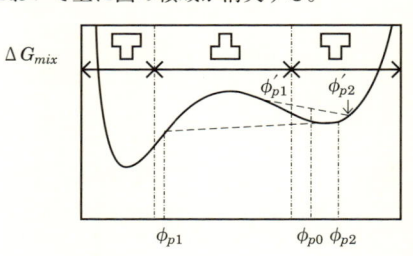

問21 共存曲線は，$\Delta \mu_{p\,mix}(\phi_{p1}) = \Delta \mu_{p\,mix}(\phi_{p2})$，$\Delta \mu_{s\,mix}(\phi_{s1}) = \Delta \mu_{s\,mix}(\phi_{s2})$ より，尖点曲線は，変曲点の定義 $(\partial^2 \Delta G_{mix}/\partial \phi_p^2)_{T,P,\phi_s} = (\partial^2 \Delta \mu_{mix}/\partial \phi_p^2)_{T,P,\phi_s} = 0$ から求められる。

問22 $\int_0^\infty f_N(M)\,dM = 1$，$\overline{M_N} = \int_0^\infty M f_N(M)\,dM$，$\overline{M_W} = \dfrac{\int_0^\infty M^2 f_N(M)\,dM}{\int_0^\infty M f_N(M)\,dM}$ を分散の定義 $\sigma^2 = \int_0^\infty (M - \overline{M})^2 f(M)\,dM$ に代入して整理すると次式のようになる。

$$\sigma_N^2 = \int_0^\infty (M - \overline{M_N})^2 f_N(M)\,dM$$
$$= \int_0^\infty M^2 f_N(M)\,dM - 2\int_0^\infty M \overline{M_N} f_N(M)\,dM + \int_0^\infty \overline{M_N}^2 f_N(M)\,dM$$
$$= \overline{M_W}\,\overline{M_N} - 2\overline{M_N}^2 + \overline{M_N}^2 = \overline{M_W}\,\overline{M_N} - \overline{M_N}^2$$

両辺を $\overline{M_N}^2$ で割って根をとると，式（4-48）が求まる。

問23 与式を $R(\theta)$ の式に代入すると，$R(\theta) = K_\theta cM = \sum_i K_\theta c_i M_i$ が得られ，M について整理すると，次式のように重量平均になることがわかる。

$$M = \sum_i \left(M_i \frac{c_i}{c}\right) = \frac{\sum_i c_i M_i}{c} = \frac{(1/V)\sum_i (N_i/N_A) M_i^2}{(1/V)\sum_i (N_i/N_A) M_i} = \overline{M_W}$$

ここで，$c_i = \dfrac{(N_i/N_A) M_i}{V}$，$c = \sum_i c_i = \sum_i \dfrac{(N_i/N_A) M_i}{V}$ の関係を用いた。V は溶液の体積である。

第5章

問1 アイソタクティックポリプロピレンは，側鎖メチル基が主鎖をトランスジグザグ構造としたとき，分子軸の方向から見て同じ側にあるので，メソの連続構造である。したがって，……$mmmm$……のように表わすことができる。一方，シンジオタクティックポリプロピレンは，側鎖メチル基は主鎖に対して交互であるので，……$rrrr$……のように表わすことができる。

問2 式（5-1）において，実測密度 $\rho = 0.90$ g cm^{-3}，結晶密度 $\rho_{cry} = 0.935$ g cm^{-3}，非晶密度 $\rho_{amo} = 0.851$ g cm^{-3} を代入すると，結晶化度 $x = 0.606$ となる。結晶化度は 60.6% である。

問3 ポリエチレンの場合，式（5-2）において，モノマーの分子量 $M = 28.058$，$V = 92.445$ Å^3，（92.445×10^{-24} cm^3）で単位体積中に存在するモノマーの数は中央の鎖の1と周りの鎖の1の寄与，合計2であるので，アボガドロ数を 6.022×10^{23} (mol^{-1}) を代入して計算すると

$$\rho_{cry} = \frac{2 \times 28.058}{92.445 \times 10^{-24} \times 6.022 \times 10^{23}} = 1.008 \,(\text{g cm}^{-3})$$

問4

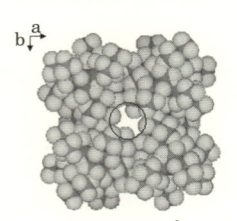

a = b = 18.7Å

ポリ 4-メチル-1-ペンテンは 5 種の結晶形態をもち，その中の I 型は主鎖が 7_2 ヘリックス構造をとる．4 本鎖で正方晶を形成する．図は結晶軸方向から見た分子鎖のパッキングの様子を示しており，4 本鎖のちょうど中央にキャビティーが存在する．このため，室温付近での結晶密度は 0.828 g cm^{-3}，非晶密度は 0.838 g cm^{-3} であり，結晶構造の方が疎な構造となる．
（吉水, 辻田, 高分子, 54 巻, 827-832（2005））

問5　解答例

高分子の種類	T_g (K)	T_m (K)	T_g / T_m
ポリエチレン（PE）	193	414	0.47
ポリフッ化ビニリデン（PVDF）	223	451	0.49
ポリ塩化ビニリデン（PVDC）	256	471	0.54
ポリプロピレン（PP）	263	449	0.59
ポリスチレン（PS）	373	513	0.73
ポリビニルアルコール（PVA）	358	529	0.68
ポリアクリロニトリル（PAN）	370	590	0.63
ナイロン 6（Ny6）	323	538	0.60
ポリイミド（PMDA-ODA）	690	870	0.79

問6　ポリプロピレンの射出成型品は，キッチン・バス関連では食器，カップ，包装容器，椅子に，また洗濯物干し用具等，生活用品の多くに使用されている．原料はイソタクティック PP ホモポリマー（単一成分という意味）である．iso-PP は結晶性高分子であるので，成型品には結晶部分が存在するが，iso-PP の結晶高次組織としては球晶が考えられる．球晶の内部は複雑なラメラ構造（図 5-22）である．ラメラ構造は iso-PP 鎖の結晶格子（a 軸 6.6 Å，b 軸 20.9 Å，c 軸 6.5 Å）を基本として長くつながったものである．結晶構造を構成する 3_1 らせん分子鎖は，c 軸方向に伸びるが，ある長さ（100 〜 300 Å）で折れ曲がり，それ自身が結晶構造の一員となり構造を形成する．

問7　マックスウェル要素では，ひずみ γ の時間変化と粘度 η の関係は，以下の式で表わされる．

$$\eta = S / (d\gamma / dt) \qquad (\text{i})$$

この式は，ある一定の応力を加えたときのひずみが時間とともにどう変化するかによって，粘度が定義されていることを示している．一方，バネ部分ではバネ弾性は加えた力に対し，ひずみが比例することを表わしているから

$$G = S / \gamma \qquad (\text{ii})$$

そこで，マックスウェル要素ではひずみの時間変化はそれぞれの寄与の和であるから

$$\frac{d\gamma}{dt} = \frac{S}{\eta} + \frac{(dS/dt)}{G} \qquad \text{(iii)}$$

この微分方程式を γ が一定の条件で解くと，応力 $S(t)$ は，式 (5-5) となる。

問8 ゴムを引っ張る過程は，温度一定，体積一定の系として取り扱うことができるので，ヘルムホルツの自由エネルギー (A) を考える。A は，$A = E - TS$ で定義される。E は内部エネルギーであり，T は温度，S はエントロピーである。熱力学では，常に変化（差）を問題にするので，A の全微分（変化率）は，

$$dA = dE - SdT - TdS \qquad \text{(i)}$$

温度一定の条件では，内部エネルギーの変化 (dE) は，系が吸収した熱と (dq) と系によってされた仕事 (dw) と次のような関係がある。

$$dE = dq - dw \qquad \text{(ii)}$$

また可逆過程（変化が徐々に起こるような過程）では，$dS = dq/T$ と定義される。これらを式 (i) に代入し，さらに系によってされた仕事が，圧縮による項（圧力 P とそれらによる体積変化 dV との積，PdV）と，それ以外の内部エネルギー項の和であるとし，($dw = PdV + dW_e$)，さらに式 (i) に代入すると

$$dA = -PdV - SdT - dW_e \qquad \text{(iii)}$$

となる。ゴムを引っ張る過程であるから外部から受ける仕事 dW_e は，F を力，L をその長さとすると

$$dW_e = -FdL \qquad \text{(iv)}$$

（マイナスがつくのは，PdV の押す方向に対し，引っ張る方向であるためである。）したがって

$$dA = -PdV - SdT + FdL \qquad \text{(v)}$$

温度一定，体積一定の条件では $dV = dT = 0$ であるから，上式を変形して

$$F = \left(\frac{\partial A}{\partial L}\right)_{V,T} \qquad \text{(vi)}$$

添字の V, T は，体積と温度を一定にした条件であることを示している。ここでもう一度定義，$A = E - TS$ を式 (vi) に代入すると

$$F = \left(\frac{\partial E}{\partial L}\right)_{V,T} - T\left(\frac{\partial S}{\partial L}\right)_{V,T} = F_E + F_S \qquad \text{(vii)}$$

このように力はエネルギー項 (F_E) とエントロピー項 (F_S) で表わさせる。式 (v) において L を一定とすると $FdL = 0$ であるから

$$S = \left(\frac{\partial A}{\partial T}\right)_{V,L} \qquad \text{(viii)}$$

上記 S の L に対する変化率，式 (vi) における F の T に対する変化率を計算すると

$$\left(\frac{\partial S}{\partial L}\right)_{v,T} = -\left[\frac{\partial \left(\frac{\partial A}{\partial T}\right)_{v,L}}{\partial L}\right]_{v,T} \tag{ix}$$

$$\left(\frac{\partial F}{\partial T}\right)_{v,L} = \left[\frac{\partial \left(\frac{\partial A}{\partial L}\right)_{v,T}}{\partial T}\right]_{v,L} \tag{x}$$

すなわち式（ix）と式（x）は，等しいから

$$\left(\frac{\partial F}{\partial T}\right)_{v,L} = -\left(\frac{\partial S}{\partial L}\right)_{v,T} \tag{xi}$$

上の関係は Maxwell の式と呼ばれるものと同様の式である。これを式（vii）に代入すると

$$F = \left(\frac{\partial E}{\partial L}\right)_{v,T} + T\left(\frac{\partial F}{\partial T}\right)_{v,L} \tag{xii}$$

となる。理想気体において，$P = nRT/V = K'T$ が成り立つのと同様に（$K' = nR/V$），理想ゴムにおいては，一定の長さに伸長したゴムの張力は温度に比例するので

$$F = KT \tag{xiii}$$

が成り立つ。そこで

$$\left(\frac{\partial F}{\partial T}\right)_{v,L} = K \tag{xiv}$$

上式に代入すると

$$\left(\frac{\partial E}{\partial L}\right)_{v,T} = 0 \tag{xv}$$

であることが分かる。これは引っ張り変形によって，内部エネルギーの変化がないことを示している。したがって最終的に

$$F = -T\left(\frac{\partial S}{\partial L}\right)_{v,T} \tag{xvi}$$

が得られた。（このような式を覚える必要は全くないが，筋道をしっかり理解することは重要である。）

問9 ガラス転移温度における η を η_g とし，ガラス転移温度より約 100℃ 高い温度範囲までの温度 T における溶融粘度を η_T とする。またガラス転移温度における自由体積分率を f_g，温度 T における自由体積分率を f_T とすると，式（5-13）より

$$\log \frac{\eta_T}{\eta_g} \approx \frac{1}{2.303}\left(\frac{1}{f_T} - \frac{1}{f_g}\right) \tag{i}$$

式（5-14）を代入すると

$$\log \frac{\eta_T}{\eta_g} = \frac{(1/2.303 f_g)\alpha(T - T_g)}{f_g + \alpha(T - T_g)} \tag{ii}$$

WLF 式（式 (5-15)）と比較すると

$$C_1 = 1/2.303 f_g, \quad C_2 = f_g / a \tag{iii}$$

となるので，便宜的な値である $C_1 = 17.44$, $C_2 = 51.6$ を代入すると $f_g = 0.025$ となる。

第6章

問1 および **問2**

共通して，分子の配向が揃っており，van der Waals 力に加えて，芳香環の間での π-π スタッキングや水素結合により高分子鎖間に強い相互作用が生じ，強度が増加する。ポリエチレンのように，超高分子量で高い配向度を持つことで，水素結合や π-π スタッキングに頼らなくとも機械的強度の高い材料となるものもある。また，高分子鎖間に化学的架橋を施すことにより耐熱性は上がるが，機械的強度については，脆くなることが多い。

問3 多くの場合，主鎖上に π 電子を持つ基が連なっており，共役により分子全体に π 電子の雲が広がっている。

第7章

問1 類似点

構成単位の脱水縮合により，ペプチド結合（タンパク質），グリコシド結合（多糖）およびホスホジエステル結合（核酸）が生じ，高分子となっている。

相違点

構成単位は，タンパク質の場合はおおむね20種類，核酸の場合には4種類であるが，多糖では，糖の基本構造が5員環（フラノース型）か6員環（ピラノース型）か，あるいは置換基の種類と立体配置（アキシャルかエクアトリアルか）により多種類ある。

問2 非還元末端が α 型の場合，還元末端側の糖は6, 4, 3, 2, 1位の水酸基でグリコシド結合できる。このうち，6, 4, 3, 2位で結合しているものについては，それぞれ α, β の二種類のアノマーがあるから，合計8種類。同様に，非還元末端が β 型のものについても，8種類ある。さらに，1位の水酸基同士で結合している場合，α 型同士，β 型同士，α 型と β 型間の3種類がある。したがって，合計は，$8 \times 2 + 3 = 19$ 通り

問3 (1) 例として図7-3 (a) の Ala-Glu-Val-Thr-Asp-Pro-Gly というヘプタペプチドについて考えてみよう。そのコドンが，表7-2に示したそれぞれのアミノ酸に対する最上段の組み合わせだとすると，G-C-U-G-A-A-G-U-U-A-C-U-G-A-U-C-C-U-G-G-U となる。今かりに，左端の G をと

ばして，C-U-という具合に読み始めると，Leu-Lys-Leu-Leu-Ile-Leu-Val という極めて疎水性の高いペプチドの配列を表すことになる（右端の G-U-は次に来るものが AUGC のいずれであろうと Val を表す）。配列が1個ずれると，全く異なるペプチドができるわけである。

（2） 同様に G-C-U-G-A-A-G-U-U-A-C-U-G-A-U-C-C-U-G-G-U について，一箇所を換えてみよう。仮に左から6個目の A を U に代えると，コドンは G-A-U で Asp を表す。したがって，ペプチドは Ala-Asp-Val-Thr-Asp-Pro-Gly となり，1個のアミノ酸が入れ替わるだけである。

問4　タンパク質の構成単位であるアミノ酸の構造は比較的単純なので，無生物的に生成しやすい。一方，核酸の構成単位は，核酸塩基に糖とリン酸が縮合した複雑な構造で，アミノ酸と比較すると自然発生的には生成しにくい。

タンパク質は20種類のアミノ酸が決められた順序で結合する必要があり，一次配列のコントロールが難しい。核酸の場合，4種類の構成単位の結合であり，その配列の制御は比較的容易である。複製も，核酸の場合，塩基間の水素結合を利用して，1対1の対応が容易であるが，タンパク質では，アミノ酸間の1対1対応による複製は困難である。

タンパク質は，他種類のアミノ酸を用いて，触媒や情報伝達・応答など，生命活動に必要な多様な機能を持つ分子の構築が容易である。一方，核酸の場合，プリン，ピリミジンのそれぞれ2種類の核酸塩基を有する，アミノ酸よりかなり嵩高い4種類のヌクレオチドの縮合により，立体構造が精密に制御された分子を構築することは困難である。

索　引

あ　行

アクチン　208
アジド　95
アゼオトロープ共重合体　63
アゾベンゼン　195
アタクティック　128, 129
圧電性　190
アデニン　213
アニオン重合　24, 43, 55
アミロース　210
アラミド　68, 147
アルコキシシリル基　88

イオン交換樹脂　183
イオン交換膜　184
イオン重合　24, 41
イオン対　42
異方性　177
イソタクティック　129, 136
一塩基多型　217
1軸配向関数　153
位置選択性　78
遺伝　213
移動係数　157, 163
イメージングプレート　141
インターフェロン　207
インテリジェントマテリアル　190

ウラシル　215

液晶　171
液晶高分子　171
エチレン-プロピレン-ジエン三元共重合体　87
エポキシ樹脂　71, 88
エラストマー　130
エンジニアリングプラスチック　171, 173
延伸　152
エンプラ　171, 173

応力緩和　155
応力-ひずみ曲線　153, 154
岡崎フラグメント　215
オリゴマー（oligomer）　2
温度感応型高分子ゲル　191

か　行

カーボンファイバー　175
開環重合　23, 52
開始剤効率　33
開始反応　22, 42, 44, 47
解重合　89
カイパラメーター　111
鍵穴　205, 206
架橋　159
架橋反応　86
拡散係数　163, 164
核生成　151
下限臨界溶液温度　191
過酸化ジクミル　87
加水分解重合　58
数分布関数　118
ガス分離膜　184
数平均分子量　4, 40, 47, 67, 118
可塑剤　133, 164
カチオン重合　24, 47, 55
活性化モノマー機構　59
カップリング　83
ガラス状態　130
ガラス繊維　175
ガラス転移　86
ガラス転移温度　130, 131, 133, 149, 150, 152, 153, 162, 164, 165
加硫　87, 175
カルボキシメチルセルロース　79
還元粘度　122
感光性高分子　178
環状ポリオレフィン　129
緩和時間　156
緩和弾性率　157

キチン　92, 211
基底状態　92
キトサン　92
逆供与　49
逆浸透　184
逆転酵素　216
キャスト膜　184
球晶　145, 169
共重合（copolymerigation）　11, 60
凝集構造　126, 127, 128, 159
共触媒　51
共存曲線　117
共鳴効果　27, 31
極限粘度数　122

極性効果　27, 31
極細繊維　177
巨大分子　1
キレート樹脂　80
禁止剤　38

グアニン　213
クエンチ　129, 150
鎖のもつれ　151
グラスファイバー　175
グラフト共重合体　82
クリープ　155
グリコーゲン　210
グリコシド結合　200
クロマトグラフィー法　5

形状記憶高分子　193
ケイ皮酸　95
結合角歪み　53
結晶化　150, 151
結晶化度　128, 140, 141, 142, 149, 168
結晶系　135
結晶構造　128, 135, 140, 141, 149
結晶性高分子　128, 134, 135, 141, 143, 147, 148, 169
血栓生成　223
ゲノム　214
ゲノム創薬　217
ケブラー　142, 147
ケラチン　202
ゲル浸透クロマトグラフィー　123, 186
ゲルろ過法　186
ケン化　81
限外ろ過　184
ケン化度　81
原子移動ラジカル重合　85
原子団寄与法　161
懸濁重合　41
厳密　141

広角X線回折法　140
光学分割クロマトグラフィー　186
交換容量　80
高吸水性高分子　84
高吸水性材料　188
抗血栓性材料　223
格子モデル　109
高重合度近似　39
酵素　204
酵素標識免疫定量法　219
抗体　206

高分子 EL　196
高分子凝集剤　186
高分子固体電解質　180
高分子触媒　188
高分子ミセル　83
高分子溶液　109
高密度ポリエチレン　51
ゴーシュ　135
固相合成法　221
固定化酵素　218
コドン　212
コピー　189
ゴム状態　86, 130, 133
ゴム弾性　86, 159, 169
固有粘度　122
コラーゲン　204
コレステリック液晶　194
コンホメーション　135, 159

さ 行

再結合　33, 36
再生セルロース　78
再生繊維　78
細胞外マトリックス　228
細胞シート　228
酢酸セルロース　78
櫻田一郎　1
酸化還元開始剤　34
酸化防止剤　91, 641

ジエチルシロキサン　131
紫外線吸収剤　95
シクロデキストリン　211
シシケバブ構造　145
持続長　104
実在鎖　107
ジブチルヒドロキシトルエン　91
3, 5-ジメチルヘプタン　137
自由イオン　43
自由回転鎖　103
重縮合　65
自由体積　159, 160
自由体積分率　159, 163, 166, 169
自由体積理論　162, 163
重付加　65, 70
重量分布関数　118
重量平均分子量　4, 41, 121
自由連結鎖　102
蒸気圧　112
焦電性　191
食物繊維　210
人工肝臓　227
人工心臓　227
人工腎臓　226
人工膵臓　228

人工臓器　222
人工透析　226
シンジオタクティシティー　82
シンジオタクティック　129, 136
浸透圧　113
浸透圧測定法　119

スーパーエンジニアリングプラスチック　173
スーパーエンプラ　173
スタッキング　214
スチレン(S)-ブタジエン(B)-スチレン(S)-トリブロック共重合体　83
スチレンブタジエンゴム　87
スピノーダル曲線　117
スピロベンゾピラン　195

制限酵素　217
生長反応　22, 35, 42, 45
生分解性高分子　91, 229
精密ろ過　184
セグメント　105
接着剤　188
セリウム　84
セリシン　204
セルロイド　16
セルロース　77, 209
セロファン　78
全π電子共役系高分子　97
繊維図形　134, 135
セントラルドグマ　216

相図　115
双性イオン型　225
相対粘度　122
相転移　130, 149, 150
増粘剤　210
相分離構造　225
相平衡　114
相溶化剤　85
束一的性質　2
束縛回転鎖　103
素反応　22, 60

た 行

タイ分子　145
タクティシティー　9
多分散度　41
単結晶ラメラ　143, 144
炭素繊維　175
タンパク質　200
単量体　1

置換度　78
逐次重合　20, 64

チミン　213
中空糸　226
超遠心法　6
超高強度繊維　171
超極細繊維　177
直鎖状低密度ポリエチレン　52
沈降速度法　6

対イオン　42

停止反応　22, 36, 43, 46, 48
定常状態近似　39, 61
低密度ポリエチレン　51
テーラーメイド医療　217
デオキシリボ核酸　213
デオキシリボヌクレオチド　213
転移 RNA　215
電解重合　97
電子吸引基　29
電子供与基　29
電子効果　27, 31
電子遷移　92
電子線照射　96
電子伝導性　97
転写　215
天井温度　24
デンドリマー　11
天然ゴム　14
天然素材　14
電場応答高分子　197
電離放射線　96

等温結晶　145
等温結晶化　149, 150
糖鎖チップ　217
糖タンパク質　211
導電性高分子　179
頭尾付加　35
ドーピング　97
ドープ　179
ドーマント種　49
渡環歪み　54
突点曲線　117
トナー　189
トランス　135
塗料　188
曇天曲線　115

な 行

ナイロン　17, 133, 149, 152
ナイロン6　58, 68
ナイロン66　21, 68

2次元高分子　11
2次電池　97, 180

ニトロセルロース　79
1/2乗則　40
乳化重合　41

ネオプレン　16
ねじれ歪み　53
熱開始剤　32
熱酸化反応　90
熱分解　89
粘弾性　154, 155
粘度測定法　122
粘度平均分子量　4, 122
粘度法　5
燃料電池　180

伸び切り鎖　147
ノボラック樹脂　73

は　行

配位重合　49, 56, 57
バイオセンサ　220
配向　147
配向性　152
排除体積効果　107
排除体積パラメーター　109
破壊的連鎖移動　38
バルク　164
バルク（塊状）重合　41
ハロー　141
半屈曲性高分子　104
反応選択性　204
汎用較正曲線　123

ヒアルロン酸　220
光錯乱測定法　120
光散乱法　6
光増感剤　35
光電変換用高分子　196
光ファイバー　181
光分解反応　93
非晶構造　128, 140, 141, 155
非晶領域　155
ヒストン　207
ひずみ　155, 156
非摂動鎖　105
引っ張り強度　154
引っ張り試験　153
引っ張り弾性率　154
ビニル重合　23, 25
ビニルポリマー　129
ビニロン　82
比粘度　122
表面　164, 166
ビリアル係数　114
ビリアル展開　114

フィブリノーゲン　206
フィブロイン　204
フェノール樹脂　71
フォトクロミック　194
フォトレジスト　94
付加縮合　71
不均化　33, 36
複製　215
房状ミセル構造　143, 145
ブタン　135
フッ素ゴム　176
物理的エージング　131
プレポリマー　71, 72
ブロック共重合体　82, 11
プロテインチップ　217
プロテオーム　209
分子間架橋　133
分子軌道　92
分子吸光係数　92
分子動力学シミュレーション　127, 166
分子量分布　3
分配係数　80

平均二乗回転半径　102
平均二乗両末端間距離　101
平均分子量　3, 118
平衡モノマー濃度　24
平面ジグザグ構造　135
ベークライト　16
ベクター　217
ペプチドグリカン　211
ペプチド結合　200
変形　153
偏光フィルム　82
べん毛モーター　208
包接　211

膨張因子　107
ポーリング　190
ポリ（1,4-シスイソプレン）　176
ポリ（2-ヒドロキシエチルメタクリレート）　224
ポリ（α-メチルスチレン）　90
ポリ-4-メチル-1-ペンテン　138, 169
ポリアクリル酸メチル　163
ポリアセチレン　97, 179
ポリアニリン　97
ポリイソブチレン　157
ポリイソプレン　150, 166
ポリイミド　69
ポリエステル　65, 152, 230
ポリエチレン　8, 127, 133, 135, 143, 144, 147, 150, 169
ポリエチレンサクシネート　151, 152

ポリエチレンテレフタレート　129, 133, 146, 150
ポリ塩化ビニリデン　133
ポリ塩化ビニル　133, 164
ポリオキシメチレン　24, 144
ポリカーボネート　69, 173
ポリグリコール酸　230
ポリ桂皮酸ビニル　178
ポリケトン　94
ポリ酢酸ビニル　81
ポリジメチルシロキサン　127, 176
ポリスチレン　79, 128, 129, 132, 133, 100, 000
ポリチオフェン　97
ポリ乳酸　10, 57, 92, 230
ポリノルボルネン　193
ポリパラフェニレンテレフタルアミド　139, 147
ポリパラフェニレンベンゾビスオキサゾール　147
ポリパラフェニレンベンゾビスチアゾール　148
ポリビニルアルコール　81, 92, 133
ポリビニルカルバゾール　196
ポリピロール　97
ポリブタジエン　87
ポリフッ化ビニリデン　190
ポリプロピレン　9, 133, 137, 138, 164, 168
ポリマー　1
ポリマーアロイ　85
ポリメタクリル酸メチル　90, 93
ポリメチルメタクリレート　128, 129, 133, 139
ポリメラーゼ連鎖反応　217
ホルモン　207
翻訳　215

ま　行

マイクロカプセル　185
マイクロリソグラフィー　179
末端基定量法　6
末端モデル（terminal model）　60

ミオシン　208
ミクロ相分離構造　83
ミクロブラウン運動　130, 159
密度　168
密度勾配管　140
密度法　140
みみず鎖　104

無定型高分子　129, 134, 155

メソ　168

メソ体　137
メタセシス開環重合　59
メッセンジャーRNA　215
メラミン樹脂　74

もつれ　159
モノマー　1
モノマー反応性比　11，61

や 行

薬物送達システム　229
ヤング率　154

有機化酸化物　87
融点　148
ユリア樹脂　74

溶液重合　41
陽電子消滅法　161
溶融紡糸　152

ら 行

ラギング鎖　215
ラジカル重合　24
ラセミ　168
ラセミ体　137
らせん構造　13，136，137
ラダーポリマー　11
ラテックス凝集分析法　219
ラミネート　185
ラメラ　145

ランダムコイル　149，202
ランダム分解　89

リアクティブプロセッシング　85
リーディング鎖　215
リオトロピック液晶　147
理想共重合　61
理想鎖　105
立体規則性　128，129
立体効果　26
立体選択性　205
リビングアニオン重合　83
リビング重合　46，49，83
リボ核酸　215
リボソーム　215，229
量子収率　93
両末端間距離　101
リン酸ジエステル結合　200

励起状態　92
レーヨン　78
レジスト　179
レゾール樹脂　73
連鎖移動剤　37
連鎖移動反応　22，37，48
連鎖重合　20

欧 文

ABS樹脂　84
DDS　229
DNAチップ　217
G.Natta　9
GPC法　122

H.Staudinger　3
hybridization　217
J.H.Van't Hoff　6
K.A.Kékule　2
K.Ziegler　9
Kevlar　172
L.Baekeland　16
LCST　115
Lewis-Mayo式　61
Mark-Houwink-Sakurada　6
Maxwell要素　155，169
Merrifield樹脂　80
$n \rightarrow \pi^*$遷移　93
Norrish反応　94
n-ペンタン　135
P.J.Flory　17
P.J.W.Debye　6
PCR　217
Q, e-則　63
Rayleigh比　120
RGD　228
ribozyme　216
T.Svedberg　6
UCST　115
Voight要素　155
WLF　162，169
X線回折実験　134，135
Ziegler-Natta触媒　51
Z分布関数　118
Z平均分子量　4
α-ヘリックス　202
β-シート　202
$\pi \rightarrow \pi^*$遷移　93

編著者

きた の ひろ み
北 野 博 巳
1978年 京都大学大学院工学研究科高分子化学専攻博士課程単位取得退学
現　在 富山大学名誉教授
専門分野 高分子界面科学

く ぬぎ しげる
功 刀 滋
1977年 京都大学大学院工学研究科高分子化学専攻博士課程単位取得退学
現　在 京都工芸繊維大学名誉教授
専門分野 生体関連高分子化学

著者

みや もと まさ とし
宮 本 真 敏
1981年 京都大学大学院工学研究科合成化学専攻修士課程修了
現　在 元京都工芸繊維大学大学院工芸科学研究科教授
専門分野 高分子合成化学

まえ だ やすし
前 田 寧
1987年 京都大学大学院工学研究科高分子化学専攻修士課程修了
現　在 福井大学大学院工学研究科教授
専門分野 高分子分光学

い とう けん さく
伊 藤 研 策
1987年 京都大学大学院工学研究科高分子化学専攻博士課程単位取得退学
現　在 富山大学大学院理工学研究部准教授
専門分野 高分子化学・コロイド界面化学

ふく だ みつ ひろ
福 田 光 完
1985年 京都大学大学院工学研究科高分子化学専攻博士課程修了
現　在 兵庫教育大学名誉教授
台湾國立屏東大學理學院特約講座教授
専門分野 高分子物理化学

こう ぶん し   か がく
高 分 子 の 化 学

2008年3月15日　初版第1刷発行
2022年3月25日　初版第11刷発行

　　　　　　　　　Ⓒ　編著者　北　野　博　巳
　　　　　　　　　　　　　　　功　刀　　　滋
　　　　　　　　　　　発行者　秀　島　　　功
　　　　　　　　　　　印刷者　渡　辺　善　広

発行所　三共出版株式会社　郵便番号 101-0051
　　　　　　　　　　　　　　東京都千代田区神保町3の2
　　　　　　　　　　　　　　振替　00110-9-1065
　　　　　　　　　　　　　　電話 03-3264-5711　FAX 03-3265-5149
　　　　　　　　　　　　　　https://www.sankyoshuppan.co.jp/

一般社団法人日本書籍出版協会・一般社団法人自然科学書協会・工学書協会　会員

Printed in Japan　　　　　　　　　　　　　　印刷・製本　壮光舎

JCOPY 〈(一社)出版者著作権管理機構 委託出版物〉

本書の無断複写は，著作権法上での例外を除き禁じられています．複写される場合は，そのつど事前に，(一社)出版者著作権管理機構(電話 03-5244-5088, FAX 03-5244-5089, e-mail: info@jcopy.or.jp)の許諾を得てください．

ISBN 978-4-7827-0544-5